图1　银杏

图2　英桐

图3　法桐

图4　青桐

图5　复叶槭

图6　毛白杨

图7　银白杨

图8　钻天杨

图9　新疆杨

图 10　加杨

图 11　小叶杨

图 12　青杨

图 13　栾树

图 14　白蜡

图 15　七叶树

图 16　女贞

图 17　黄连木

图 18　丝棉木

图 19　毛梾

图 20　鹅掌楸

图 21　榉树

图 22　无患子

图 23　朴树

图 24　椴树

图 25　银桦

图 26　榕树

图 27　香樟

图 28　棕榈

图 29　大王椰子

图 30　旱柳

图 31　垂柳

图 32　国槐

图 33　洋槐

图 34　泡桐

图 35　元宝枫

图 36　合欢

图 37　楝树

图 38　重阳木

图 39　枫杨

图 40　梓树

图 41　凤凰木

图 42　水杉

图 43　白千层

图 44　黄葛树

图 45　杜英

图 46　石栗　　　　　　　　　图 47　盆架树　　　　　　　　　图 48　乌桕

图 49　香椿　　　　　　　　　图 50　臭椿　　　　　　　　　图 51　火炬树

图 52　色木械　　　　　　　　图 53　三角械　　　　　　　　图 54　白桦

图 55　杜仲

图 56　西府海棠

图 57　垂丝海棠

图 58　黄栌

图 59　柿树

图 60　君迁子

图 61　皂荚

图 62　榔榆

图 63　盐肤木

图 64　构树

图 65　桑树

图 66　喜树

图 67　榆树

图 68　垂榆

图 69　欧洲白榆

图 70　花楸树

图 71　楸树

图 72　小叶朴

图 73　桂花　　　　　　　　图 74　枫香树　　　　　　　　图 75　灯台树

图 76　华山松　　　　　　　图 77　黑松　　　　　　　　　图 78　红松

图 79　龙爪槐　　　　　　　图 80　广玉兰　　　　　　　　图 81　胡桃

图 82　板栗　　　　　　　　　图 83　麻栎　　　　　　　　　图 84　鹅耳枥

图 85　栓皮栎　　　　　　　　图 86　蒙古栎　　　　　　　　图 87　辽东栎

图 88　青檀　　　　　　　　　图 89　柘树　　　　　　　　　图 90　木棉

图91 水曲柳

图92 罗汉松

图93 白皮松

图94 油松

图95 侧柏

图96 龙柏

图97 圆柏

图98 北美香柏

图99 南洋杉

图 100　雪松

图 101　日本金松

图 102　日本五针松

图 103　北美红杉

图 104　金钱松

图 105　青杆

图 106　白杆

图 107　华北落叶松

图 108　龙爪柳

图 109　红枫　　　　　　　　图 110　鸡爪槭　　　　　　　图 111　柽柳

图 112　玉兰　　　　　　　　图 113　木兰　　　　　　　　图 114　二乔玉兰

图 115　桃　　　　　　　　　图 116　山桃　　　　　　　　图 117　紫叶桃

图 118　紫叶李

图 119　杏

图 120　山杏

图 121　山楂

图 122　杜梨

图 123　白梨

图 124　樱花

图 125　樱桃树

图 126　梅

图 127　苹果树

图 128　枣树

图 129　石榴

图 130　紫薇

图 131　蚊母树

图 132　红豆杉

图 133　木瓜

图 134　榭树

图 135　台湾相思

图 136　小叶榕

图 137　粗榧

图 138　茶条槭

图 139　冷杉

图 140　柏木

图 141　杉木

图 142　月桂

图 143　油茶

图 144　榆叶梅

图 145　紫穗槐　　　　　　　图 146　金银木　　　　　　　图 147　紫荆

图 148　杜鹃　　　　　　　图 149　猬实　　　　　　　图 150　夹竹桃

图 151　山茶　　　　　　　图 152　红花檵木　　　　　　图 153　天目琼花

图 154　胡颓子　　　　　　　　图 155　美人梅　　　　　　　　图 156　贴梗海棠

图 157　牡丹　　　　　　　　图 158　月季　　　　　　　　图 159　野蔷薇

图 160　玫瑰　　　　　　　　图 161　黄刺玫　　　　　　　　图 162　荚蒾

图163　云南黄素馨

图164　华北绣线菊

图165　麻叶绣线菊

图166　粉花绣线菊

图167　琼花

图168　红瑞木

图169　锦带花

图170　海州常山

图171　小叶丁香

图 172　紫丁香

图 173　暴马丁香

图 174　连翘

图 175　金钟花

图 176　迎春花

图 177　棣棠花

图 178　大花醉鱼草

图 179　树锦鸡儿

图 180　红花锦鸡儿

图 181　大花溲疏

图 182　腊梅

图 183　木芙蓉

图 184　含笑花

图 185　结香

图 186　栀子花

图 187　毛樱桃

图 188　金丝桃

图 189　茶梅

图 190　鸡蛋花　　　　　　　图 191　文冠果　　　　　　　图 192　羊蹄甲

图 193　吊钟花　　　　　　　图 194　红千层　　　　　　　图 195　叶子花

图 196　小叶黄杨　　　　　　图 197　大叶黄杨　　　　　　图 198　紫叶小檗

图 199　火棘　　　　　　　图 200　金叶女贞　　　　　　图 201　雀舌黄杨

图 202　枸骨　　　　　图 203　阔叶十大功劳　　　　图 204　狭叶十大功劳

图 205　石楠　　　　　　　图 206　海桐　　　　　　　图 207　紫叶矮樱

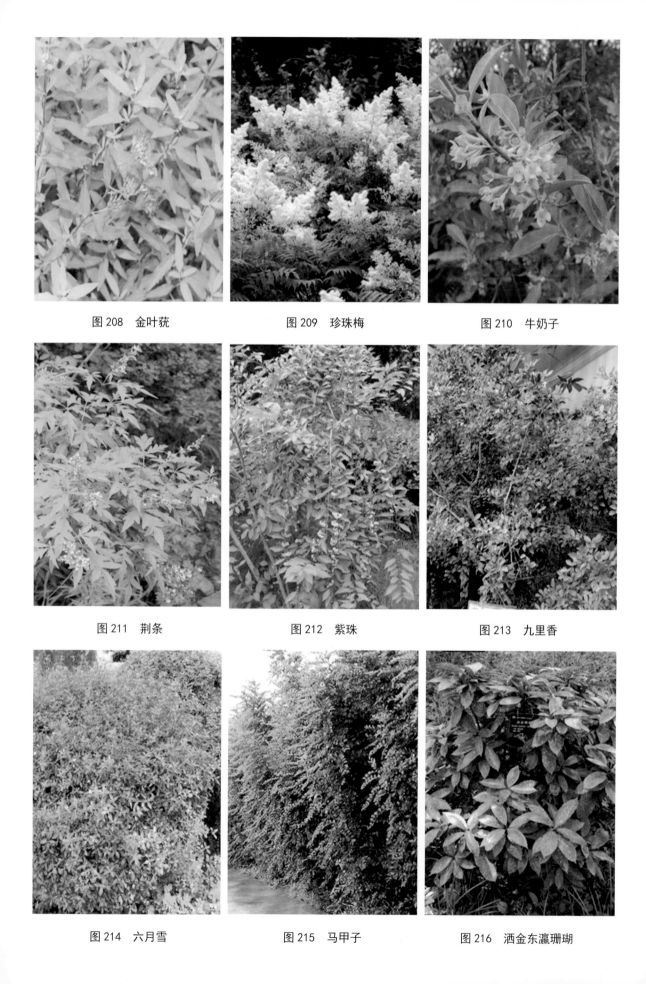

图 208　金叶莸　　　　　　　　图 209　珍珠梅　　　　　　　　图 210　牛奶子

图 211　荆条　　　　　　　　　图 212　紫珠　　　　　　　　　图 213　九里香

图 214　六月雪　　　　　　　　图 215　马甲子　　　　　　　　图 216　洒金东瀛珊瑚

图 217　棕竹

图 218　五加

图 219　凤尾丝兰

图 220　台尔曼忍冬

图 221　南蛇藤

图 222　凌霄

图 223　紫藤

图 224　络石

图 225　茑萝

图 226　金银花

图 227　爬山虎

图 228　常春藤

图 229　山葡萄

图 230　葡萄

图 231　大花铁线莲

图 232　五叶地锦

图 233　猕猴桃

图 234　五味子

图 235　炮仗花

图 236　木香

图 237　枸杞

图 238　薜荔

图 239　翠蓝柏

图 240　南天竹

图 241　扶芳藤

图 242　早熟禾

图 243　黑麦草

图 244　高羊茅

图 245　剪股颖

图 246　狗牙根

图 247　结缕草

图 248　假俭草

图 249　紫茉莉

图 250　大花马齿苋

图 251　德国鸢尾

图 252　玉簪

图 253　马蔺

图 254　八宝景天

图 255　鸭跖草

图 256　射干

图 257　长春花

图 258　香雪球

图 259　金盏菊

图 260　蛇目菊

图 261　金鸡菊

图 262　宿根天人菊　　　　　　图 263　蛇莓　　　　　　　图 264　葱兰

图 265　韭兰　　　　　　　　图 266　雏菊　　　　　　图 267　细叶美女樱

图 268　宿根福禄考　　　　　图 269　匍枝萎陵菜　　　　图 270　紫花地丁

图 271　铺地柏

图 272　石蒜

图 273　羽衣甘蓝

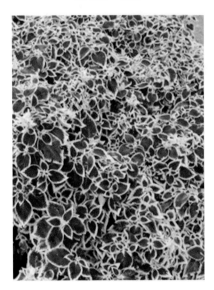

图 274　彩叶草

图 275　大滨菊

图 276　郁金香

图 277　萱草

图 278　孔雀草

图 279　万寿菊

图 280　百日菊

图 281　矮牵牛

图 282　马蹄金

图 283　一串红

图 284　凤仙花

图 285　三色堇

图 286　白车轴草

图 287　红花酢浆草

图 288　千日红

图 289　紫罗兰

图 290　鸡冠花

图 291　荷包牡丹

图 292　虞美人

图 293　波斯菊

图 294　石竹

图 295　芍药

图 296　飞燕草

图 297　花毛茛

图 298　薄荷

图 299　八角金盘

图 300　平枝枸子

图 301　吉祥草

图 302　麦冬

图 303　二月兰

图 304　落新妇

300种园林植物
栽培与应用

赵和文 编著

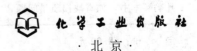

化学工业出版社

·北京·

《300种园林植物栽培与应用》依据园林植物的观赏用途将其分为行道树、庭荫树、独赏树、花灌木、植篱类、攀缘植物、草坪与地被植物七大类，每一类的内容又包括总论和各论。总论介绍它们的概念、功能、配置、养护管理等；各论介绍它们的学名、科属、形态特征、生态习性、繁殖与栽培、应用等。

本书图文并茂，针对性强，文字精练通俗，同时具有较广泛的适用性，可供园林及相关专业的师生使用，也可作为园林绿化工作者及广大植物爱好者的参考用书。

图书在版编目（CIP）数据

300种园林植物栽培与应用/赵和文编著. —北京：
化学工业出版社，2015.6（2020.5 重印）
ISBN 978-7-122-23425-4

Ⅰ.①3⋯ Ⅱ.①赵⋯ Ⅲ.①园林植物-观赏园艺
Ⅳ.①S688

中国版本图书馆 CIP 数据核字（2015）第 061813 号

责任编辑：袁海燕　　　　　　　　　文字编辑：荣世芳
责任校对：徐贞珍　　　　　　　　　装帧设计：刘丽华

出版发行：化学工业出版社（北京市东城区青年湖南街13号　邮政编码100011）
印　　刷：北京京华铭诚工贸有限公司
装　　订：三河市振勇印装有限公司
787mm×1092mm　1/16　印张12¼　彩插18　字数315千字　2020年 5 月北京第1版第6次印刷

购书咨询：010-64518888　　　　　　　售后服务：010-64518899
网　　址：http://www.cip.com.cn
凡购买本书，如有缺损质量问题，本社销售中心负责调换。

定　　价：68.00元

园林植物因其姿态优美、色彩绚丽、芳香怡人，成为构成园林景观的必要元素。它们具有构成景点、突出季相变化、配合小品、烘托主景、组织游线、划分空间等多种景观功能。此外，园林植物还具有调节气候、涵养水土、吸收有害气体、吸附粉尘等生态价值，对环境具有显著的保护与改善作用。

随着我国经济的不断发展，人们对生活环境的质量要求不断提高，越来越多地关注园林植物对于环境质量的改善作用，园林观赏植物已成为人们生活中不可或缺的一部分。近年来，随着我国日益蓬勃的园林绿化事业的发展，对园林植物的科学合理选择和配置越来越重视，园林植物的科学选择和配置对于提高整个区域的景观质量具有极为重要的作用。随着日趋活跃的对外交流，大量国外的园林植物被引种到我国，本土的新优植物品种也得到广泛的应用。

广大的科研工作者、园林工作者和爱好者在栽培和应用这些园林植物时，往往缺少这方面的参考资料。因此，编者结合自身专业知识以及查阅大量国内外参考文献编写了本书。

中国是园林植物应用的重要起源地之一。在中国历史上，园林植物在应用中的种类十分繁多，色彩较为丰富，应用范围也十分广泛，并且也有许多园林植物应用十分成功的典范，尤其在皇家园林中较为多见。这些园林植物的应用不断传至国外，对世界园林植物的栽培与应用工作起到了很大的推动作用。为帮助广大园林工作者更好地识别园林绿化树种、掌握其栽培养护技术、了解其观赏特性，我们在多年的园林教学、园林实践和广泛调查总结的基础上，有选择地将全国常见的观赏特性较为明显、应用较多的园林植物收录于本书中。

《300种园林植物的栽培与应用》依据园林植物的观赏用途将其分为行道树、庭荫树、独赏树、花灌木、植篱类、攀缘植物、草坪与地被植物七大类。每一类的内容又分为总论和各论。总论包括它们的概念、功能、配置、养护管理等。各论包括它们的学名、科属、形态特征、生态习性、繁殖与栽培、应用以及树种的识别图片等。

本书在叙述中，针对性强，文字精练通俗，图文并茂，使读者一目了然。同时，本书具有较广泛的适用性，无论是植物爱好者、园艺工作者还是大专院校相关专业的师生，均可从此书中了解到相关园林植物的知识，为家庭栽培、园林应用等提供必要的参考信息，以提高园林植物栽植和利用的效率。

在本书的编著过程中，感谢崔金腾、周田田对本书部分内容的资料收集和整理，感谢李金苹、柳振亮对书稿提出宝贵的建议。

由于作者水平有限，加之成书时间比较仓促，书中疏漏之处在所难免，多有不足，敬请读者批评指正。

编著者
2015 年 1 月

目录

>>> 第三章　独赏树

>>> **第四章** 花灌木

>>> **第五章** 植篱类

>>> 第六章　攀缘植物

>>> 第七章　草坪与地被植物

>>> 参考文献

绪论

一、园林植物的概念

园林植物又被称为观赏植物，是指具有一定观赏价值，适用于园林绿地及室内布置，能够改善和美化环境，丰富人们文化生活的植物。园林植物包括乔木、灌木、藤本植物、草本植物、草坪植物和地被植物等。园林植物是风景区、公园、工矿企业及城镇绿化的基本材料，它们在园林中的作用各不相同，不可互相替代，可以单独成景，也可作为配景。

二、园林植物栽培的意义和作用

1. 改善和保护环境

（1）净化空气

园林植物是自然净化空气的"绿色工厂"。光合作用大量吸收二氧化碳并释放出氧气。许多植物可以吸收有毒气体。大气污染的有毒气体主要有二氧化硫、氟化氢、氯气等，对二氧化硫吸收较强的树木有臭椿、忍冬、卫矛、旱柳、榆等，对氯气吸收较强的树种有旱柳、臭椿、卫矛、花曲柳、忍冬等。园林植物具有空气滤尘器的作用，植物的枝叶可以阻滞烟尘，叶面多毛或粗糙以及分泌物均有较强的滞尘力。在园林植物中大部分植物能分泌杀菌剂，如桉树、肉桂、柠檬等树木，这也是公园绿地比城市街区的细菌量减少80％多的原因。

（2）改善温度

夏季我们都会有这样的体会，树荫下会感到凉爽宜人，这主要是由于树冠遮拦了阳光，减少了阳光的辐射热，降低了小气候的温度所致。不同的树种有不同的降温功能，这主要取决于树冠大小、树叶密度等因素。树冠密度越大，叶面越大而不透明程度越高，降温效果越好。

（3）提高湿度

在绿色植物的生命活动中根系不断地从土壤中吸收水分，再从叶片中蒸发出去。所以在有绿色植物的地方会感到空气湿润。例如，1棵中等大小的杨树，在夏季白天，每小时可由叶部蒸腾水25kg，一天的蒸腾量就有500kg之多，显著地提高了空气湿度。

（4）保持水土

大面积种植的绿化植物能够固定土壤、涵养水源。植物根系盘根错节，有固土、固石的能力，还有利于水分渗入土壤下层，枝叶可遮拦降雨的雨量，树木的落叶可形成松软的死地被层，能阻截地表径流，使之渗入地下，从而减少暴雨所造成的水土流失，所以在堤岸、坡面、立交桥等地方进行绿化对涵养水源、保持水土起着巨大的作用。

（5）降低噪声

园林植物具有减弱噪声的作用。较好的隔声树种是：乔木类——雪松、桧柏、龙柏、水杉、悬铃木、梧桐、垂柳、云杉、山核桃、鹅掌楸、柏木、臭椿、樟树、榕树、柳杉、栎树等；小乔木及灌木类——珊瑚树、椤木、海桐、桂花、女贞等。

（6）防风固沙

有地被植物的地方就像给土壤盖了一层绿色的地毯，而高大的树木阻挡了狂风的肆虐，因此植物起到了防风、防沙和固沙的作用。三北防护林带就足以说明这种功效。近年来北京地区的环境绿化已使风沙天气得到显著的遏制。

2. 美化生活

园林中没有园林植物就不能称为真正的园林。园林植物包括三大类，即园林树木、草本花卉和草坪，这三大类植物形成了上、中、下的完美空间结构。园林植物种类繁多，各具不同的形态、色彩、风韵和芳香。随着季节呈现出的物候变化使园景五彩缤纷、景色万千，并且与园林中的建筑、雕像、溪瀑、山石等相互衬托，再加上艺术处理，更使园景千姿百态、美不胜收。

3. 经济收入

优美的园林绿化景观，会使人们产生返璞归真、回归大自然的良好感受。这就使我们可以发展旅游业，获得可观的经济效益。植物产品也可以有一定的经济效益，如树木的果实苹果、山楂、杏、柿子、桑葚、核桃等都是优良的鲜果或干果；有些植物的种子榨出的油可食用或工业用，如核桃、榛、山杏、文冠果、沙棘、油松等；有些植物的花或果实可做调料或制成香料，如茉莉、白兰花、桂花、玫瑰、月季、花椒、肉桂等；有些植物还可入药，如银杏、侧柏、牡丹、五味子、梅、连翘、枸杞、接骨木等。

三、我国园林植物栽培概况

我国疆域辽阔，地形多变，跨越三带，气候复杂，园林植物资源十分丰富，被誉为"世界园林之母"。我国园林植物栽培历史十分悠久，可追溯到数千年前，积累有非常丰富的栽培经验。北魏贾思勰的《齐民要术》和清初陈淏子的《花镜》对于园林植物栽培技术也多有论述。历代王朝在宫廷、内苑、寺庙、陵墓大量种植树木和花草，至今尚存有千年以上的古树名木。梅花、桃花在我国也有上千年的栽培历史，培育出数百个品种，早就传入西方。

1949年新中国成立以来，党和国家非常重视园林绿地的保护和建设，曾提出过"中国城乡都要园林化、绿化"的目标，并为此做了很大的努力。近年来，随着城乡园林绿化事业的发展，园林植物栽培养护技术日益提高。全国各地广泛开展了园林植物的引种驯化工作，使一些植物的生长区向南或向北推移；种质资源的调查研究使一些野生园林植物资源不断地被发现和挖掘；屋顶绿化、垂直绿化技术的发展，为人口密集的城市扩大绿化面积提供了支持；组织培养、无土栽培、容器育苗、配方施肥等技术的应用，使园林植物栽培养护技术日趋成熟。

为提高园林植物栽培与养护水平，可以采取的措施主要包括：注重栽培与养护的细节，突出以人为本的理念实践；植物栽培中要遵循景观与生物多样性的原则，尽力构建生态平衡的植物景区；注重乔、灌、草的合理搭配，增加绿量；注重色彩搭配，体现季节的变化，以增加植物区的季节观赏价值；注意增加鸟类喜欢栖息与觅食的植物种类，营造多物种生态平衡的和谐生物区。尤为重要的是，在栽培环节上要更加注重节能环保的研究，要加强耗能少、生长期短、抗性强的品种的选育。

本书依据园林植物的观赏用途将其分为行道树、庭荫树、独赏树、花灌木、植篱类、攀缘植物、草坪与地被植物七大类，总共记述了 304 种园林植物，主要介绍了它们的形态特征、生态习性、繁殖与栽培、应用等。

第一章

行道树

<<<<<

　　行道树是为了美化、遮阴和防护等目的，在道路旁栽植的树木。行道树的最初功能，应当是作里程标记。如今，行道树的功能多样，具体表现有：补充氧气、净化空气；调节区域气候；防风固沙；减轻噪声；提高行车安全；美化市容；提高阴离子含量；陶冶性情、增进精神健康；也是珍贵的乡土文化资产。城市街道上的环境条件比园林绿地中的环境条件要差得多，这主要表现在空中有电线电缆的障碍，露地上有建筑物的阴蔽和硬质铺装路面的强烈热辐射，地下有地下管线的障碍，以及煤气管的漏气、水管的漏水、热力管的长期高温等造成的伤害。因此，行道树种首先须对城市街道的种种不良条件有较高的抗性，在此基础上要求树冠大、荫浓、发芽早、落叶迟而且落叶延续期短，花果不污染街道环境、干性强、耐修剪、干皮不怕强光暴晒、不易发生根蘗、病虫害少、寿命较长、根系较深等。常用树种有悬铃木、银杏、七叶树、杨、柳、国槐、合欢、白蜡、刺槐、女贞、枫杨、龙柏、梧桐等。

　　目前我国在行道树的应用上，有"一块板"、"两块板"、"三块板"和"花园林荫道"等形式，大都以整齐的行列式在道路的两侧进行种植。存在株距偏小、树种不够丰富等问题，若说某个树种好时，全国竞相效仿。例如悬铃木有"行道树之王"的美称，则北自华北南至华南，东自沿海西至山城广泛种植，最后形成千篇一律、没有特色、单调乏味的景色；并且由于大批量的种植，有的城市出现了由于飞毛造成红眼病的危害。一般采用规则式的配置方式，其中又可分为对称式及非对称式。对称式一般用于道路两旁条件相同的情况，否则可用非对称式。目前不规则式的配置方式正在个别城市试行。从配植的地点来看，世界各国多将行道树配植于道路的两侧，但也有集中于道路的中央的，例如德国和比利时多用后一方式。如果路上只在一侧种植时，就北半球地区而言，如果道路是有建筑的东西向的，则树应栽植在路的北侧；如果道路是南北向的，则应植于东侧。

　　栽植和养护管理的要点是，行道树距车行道边缘的距离不应少于0.7m，以1~1.5m为宜，树距房屋的距离不宜小于5m，株间距离过去习惯上用4~8m，实际以8~12m为宜，慢长树种可在其间加植一株，待适当大小时移走。树池通常为1.5m见方。在有条件处可用植物带方式，带宽不应小于1m，相比树池方式，这种方式更有利于树木的生长。以上为行道树的一般种植方式，某些地区则采用其他方式，例如新疆乌鲁木齐市则在道路两侧设浅灌水沟，在沟的两旁以2~3m株距各植一排树。新植乔木一定要立支架保证树干垂直于地面。植树坑中心与地下管道的水平距离最少应大于1.5m，在多地震地区，与煤气管道的距离应大于3~5m；树木的枝条与地上部高压电线的距离应在3~5m及以上，必要时需适当修剪和设其他防护措施。树木的枝下高，我国多为 2.8～3m，日本为 2.4～2.7m，欧美各国为 3～3.6m。

　　行道树的常年管理主要是注意树形完美以便发挥美化街景和遮阴功能，同时，保护树木的正常生长发育。每年应修剪树冠中的病枯枝、杂乱枝，及时修除干基萌蘖，使枝条与电线间的距离在安全距离以内，预防病虫害，做好台风前后的保护措施，进行适时适当的水肥管理，涂白，做好越冬前的准备工作等。在冬季多雪地区应及时对常绿树行除雪工作，在灰尘多的城市应定期喷洗树冠。

一、银　杏

1. 学名： *Ginkgo biloba L.*

2. 科属： 银杏科，银杏属

3. 形态特征： 乔木，高达 18m，胸径 80cm；树冠卵圆形至倒卵圆形。树皮灰黑色，纵裂。枝条直伸或斜展。叶披针形至狭披针形，长 5～10cm，先端长渐尖，基部楔形，缘有细锯齿，背面微被白粉；叶柄短；托叶披针形，早落。雄花序轴有毛，苞片宽卵形；雄蕊 2，花丝分离，基部有毛；雌花子房背负面各具 1 腺体。花期 3～4 月，果熟期 4～5 月（见彩图 1）。

4. 生态习性： 喜光树种，喜适当湿润而又排水良好的深厚沙质壤土，在酸性土、石灰性土中均可生长良好，而以微酸性或中性土最适宜；不耐积水之地，较能耐旱。耐寒性颇强，但生长不良。总之对风土的适应性很强，在华北、华中、华东及西南海拔 1000m 以下地区均生长良好。银杏为深根性树种，寿命极强，可达 1000 年以上。银杏发育较慢。

5. 繁殖与栽培： 可用播种、扦插、分蘖和嫁接等方法繁殖，但以用播种及嫁接法最多。银杏易移栽成活，在移植或定植时，植株崛起后，应将主根略加修剪。以在早春萌芽前移栽为宜。植株间一般可采用 6～8m 的间距。定植后每年于春季发芽前及秋季落叶后施肥一次，对生长发育可有良好效果。此外，不需要特殊管理，通常无需修剪，只将枝条过密处或生长衰弱枯死处的病老枯枝适当剪除即可。银杏的病虫害很少，但在南方夏季干旱高温的年份，当年生苗的茎基部易受灼伤从而病菌侵入，在雨后易发生腐烂病。防治的方法是在夏天设荫棚。

6. 应用： 银杏树高大挺拔，叶似扇形。冠大萌状，具有降温作用。叶形古雅，寿命绵长。无病虫害，不污染环境，树干光洁，是著名的无公害树种，有利于美化风景。适应性强，银杏对气候土壤要求都很宽泛。抗烟尘、抗火灾、抗有毒气体。银杏树体高大，树干通直，姿态优美，春夏翠绿，深秋金黄，是理想的园林绿化、行道树种。可用于园林绿化、行道、公路、田间林网、防风林带的理想栽培树种。被列为中国四大长寿观赏树种。

二、英　桐

1. 学名： *Platanus acerifolia Willd.*

2. 科属： 悬铃木科，悬铃木属

3. 形态特征： 枝条开展，树冠广阔；树皮灰绿色，不规则片状剥落，剥落后呈粉绿色，光滑。叶片三角状，长 9～15cm，宽 9～17cm，3～5 掌状分裂，边缘有不规则尖齿和波状齿，基部截形或近心脏形，嫩时有星状毛，后近于无毛。球形花序直径 2.5～3.5cm，通常 2 个一串，状如悬挂着的铃；花长约 4mm；萼片 4；花瓣 4；雄花有 4～8 个雄蕊；雌花有 6 个分离心皮。花期 5 月，果熟期 9～10 月（见彩图 2）。

4. 生态习性：英桐为阳性树种，喜温暖，抗污染，耐修剪，树荫非常大，容易生长，可以生长到40m高。树皮经常脱落，露出光滑的树干。树叶大。雌雄同株，球形花序，生成成对球状小坚果悬挂在树上。英桐非常耐污染，少虫害，因此十分适合作为城市绿化的行道树种，但是由于各种原因它的寿命比一般的树要短一点。

5. 繁殖与栽培：可用播种及扦插法繁殖。播种繁殖时，采球后，去掉外边的绒毛，将净种子干藏至次年春播。播种前宜用冷水浸种，播种后约20天可出苗。在北京地区，幼苗在冬季应埋土防寒。扦插繁殖时，于初冬或次年早春采条；冬季所剪的枝条应行埋藏，于次年3~4月间行硬木扦插，成活率可达90％以上。江南温暖潮湿地带尚可用插干法，可以提早出圃期。

6. 应用：庭荫树、行道树。本种树干高大，枝叶茂盛，生长迅速，易成活，耐修剪，所以广泛栽植作行道绿化树种，也为速生材用树种，对二氧化硫、氯气等有毒气体有较强的抗性。

三、法　　桐

1. 学名：*Platanus orientalis L.*

2. 科属：悬铃木科，悬铃木属

3. 形态特征：落叶大乔木，高达30m，树皮薄片状脱落；嫩枝被黄褐色绒毛，老枝秃净，干后红褐色，有细小皮孔。叶大，轮廓阔卵形，基部浅三角状心形，或近于平截，边缘有少数裂片状粗齿，上下两面初时被灰黄色毛被，以后脱落，仅在背脉上有毛，掌状脉5条或3条，从基部发出；叶柄长3~8cm，圆柱形，被绒毛，基部膨大；托叶小，基部鞘状。花数4；雄性球状花序无柄，基部有长绒毛，萼片短小；雌性球状花序常有柄，萼片被毛。果枝长10~15cm，有圆球形头状果序3~5个，稀为2个；头状果序直径2~2.5cm，宿存花柱突出呈刺状，小坚果之间有黄色绒毛，突出头状果序外（见彩图3）。

4. 生态习性：喜光，喜湿润温暖气候，较耐寒。适生于微酸性或中性、排水良好的土壤，微碱性土壤虽能生长，但易发生黄化。根系分布较浅，台风时易受害而倒斜。抗空气污染能力较强，叶片具吸收有毒气体和滞积灰尘的作用。本种树干高大，枝叶茂盛，生长迅速，易成活，耐修剪，所以广泛栽植作行道绿化树种，也为速生材用树种；对二氧化硫、氯气等有毒气体有较强的抗性。

5. 繁殖与栽培：可用播种及扦插法繁殖。播种繁殖时，采球后，去掉外边的绒毛，将静种子干藏至次年春播。播种前宜用冷水浸种，播种后约20天可出苗。在北京地区，幼苗在冬季应埋土防寒。扦插繁殖时，于初冬或次年早春采条；冬季所剪的枝条应行埋藏，于次年3~4月间行硬木扦插，成活率可达90％以上。江南温暖潮湿地带尚可用插干法，可以提早出圃期。

6. 应用：树形雄伟端庄，叶大荫浓，干皮光滑，适应性强，各地广为栽培，是世界著名的优良庭荫树和行道树。适应性强，又耐修剪整形，是优良的行道树种，广泛应用于城市绿化，在园林中孤植于草坪或旷地，列植于甬道两旁，尤为雄伟壮观，又因其对多种有毒气体抗性较强，并能吸收有害气体，用于街坊、厂矿绿化颇为合适。

四、青　　桐

1. 学名：*Firmiana simplex*（L.）W. F. Wight

2. 科属：梧桐科，梧桐属

3. 形态特征：落叶乔木，高可达 16m，干皮青绿光滑，老时浅纵裂，小枝粗壮、绿色，有疏毛，单叶互生，全缘叶，先端渐尖，基部心形，两面光滑。花单性或杂性同株，顶生圆锥花序，花有花萼，无花瓣，萼 5 裂，密被淡黄色柔毛，雄花具雄蕊柄，呈球形，雌花具雌蕊柄，子房球形，基部有退化的雄蕊，心皮离生。蓇葖果，具柄，果皮薄革质，果实成熟之前心皮先行开裂，裂瓣呈舟形。种子球形，棕黄色，具皱纹，着生于心皮边缘，花期 6～7 月，果熟 9～10 月（见彩图 4）。

4. 生态习性：喜光，喜温暖湿润气候，耐寒性不强，在北京栽培幼枝常因干冻而枯死；喜肥沃、湿润、深厚而排水良好的土壤，在酸性、中性及钙质土中均能生长，但不宜在积水洼地或盐碱地栽种，又不耐草荒。积水易烂根，受涝 5 天即可致死。深根性，直根粗壮；萌芽力弱，一般不宜修剪。生长尚快，寿命较长。发叶较晚，而秋天落叶早。对多种有毒气体都有较强的抗性。

5. 繁殖与栽培：通常用播种法繁殖，扦插、分根也可。秋季果熟时采收，晒干脱粒后当年秋播，也可干藏或沙藏至次年春播。梧桐栽培容易，管理简单，一般不需要特殊修剪。在北方，冬季对幼树要包草防寒。如条件允许，每年入冬前和早春各施肥、灌水 1 次。

6. 应用：干形端直，干皮光绿，叶大荫浓，清爽宜人，自古以来即为著名的庭荫树种，栽植于庭前、屋后以及草、池畔等处极显幽雅清静。对各种有毒气体的抗性很强，适于厂矿绿化。

五、复　叶　槭

1. 学名：*Acer negundo L.*

2. 科属：槭树科，槭树属

3. 形态特征：落叶乔木，最高达 20m。树皮黄褐色或灰褐色。羽状复叶，有 3～7（稀 9）枚小叶；小叶纸质，卵形或椭圆状披针形，先端渐尖，基部钝形或阔楔形，边缘常有 3～5 个粗锯齿，稀全缘。雄花的花序聚伞状，雌花的花序总状，均由无叶的小枝旁边生出，常下垂，花小，黄绿色，开于叶前，雌雄异株。小坚果凸起，近于长圆形或长圆卵形，无毛；翅宽 8～10mm，稍向内弯，连同小坚果长 3～3.5cm，张开成锐角或近于直角。花期 4～5 月，果期 9 月（见彩图 5）。

4. 生态习性：喜光，喜干冷气候，暖湿地区生长不良，耐寒、耐旱、耐干冷、耐轻度盐碱、耐烟尘。生长迅速，寿命较短。

5. 繁殖与栽培：主要用种子繁殖，扦插、分蘖也可。秋季采种，干藏至次年春播，播前 2 周浸种后拌湿沙催芽。一般都在冬季或早春移栽，对恢复生长、增强抗性有利。复叶槭易遭天牛幼虫蛀食树干，要注意及早防治。

6. 应用：本种早春开花，花蜜很丰富，是很好的蜜源植物，本种生长迅速，树冠广阔，夏季遮阴条件良好，可作行道树或庭园树，用以绿化城市或厂矿。

六、毛　白　杨

1. 学名：*Populus tomentosa Carr.*

2. 科属：杨柳科，杨属

3. 形态特征：乔木，高达 30m。树皮幼时暗灰色，壮时灰绿色，渐变为灰白色，老时基部黑灰色，纵裂，粗糙，皮孔菱形散生；树冠圆锥形至卵圆形或圆形。侧枝开展，雄株斜上，老树枝下垂；小枝初被灰毡毛，后光滑。芽卵形，花芽卵圆形或近球形，微被毡毛。长枝叶阔卵形或三角状卵形，先端短渐尖，基部心形或截形；短枝叶通常较小，卵形或三角状卵形，先端渐尖；叶柄稍短于叶片，侧扁，先端无腺点。雄花序长 10～14（20）cm，花药红色；雌花序长 4～7cm；子房长椭圆形，柱头 2 裂，粉红色。果序长达 14cm；蒴果圆锥形或长卵形，2 瓣裂。花期 3 月，果期 4～5 月（见彩图 6）。

4. 生态习性： 喜生于海拔 1500m 以下的温和平原地区。深根性，耐旱力较强，黏土、壤土、沙壤土或低湿轻度盐碱土均能生长。在水肥条件充足的地方生长最快，20 年生即可成材，是中国速生树种之一。

5. 繁殖与栽培： 选择雄性毛白杨优良品种培育小苗；移栽宜在早春或晚秋进行，适当深栽；培养胸径 4～6cm 的苗木，定植密度 500～800 棵/667m²，3 年后可间苗销售，留床苗继续培养大苗；不可采用"拔大苗"的方式出圃，培养胸径 7～8cm 的苗木定植 200～300 棵/667m²，冠高比 3：5，每层留 3 个主枝，全株留 9 个主枝左右，保持主干通直；因毛白杨喜大肥大水，还容易发生病虫害，因此要加强水肥管理和病虫害防治。

6. 应用： 毛白杨材质好，生长快，寿命长，较耐干旱和盐碱，树姿雄壮，冠形优美，为各地群众所喜欢栽植的优良庭园绿化或行道树，也为华北地区速生用材造林树种，应大力推广。

七、银 白 杨

1. 学名： *Populus alba L.*

2. 科属： 杨柳科，杨属

3. 形态特征： 乔木，高 15～30m。树干不直，雌株更歪斜；树冠宽阔。树皮白色至灰白色，平滑，下部常粗糙。芽卵圆形，先端渐尖，密被白绒毛，后局部或全部脱落，棕褐色，有光泽；萌枝和长枝叶卵圆形，裂片先端钝尖，基部阔楔形、圆形或平截，或近心形；短枝叶较小，卵圆形或椭圆状卵形，边缘有不规则且不对称的钝齿牙；上面光滑，下面被白色绒毛；叶柄短于或等于叶片，略侧扁，被白绒毛。雄花序长 3～6cm；花序轴有毛，苞片膜质，宽椭圆形，长约 3mm，边缘有不规则齿牙和长毛；花盘有短梗，宽椭圆形，歪斜，雄蕊 8～10；雌花序长 5～10cm，花序轴有毛，雌蕊具短柄。蒴果细圆锥形，无毛。花期4～5 月，果期 5 月（见彩图 7）。

4. 生态习性： 银白杨喜大陆性气候，喜光，耐寒，-40℃条件下无冻害。不耐阴，深根性。抗风力强，耐干旱气候，但不耐湿热，北京以南地区栽培的多受病虫害。

5. 繁殖与栽培： 用种子和插条繁殖。种子千粒重 0.54g，发芽率 95%。插条育苗时，将枝条进行冬季沙藏，保持 0～5℃的低温，促使皮层软化，或早春将剪好的插穗放入冷水中浸 5～10h，再用湿沙分层覆盖，经 5～10 天后扦插，也可用生长素处理。

6. 应用： 银白色的叶片和灰白色的树干都与众不同，叶子在微风中飘动有闪烁效果，树形高耸，枝叶美观，幼叶红艳，可做绿化树种。也为西北地区平原沙荒造林树种。

八、钻 天 杨

1. 学名： *Populus nigra L. 'Italica'*

2. 科属： 杨柳科，杨属

3. 形态特征：乔木，高 30m；树冠阔椭圆形。树皮暗灰色，老时沟裂，黑褐色；树冠圆柱形。侧枝成 20°～30°角开展，小枝圆形，光滑，黄褐色或淡黄褐色。芽长卵形，先端长渐尖，富黏质，赤褐色，花芽先端向外弯曲。长枝叶扁三角形，先端短渐尖，基部截形或阔楔形，边缘具钝圆锯齿；短枝叶菱状三角形，或菱状卵圆形，先端渐尖，基部阔楔形或近圆形。叶柄略等于或长于叶片，侧扁，无毛。雄花序长 5～6cm，花序轴无毛，苞片膜质，淡褐色；雄蕊 15～30，雌花序长 10～15cm。蒴果 2 瓣裂，先端尖，果柄细长。花药紫红色；子房卵圆形，有柄，无毛，柱头 2 枚。果序长 5～10cm，果序轴无毛，蒴果卵圆形。花期 4～5 月，果期 6 月（见彩图 8）。

4. 生态习性：喜光，耐寒、耐干冷气候，湿热气候多病虫害。稍耐盐碱和水湿，忌低洼积水及土壤干燥黏重。抗病虫害能力较差。生长寿命不长。

5. 繁殖与栽培：用种子和插条繁殖。种子千粒重 0.54g，发芽率 95%。插条育苗时，将枝条进行冬季沙藏，保持 0～5℃的低温，促使皮层软化，或早春将剪好的插穗放入冷水中浸 5～10h，再用湿沙分层覆盖，经 5～10d 后扦插，也可用生长素处理。

6. 应用：本种树形圆柱状，丛植于草地或列植堤岸、路边，有高耸挺拔之感，在北方园林常见，也常做行道树、防护林用。雌株与雄株同为育种主要亲本之一，应注意繁育保存。

九、新 疆 杨

1. 学名：*Populus alba var. pyramidalis*

2. 科属：杨柳科，杨属

3. 形态特征：新疆杨高 15～30m，树冠窄圆柱形或尖塔形；树皮为灰白或青灰色，光滑少裂。萌条和长枝叶掌状深裂，基部平截；短枝叶圆形，有粗缺齿，侧齿几乎对称，基部平截，下面绿色几无毛；叶柄侧扁或近圆柱形，被白绒毛。雄花序长 3～6cm；花序轴有毛，苞片条状分裂，边缘有长毛，柱头 2～4 裂；雄蕊 5～20，花盘有短梗，宽椭圆形，歪斜；花药不具细尖。蒴果长椭圆形，通常 2 瓣裂。仅见雄株。雌花序长 5～10cm，花序轴有毛，雌蕊具短柄，花柱短，柱头 2，有淡黄色长裂片。蒴果细圆锥形，长约 5mm，2 瓣裂，无毛。花期 4～5 月，果期 5 月（见彩图 9）。

4. 生态习性：喜光，不耐阴。耐寒。耐干旱瘠薄及盐碱土。深根性，抗风力强，生长快。

5. 繁殖与栽培：通常用扦插或埋条法繁殖，扦插比银白杨成活率高。若嫁接在胡杨上，不仅生长良好，还可以扩大栽培范围。

6. 应用：新疆杨树型及叶形优美，在草坪、庭前孤植、丛植，或于路旁植、点缀山石都很合适，也可用作绿篱及基础种植材料。

十、加 杨

1. 学名：*Populus canadensis Moench*

2. 科属：杨柳科，杨属

3. 形态特征：落叶乔木，高 30 多米。干直，树皮粗厚，深沟裂，下部暗灰色，上部褐灰色，大枝微向上斜伸，树冠卵形；萌枝及苗茎棱角明显，小枝圆柱形，稍有棱角，无毛，稀微被短柔毛。芽大，先端反曲，初为绿色，后变为褐绿色。单叶互生，叶三角形或三角状卵形，长枝萌枝叶较大，一般长大于宽，先端渐尖，基部截形或宽楔形，无或有1～2个腺体，边缘半透明，有圆锯齿，近基部较疏，具短缘毛。叶柄侧扁而长，带红色。雄花序长7～15cm，花序轴光滑，雌花序有花45～50朵。果序长达27cm；蒴果卵圆形，长约8mm，先端锐尖，2～3瓣裂。雌雄异株。雄株多，雌株少。花期4月，果期5～6月（见彩图10）。

4. 生态习性： 杂种优势明显，生长势和适应性均较强。喜温暖湿润气候，耐瘠薄及微碱性土壤；速生，4年生，高达15m，胸径8cm；扦插易活，生长迅速。寿命较短。对二氧化硫抗性强，并有吸收能力。

5. 繁殖与栽培： 本种雄株多，雌株少见。一般都采用扦插繁殖，极易成活。扦插苗当年秋季落叶后崛起，经分级后入沟假植，次春移植。生长季加强水肥管理并注意及时摘去干上萌蘖，2～3年后苗木胸径可达4～5cm，即可出圃定植。加杨易受光肩天牛及白杨透翅蛾幼虫危害枝干，刺蛾和潜叶蛾幼虫危害树叶，应注意及时防治。

6. 应用： 加杨树冠阔，叶片大而有光泽，宜作行道树、庭荫树、公路树及防护林等，孤植、列植都适宜。它是华北和江淮平原常用的绿化树种，适合工矿区绿化及"四旁"绿化。杨柳科中的杨树也是靠杨絮传播种子，果序将要成熟时，果开裂杨絮就四处飞扬，大街上杨絮到处散播会造成环境污染，因此，行道树应种雄株杨树，不能种雌株杨树。

十一、小　叶　杨

1. 学名： *Populus simonii Carr.*

2. 科属： 杨柳科，杨属

3. 形态特征： 乔木，高达20m，胸径50cm以上。树皮幼时灰绿色，老时暗灰色，沟裂；树冠近圆形。幼树小枝及萌枝有明显棱脊，常为红褐色，后变黄褐色，老树小枝圆形，细长而密，无毛。芽细长，先端长渐尖，褐色，有黏质。叶菱状卵形、菱状椭圆形或菱状倒卵形，边缘平整，叶缘具细锯齿，无毛，上面淡绿色，下面灰绿或微白，无毛；叶柄圆筒形。雄花序长2～7cm，花序轴无毛，苞片细条裂，雄蕊8～9（25）；雌花序长2.5～6cm，苞片淡绿色，裂片褐色，无毛，柱头2裂。果序长达15cm；蒴果小，无毛。花期3～5月，果期4～6月（见彩图11）。

4. 生态习性： 喜光树种，不耐阴蔽，适应性强，对气候和土壤要求不严，耐旱，抗寒，耐瘠薄或弱碱性土壤，在沙、荒和黄土沟谷也能生长，但在湿润、肥沃土壤的河岸、山沟和平原上生长最好；在栗钙土上生长不好。在长期积水的低洼地上不能生长。在干旱瘠薄、沙荒茅草地上常形成"小老树"。不耐阴蔽。根系发达，固土抗风能力强。

5. 繁殖与栽培： 繁殖可用播种、扦插、埋条等法。扦插易成活，枝插、干插均可。栽培无特殊要求。常有叶锈病、褐斑病及杨天社蛾、大透翅蛾、黄斑星天牛等病虫危害，应注意及早防治。

6. 应用： 小叶杨是良好的防风固沙、保持水土、固堤护岸及绿化观赏树种；城郊可选小叶杨作行道树和防护林。小叶杨树形美观，叶片秀丽，生长快速，适应性强，是水湿地带、四旁绿化的良好树种。但寿命较短，一般30年即转入衰老阶段。

十二、青　杨

1. 学名： *Populus cathayans Rehd.*

2. 科属： 杨柳科，杨属

3. 形态特征：乔木，高达 30m。树冠阔卵形；树皮初光滑，灰绿色，老时暗灰色，沟裂。枝圆柱形，有时具角棱，幼时橄榄绿色，后变为橙黄色至灰黄色，无毛。芽长圆锥形，多黏质。短枝叶卵形、椭圆状卵形、椭圆形或狭卵形，先端渐尖或突渐尖，基部圆形，稀近心形或阔楔形，叶缘具锯齿，叶柄圆柱形，无毛；长枝或萌枝叶较大，卵状长圆形，基部常微心形；叶柄圆柱形，无毛。雄花序长 5～6cm，雄蕊 30～35，苞片条裂；雌花序长 4～5cm，柱头 2～4 裂；果序长 10～15（20）cm。蒴果卵圆形。花期 3～5 月，果期 5～7 月（见彩图 12）。

4. 生态习性：喜光，亦稍耐阴；喜温凉气候，较耐寒，但在暖地生长不良。对土壤要求不严，但适生于土层深厚、肥沃湿润、排水良好的土壤。能耐干旱，但不耐水淹，根系发达，分布深而广，生长快，萌蘖性强。生于海拔 800～3000m 的沟谷、河岸和阴坡山麓。

5. 繁殖与栽培：扦插、播种均可，一年生苗高约 20cm。亦可直接插干或压条造林。应选生长快、抗逆性强、干形通直的优良变种作母树，采集种子或枝条。青杨枝条较软，顶枝易弯，故育苗时宜留竞争枝以保护其生长。由于青杨物候期特早，移栽、定植应在早春解冻时进行。青杨常遭杨树腐烂病危害，应注意及早防治。

6. 应用：树冠丰满，干皮清丽，是西北高寒荒漠地区重要的庭荫树、行道树，并可用于河滩绿化、防护林、固堤护森及用材林，常和沙棘造林，可提高其生长量。青杨展叶极早，在北京 3 月中旬即萌芽展叶，新叶嫩绿光亮，使人尽早感觉春天来临的气息。

十三、栾　　树

1. 学名：*Koelreuteria paniculata Laxm.*

2. 科属：无患子科，栾树属

3. 形态特征：落叶乔木，高达 15m；树冠近圆球形。树皮灰褐色，细纵裂；小枝稍有棱，无顶芽，皮孔明显。奇数羽状复叶；小叶 7～15，卵形或卵状椭圆形，缘有不规则锯齿。花小，金黄色；顶生圆锥花序宽而疏散。蒴果三角状卵形。顶端尖，成熟时红褐色或橘红色。花期 6～7 月；果 9～10 月成熟（见彩图 13）。

4. 生态习性：栾树是一种喜光、稍耐半阴的植物；耐寒；但是不耐水淹，耐干旱和瘠薄，对环境的适应性强，喜欢生长于石灰质土壤中，耐盐渍及短期水涝。栾树具有深根性，萌蘖力强，生长速度中等，幼树生长较慢，以后渐快，有较强的抗烟能力。抗风能力较强，可耐 −25℃低温，对粉尘、二氧化硫和臭氧均有较强的抗性。

5. 繁殖与栽培：栾树病虫害少，栽培管理容易，栽培土质以深厚、湿润的土壤最为适宜。以播种繁殖为主，分蘖或根插亦可，移植时适当剪短主根及粗侧根，这样可以促进多发须根，容易成活。秋季果熟时采收，及时晾晒去壳。因种皮坚硬不易透水，如不经处理，第二年春播常不发芽，故秋季去壳播种，可用湿沙层积处理后春播。一般采用垄播，垄距60～70cm，因种子出苗率低，故用种量大，播种量 30～40kg/亩。

6. 应用：栾树树形端正，枝叶茂密而秀丽，春季嫩叶多为红叶，夏季黄花满树，入秋叶色变黄，果实紫红，形似灯笼，十分美丽；栾树适应性强、季相明显，是理想的绿化、观叶树种。宜做庭荫树、行道树及园景树，栾树也是工业污染区配植的好树种。

十四、白　　蜡

1. 学名：*Fraxinus chinensis Roxb.*

2. 科属：木犀科，白蜡树属

3. 形态特征：落叶乔木，高10~12m；树皮灰褐色，纵裂。芽阔卵形或圆锥形，被棕色柔毛或腺毛。小枝黄褐色，粗糙，皮孔小，不明显。羽状复叶长15~25cm；叶柄长4~6cm，基部不增厚；叶轴挺直，上面具浅沟，初时疏被柔毛，旋即秃净；小叶5~7枚，硬纸质，卵形、倒卵状长圆形至披针形，顶生小叶与侧生小叶近等大或稍大，先端锐尖至渐尖，基部钝圆或楔形；小叶柄长3~5mm。圆锥花序顶生或腋生枝梢；花序梗无毛或被细柔毛，光滑，无皮孔；花雌雄异株；雄花密集，花萼小，钟状，花药与花丝近等长；雌花疏离，花萼大。翅果匙形，上中部最宽，先端锐尖，常呈犁头状，基部渐狭，翅平展，下延至坚果中部，坚果圆柱形；宿存萼紧贴于坚果基部，常在一侧开口深裂。花期4~5月，果期7~9月（见彩图14）。

4. 生态习性：白蜡树属于喜光树种，对霜冻较敏感。喜深厚较肥沃湿润的土壤，常见于平原或河谷地带，较耐轻盐碱性土。

5. 繁殖与栽培：当翅果成熟变为黄褐色时，选生长健壮、无病虫害的树木采种。采集后晒干去杂，装入麻袋，放在通风干燥的室内贮藏。带翅种子的千粒重约33g，30000粒/kg，发芽率50%~70%，干藏的种子发芽率可保持3~5a。多采用播种育苗，春、秋均可。选择土层深厚肥沃、排水良好的沙壤土作圃地。施有机肥3000kg/亩（1亩≈667m²，下同）左右，深翻细耙，作床播种。秋播种子不必处理，10月采种后播种。春播前10d左右作种子处理，用10℃温水浸种24h，然后用沙拌种，堆放室内保温，等种子咧嘴露白后筛出种子及时播种。条播，行距30cm，覆土1~2cm，切勿过厚。下种量10kg/亩左右。待3~4片真叶时，按8cm株距定苗。第二年春季移床，每亩移植3000~5000株以培育壮苗。苗期要注意及时灌水、松土、除草、追肥。白蜡树也可用插条育苗，以1~2a生枝条春插为好，其方法同杨树插条育苗。

6. 应用：该树种形体端正，树干通直，枝叶繁茂而鲜绿，秋叶橙黄，是优良的行道树、庭院树、公园树和遮阴树，可用于湖岸绿化和工矿区绿化。

十五、七　叶　树

1. 学名：*Aesculus chinensis Bunge*

2. 科属：七叶树科，七叶树属

3. 形态特征：落叶乔木，高达25m，树皮深褐色或灰褐色，小枝圆柱形，黄褐色或灰褐色，无毛或嫩时有微柔毛，有圆形或椭圆形淡黄色的皮孔。冬芽大形，有树脂。掌状复叶，由5~7小叶组成；小叶纸质，长圆披针形至长圆倒披针形，稀长椭圆形，先端短锐尖，基部楔形或阔楔形，边缘有钝尖形的细锯齿。花序圆筒形，花序总轴有微柔毛，小花序常由5~10朵花组成，平斜向伸展，有微柔毛。花杂性，雄花与两性花同株，花萼管状钟形，长3~5mm，外面有微柔毛；花瓣4，白色，长圆倒卵形至长圆倒披针形；雄蕊6，花丝线状，无毛，花药长圆形，淡黄色；子房在雄花中不发育，在两性花中发育良好，卵圆形，花柱无毛。果实球形或倒卵圆形，顶部短尖或钝圆而中部略凹下，黄褐色，无刺，具很密的斑点；种脐白色，约占种子体积的1/2。花期4~5月，果期10月（见彩图15）。

4. 生态习性：喜光，也耐半阴，喜湿润气候，不耐严寒，喜肥沃深厚的土壤。

5. 繁殖与栽培：繁殖主要用播种法，扦插、高压也可。种子不耐贮藏，受干易失去发芽力，故不宜久藏。一般在种子成熟后及时采下，随即播种。如不得已，可带果皮拌湿沙或泥炭在阴凉处贮存至次年春播，在贮藏过程中要经常检查，以防霉烂或变干。七叶树主根深而侧根少，不耐移栽，在苗圃培养期间要尽量减少移栽次数。为保证移栽绿化成活率高，移栽需带土球。

6. 应用：在中国，七叶树与佛教有着很深的渊源，因此很多古刹名寺如杭州灵隐寺、北京卧佛寺、大觉寺中都有千年以上的七叶树。七叶树树干耸直，冠大阴浓，初夏繁花满树，硕大的白色花序又似一盏华丽的烛台，蔚然可观，是优良的行道树和园林观赏植物，可作人行步道、公园、广场绿化树种，既可孤植也可群植，或与常绿树和阔叶树混种。中国常将七叶树孤植或栽于建筑物前及疏林之间。

十六、女　　贞

1. 学名： *Ligustrum lucidum Ait.*

2. 科属：木犀科女贞属

3. 形态特征：叶片常绿，革质，卵形、长卵形或椭圆形至宽椭圆形，先端锐尖至渐尖或钝，基部圆形或近圆形，有时宽楔形或渐狭，叶缘平坦，上面光亮，两面无毛，中脉在上面凹入，下面凸起，两面稍凸起或有时不明显，叶柄上面具沟，无毛；圆锥花序顶生，花序轴及分枝轴无毛，紫色或黄棕色，果实具棱；花序基部苞片常与叶同形，小苞片披针形或线形，花无梗或近无梗；果肾形或近肾形，深蓝黑色，成熟时呈红黑色，被白粉；花期5～7月，果期7月至翌年5月（见彩图16）。

4. 生态习性：女贞耐寒性好，耐水湿，喜温暖湿润气候，喜光耐阴。为深根性树种，须根发达，生长快，萌芽力强，耐修剪，但不耐瘠薄。对大气污染的抗性较强，能耐－12℃的低温，女贞对剧毒的汞蒸气反应相当敏感，一旦受熏，叶、茎、花冠、花梗和幼蕾便会变成棕色或黑色，严重时会掉叶、掉蕾。女贞还能吸收毒性很大的氟化氢、二氧化硫和氯气等。

5. 繁殖与栽培：选择背风向阳、土壤肥沃、排灌方便、耕作层深厚的壤土、沙壤土、轻黏土播种。女贞11～12月种子成熟，种子成熟后，常被蜡质白粉，要适时采收，选择树势壮、树姿好、抗性强的树作为采种母树。可用高枝剪剪取果穗，捋下果实，将其浸入水中5～7d，搓去果皮，洗净、阴干。可用2份湿沙和1份种子进行湿藏，翌春3月底至4月初用热水浸种，捞出后湿放4～5d后即可播种。播种育苗于3月上中旬至4月播种。冬播在封冻之前进行，一般不需催芽。播种前将去皮的种子用温水浸泡1天，采用条播行距为20cm，覆土厚1.5～2.0cm。播种量为105kg/hm²左右。女贞出苗时间较长，约需1个月。播后最好在畦面盖草保墒，小苗出土后要及时松土除草，进行间苗。

6. 应用：女贞四季婆娑，枝干扶疏，枝叶茂密，树形整齐，是园林中常用的观赏树种，可于庭院孤植或丛植，亦作为行道树。因其适应性强，生长快又耐修剪，也用作绿篱。一般经过3～4年即可成形，达到隔离效果。其播种繁殖育苗容易，还可作为砧木，嫁接繁殖桂花、丁香、色叶植物金叶女贞。

十七、黄　连　木

1. 学名： *Pistacia chinensis Bunge*

2. 科属：漆树科，黄连木属

3. 形态特征：落叶乔木，高达25～30m；树干扭曲。树皮暗褐色，呈鳞片状剥落，幼枝灰棕色，具细小皮孔，疏被微柔毛或近无毛。奇数羽状复叶互生，有小叶5～6对，叶轴具条纹，被微柔毛，叶柄上面平，被微柔毛；小叶对生或近对生，纸质，披针形或卵状披针形或线状披针形，先端渐尖或长渐尖，基部偏斜，全缘，侧脉和细脉两面突起；小叶柄长 1～2mm。花单性异株，先花后叶，圆锥花序腋生，雄花序排列紧密，长 6～7cm，雌花序排列疏松，长 15～20cm，均被微柔毛；花小；苞片披针形或狭披针形，内凹，边缘具睫毛；雄花花被片 2～4，披针形或线状披针形；雌花花被片 7～9，大小不等，披针形或线状披针形，外面被柔毛，边缘具睫毛，里面 5 片卵形或长圆形，外面无毛，边缘具睫毛。核果倒卵状球形，略压扁，成熟时紫红色，干后具纵向细条纹，先端细尖（见彩图 17）。

4. 生态习性：喜光，幼时稍耐阴；喜温暖，畏严寒；耐干旱瘠薄，对土壤要求不严，微酸性、中性和微碱性的沙质均能适应，而以在肥沃、湿润而排水良好的石灰岩山地生长最好。深根性，主根发达，抗风力强；萌芽力强。生长较慢，寿命可长达 300 年以上。对二氧化硫、氯化氢和煤烟的抗性较强。

5. 繁殖与栽培：繁殖可用播种、分蘖、扦插等法。秋季果实成熟后采收，注意只有蓝紫色果实才有饱满的种子。采回后用草木灰水浸泡数日，揉去果皮，除净浮粒，晒干后即可播种，或沙藏至次年 2～3 月间播种。每亩播种量约 10kg。幼苗易受冻害的北方地区，要进行越冬假植，次春再行移栽。栽植后应注意保护树形，一般不加修剪。

6. 应用：黄连木先叶开花，树冠浑圆，枝叶繁茂而秀丽，早春嫩叶红色，入秋叶又变成深红或橙黄色，红色的雌花序也极美观。是城市及风景区的优良绿化树种，宜作庭荫树、行道树及观赏风景树，也常作"四旁"绿化及低山区造林树种。在园林中植于草坪、坡地、山谷或于山石、亭阁之旁配植无不相宜。若要构成大片秋色红叶林，可与槭类、枫香等混植，效果更好。

十八、丝 棉 木

1. 学名：*Euonymus bungeanus Maxim.*

2. 科属：卫矛科，卫矛属

3. 形态特征：落叶小乔木，高 6～8m。树冠圆形与卵圆形，幼时树皮灰褐色、平滑，老树纵状沟裂。小枝细长，无毛，绿色，近四棱形，二年生枝四棱，每边各有白线。叶对生，卵状至卵状椭圆形，先端长渐尖，基部近圆形，缘有细锯齿，叶柄细长，约为叶片长的1/3，秋季叶色变红。伞形花序，腋生，有花 3～7 朵，淡绿色。蒴果粉红色，4 裂片。种子淡黄色，有红色假种皮，上端有小圆口，稍露出种子。花期 5～6 月，果熟期 9～10 月（见彩图 18）。

4. 生态习性：喜光，稍耐荫；耐寒，对土壤要求不严，耐干旱，也耐水湿，以肥沃、湿润而排水良好的土壤生长最好。根系深而发达，能抗风；根蘖萌发力强，生长速度中等偏慢，对二氧化硫的抗性中等。

5. 繁殖与栽培：繁殖可用播种、分株及硬枝扦插等法。秋季果熟时采收，日晒待果皮开裂后采集种子并晾干，收藏至次年 1 月初将种子用 30℃温水浸种 24h，然后混沙堆置于背阴处，上覆湿润草帘防干。3 月中旬土地解冻后将种子倒至背风向阳处，并适当补充水分催芽，四月初即可播种。一般采用条播，覆土约厚 1cm。当年苗高可达 1m 以上。栽培管理较粗放。

6. 应用：丝棉木枝叶娟秀细致，姿态幽丽，秋季叶色变红，果实挂满枝梢，开裂后露出橘红色假种皮，甚为美观。庭院中可配植于屋旁、墙垣、庭石及水池边，亦可作防护林及工厂绿化树种。

十九、毛　　梾

1. 学名： *Cornus walteri Wanger.*

2. 科属： 山茱萸科，山茱萸属

3. 形态特征： 落叶乔木，高达 12m，树皮灰暗色，常纵裂成长条。叶对生，椭圆形，长 4～9cm，宽 3～5cm，叶全缘。伞房状聚伞花序顶生，花小，直径 10mm，白色，有香气，花期 5 月。果球形，直径 6～7mm，熟时黑色，果期 9～10 月（见彩图 19）。

4. 生态习性： 毛梾是一种阳性树种，善生于丘陵山地的阳坡、半阳坡、溪岸、沟谷坡地的林缘、杂灌木林及疏林中。在阴蔽条件下，结果少或只开花不结果。对土壤条件要求不严。在弱酸、中性和弱碱的沙土至黏性土壤上均能生长。在土壤 pH 值为 5.8～8.2、排水良好、土层深厚的中性沙壤土上生长较好。较耐干旱瘠薄。深根性，根系发达。萌芽性强，当年萌条可达 2m。不耐水渍、阴蔽和重碱土。

5. 繁殖与栽培： 毛梾的繁殖力比较强，通常用种子或用插根和嫁接法繁殖。生长 4～6 年的植株即开始结实，生长 10 年后的植株，平均每株可产种子 10～20kg。种子的发芽率达 60%～80%。毛梾萌生力很强，新枝条一年可生长 2m 多高。可以移栽萌芽条扩大繁殖，较实生苗提前 1～2 年开花、结实。用插根和嫁接法繁殖效果也很好。移栽时，将苗圃中高为 80～100cm 的苗连根挖出后及时栽于大田中。常见的病虫害有叶黑斑病、红蜡介壳虫、金龟子、地老虎等。黑斑病可用 150 倍的波尔多液或石硫合剂防治；介壳虫等可用乐果防治。

6. 应用： 枝叶繁茂，白花可赏，多栽作行道树用。

二十、鹅　掌　楸

1. 学名： *Liriodendron chinensis（Hemsl.）Sarg.*

2. 科属： 木兰科，鹅掌楸属

3. 形态特征： 乔木，高达 40m，胸径 1m 以上，小枝灰色或灰褐色。叶马褂状，近基部每边具 1 侧裂片，先端具 2 浅裂，下面苍白色。花杯状，花被片 9，外轮 3 片绿色，萼片状，向外弯垂，内两轮 6 片、直立，花瓣状、倒卵形，长 3～4cm，绿色，具黄色纵条纹，花期时雌蕊群超出花被之上，心皮黄绿色。聚合果长 7～9cm，具翅的小坚果长约 6mm，顶端钝或钝尖，具种子 1～2 颗。花期 5 月，果期 9～10 月（见彩图 20）。

4. 生态习性： 喜光及温和湿润气候，有一定的耐寒性，喜深厚肥沃、适湿而排水良好的酸性或微酸性土壤，在干旱土地上生长不良，也忌低湿水涝。通常生于海拔 900～1000m 的山地林中或林缘，呈星散分布，也有组成小片纯林。

5. 繁殖与栽培： 鹅掌楸用种子繁殖，必须用人工辅助授粉。秋季采种精选后在湿沙中层积过冬，于次年春季播种育苗。第三年苗高 1m 以上时即可出圃定植，移植时应保护根部。栽培土质以深厚、肥沃、排水良好的酸性和微酸性的土壤为宜。本树具有一定的萌芽力，可行萌芽更新。

6. 应用： 鹅掌楸树形端正，叶形奇特，花大而美丽，为世界珍贵树种之一，17 世纪从北美引种到英国，其黄色花朵形似杯状的郁金香，故欧洲人称之为"郁金香树"，是城市中极佳的行道树、庭荫树种，无论丛植、列植或片植于草坪、公园入口处，均有独特的景观效果，对有害气体的抵抗性较强，也是工矿区绿化的优良树种之一。

二十一、榉　树

1. 学名：*Zelkova schneideriana Hand.-Mazz.*

2. 科属：榆科，榉属

3. 形态特征：乔木，高达30m；树皮灰白色或褐灰色，呈不规则的片状剥落；当年生枝紫褐色或棕褐色，疏被短柔毛，后渐脱落；冬芽圆锥状卵形或椭圆状球形。叶薄纸质至厚纸质，大小形状变异很大，卵形、椭圆形或卵状披针形，先端渐尖或尾状渐尖；叶柄粗短，被短柔毛；托叶膜质，紫褐色，披针形。雄花具极短的梗，花被裂至中部；雌花近无梗，花被片4～5，外面被细毛，子房被细毛。核果几乎无梗，淡绿色，斜卵状圆锥形。花期4月，果期9～11月（见彩图21）。

4. 生态习性：垂直分布多在海拔500m以下之山地、平原，在云南可达海拔1000m。阳性树种，喜光，喜温暖环境。适生于深厚、肥沃、湿润的土壤，对土壤的适应性强，酸性、中性、碱性土及轻度盐碱土均可生长。深根性，侧根广展，抗风力强。忌积水，不耐干旱和贫瘠。生长慢，寿命长。

5. 繁殖与栽培：播种繁殖，秋末采果阴干贮藏，次年早春播种，播前用清水浸种1～2天。一般采用条播，条距20～25cm，每亩用种量6～10kg。当年苗高可达60～80cm。用作城市绿化的苗木应留圃培养5～8年，待干径3cm左右时方可出圃定植。榉树苗木根细长而韧，起苗时利用利铲先将周围的根切断方可挖取，以免撕裂根皮。

6. 应用：榉树树姿端庄，秋叶变成褐红色，是观赏秋叶的优良树种，常种植于绿地中的路旁、墙边，作孤植、丛植配置和作行道树。榉树适应性强，抗风力强，耐烟尘，是城乡绿化和营造防风林的好树种。

二十二、无　患　子

1. 学名：*Sapindus mukurossi Gaertn.*

2. 科属：无患子科，无患子属

3. 形态特征：落叶大乔木，高可达20余米，树皮灰褐色或黑褐色；嫩枝绿色，无毛。单回羽状复叶，叶轴稍扁；小叶5～8对，通常近对生，叶片薄纸质，长椭圆状披针形或稍呈镰形，顶端短尖或短渐尖。花序顶生，圆锥形；花小，辐射对称，花梗常很短；萼片卵形或长圆状卵形；花瓣5，披针形，有长爪，鳞片2个，小耳状；花盘碟状，无毛；雄蕊8，伸出；子房无毛。果近球形，直径2～2.5cm，橙黄色，干时变黑。花期为春季，果期为夏、秋季（见彩图22）。

4. 生态习性：喜光，稍耐阴，耐寒能力较强。对土壤要求不严，深根性，抗风力强。不耐水湿，能耐干旱。萌芽力弱，不耐修剪。生长较快，寿命长。对二氧化硫抗性较强。

5. 繁殖与栽培：用播种法繁殖，秋季果熟时采收，水浸沤烂后搓去果皮肉，洗净种子后阴干，湿沙层积后越冬，春天3、4月间播种。条播行距25cm，覆土厚约2.5cm。每亩播种量50～60kg，种子发芽率65%～70%。播种后30～40d发芽出土。当年苗高约40cm。移栽在春季芽萌动前进行，小苗带些宿土，大苗需带土球。

6. 应用：树干通直，枝叶广展，绿荫稠密。到了秋季，满树叶色金黄，故又名黄金树，可算是彩叶树种之一。到了10月，果实累累，橙黄美观，是绿化的优良观叶、观果树种。宜做庭荫树及行道树。孤植、丛植在草坪、路旁或建筑物旁都很合适。若与其他秋色叶树种及常绿树种搭配，更可为园林秋景增色。

二十三、朴　　树

1. 学名：*Celtis sinensis Y. C. Tang*

2. 科属：榆科，朴属

3. 形态特征：落叶乔木，高达 20m，胸径 1m；树冠扁球形。树皮平滑，灰色；一年生枝被密毛。叶互生，叶柄长；叶片革质，宽卵形至狭卵形，先端急尖至渐尖，基部圆形或阔楔形，偏斜，中部以上边缘有浅锯齿，三出脉，上面无毛，下面沿脉及脉腋疏被毛。花杂性，着生于当年枝的叶腋；核果近球形，红褐色；果柄较叶柄近等长；核果单生或 2 个并生，近球形，熟时红褐色。花期 4 月；果期 9～10 月成熟（见彩图 23）。

4. 生态习性：喜光，适温暖湿润气候，适生于肥沃平坦之地。对土壤要求不严，有一定耐干能力，亦耐水湿及瘠薄土壤，适应力较强，抗烟尘及有毒气体。

5. 繁殖与栽培：播种繁殖。9、10 月间采种，堆放后熟，搓洗去果皮后阴干。秋播或湿沙层积贮藏至次年春播。条行距约 25cm，覆土厚约 1cm。1 年生苗高 35～40cm。育苗期间要注意整形修剪，培养通直的树干和树冠。大苗移栽要带土球。

6. 应用：朴树在园林绿化中主要用于绿化道路，栽植于公园小区，作景观树等。在园林中孤植于草坪或旷地，列植于街道两旁，尤为雄伟壮观，又因其对多种有毒气体抗性较强，有较强的吸滞粉尘的能力，常被用于城市及工矿区。绿化效果体现速度快，移栽成活率高，造价低廉。朴树树冠圆满宽广，树荫浓郁，在农村"四旁"绿化也可用，也是河网区的防风固堤树种。

二十四、椴　　树

1. 学名：*Tilia tuan Szyszyl.*

2. 科属：椴树科，椴树属

3. 形态特征：乔木，高 20m，树皮灰色，直裂；小枝近秃净，顶芽无毛或有微毛。叶卵圆形，先端短尖或渐尖，基部单侧心形或斜截形。聚伞花序；花柄长 7～9mm；苞片狭窄倒披针形，无柄，先端钝，基部圆形或楔形；萼片长圆状披针形，被茸毛，内面有长茸毛；花瓣长 7～8mm；退化雄蕊长 6～7mm；雄蕊长 5mm；子房有毛，花柱长 4～5mm。果实球形，宽 8～10mm，无棱，有小突起，被星状茸毛。花期 7 月（见彩图 24）。

4. 生态习性：椴树适生于深厚、肥沃、湿润的土壤，山谷、山坡均可生长。深根性，生长速度中等，萌芽力强。椴木喜光，幼苗、幼树较耐阴，喜温凉湿润气候。常单株散生于红松阔叶混交林内。椴木对土壤要求严格，喜肥沃、排水良好的湿润土壤，不耐水湿沼泽地，耐寒，抗毒性强，虫害少。

5. 繁殖与栽培：当种子微变黄褐色时采集，阴干，除去果柄、苞片等。种子采集后经日晒，去杂，可得到纯净种子。椴树种子有休眠特性，如不经催芽处理发芽不良，甚至当年不发芽。播种前 90～100d 进行种子处理。选择土壤肥沃、结构疏松、含腐殖质多、排水良好的沙质壤土地块进行整地、做床育苗。垄作或床作。出苗前需要保持土壤湿润。处理良好的种子播种后 15～20d 大多数发芽出土，幼苗需搭荫棚以防日灼。第 2 年不能移栽的苗木，还需再留床生长 1 年，及时追肥 2 次，10 月左右先喷施叶面肥磷酸二氢钾或硼砂 1 次，促使苗木充分木质化。同时适时除草和松土。

6. 应用：椴树树形美观，花朵芳香，对有害气体的抗性强，可作园林绿化树种。

二十五、银　桦

1. 学名：*Grevillea robusta A. Cunn.*

2. 科属：山龙眼科，银桦属

3. 形态特征：乔木，高10～25m；树皮暗灰色或暗褐色，具浅皱纵裂；嫩枝被锈色绒毛。叶长15～30cm，二次羽状深裂，裂片7～15对，边缘背卷；叶柄被绒毛。总状花序，腋生，或排成少分枝的顶生圆锥花序，花序梗被绒毛；花梗长1～1.4cm；花橙色或黄褐色；花药卵球状；花盘半环状，子房具子房柄，花柱顶部圆盘状，稍偏于一侧，柱头锥状。果卵状椭圆形，稍偏斜，果皮革质，黑色，宿存花柱弯；种子长盘状，边缘具窄薄翅。花期3～5月，果期6～8月（见彩图25）。

4. 生态习性：喜光，喜温暖、湿润气候，根系发达，较耐旱。不耐寒，遇重霜和−4℃以下低温，枝条易受冻。在肥沃、疏松、排水良好的微酸性沙壤土上生长良好；大苗移栽须带土球，并在雨季进行，不宜重修剪。打顶后树姿极难复原；对烟尘及有毒气体抵抗性较强，对土壤要求不严，但在质地黏重、排水不良的偏碱性土中生长不良；耐一定的干旱和水湿，根系发达，生长快，对有害气体有一定的抗性，耐烟尘，少病虫害。

5. 繁殖与栽培：移植时须带土球，并适当疏枝、去叶，减少蒸发，以利成活。直播造林或植苗造林均可，直播造林以秋季为主，即秋季种子成熟时随采随播，选择杂草较少且土壤较湿润的地方撒播，一般可不必覆土。植苗造林以春季为主。春季育苗时，种子需用温水浸种，播后注意除草松土、灌水、遮阴，当年苗高40～50cm时可出圃造林。

6. 应用：树干通直，高大伟岸，树冠整齐，宜作行道树、庭荫树；亦适合农村"四旁"绿化，可营造速生风景林、用材林；在较冷地区也有作为室内观赏植物栽培的。

二十六、榕　树

1. 学名：*Ficus microcarpa L. f.*

2. 科属：桑科，榕属

3. 形态特征：乔木，高达25m；树冠广展，老树常具锈褐色气根。叶薄革质，窄椭圆形，先端钝尖，基部楔形，全缘；叶柄长0.5～1cm，无毛，托叶披针形。榕果成对腋生或生于落叶枝叶腋，熟时黄或微红色，扁球形，无总柄，基生苞片3，宽卵形，宿存。雄花、雌花、瘿花同生于一榕果内，花间具少数刚毛；雄花散生于内壁，花丝与花药等长；雌花似瘿花，花被片3，宽卵形，花柱近侧生，柱头棒形。瘦果卵圆形。花期5～6月（见彩图26）。

4. 生态习性：喜阳光充足、温暖湿润的气候，不耐寒，除华南地区外多作盆栽。对土壤要求不严，在微酸和微碱性土中均能生长，不耐旱，怕烈日曝晒。

5. 繁殖与栽培：用播种或扦插法繁殖均容易，大枝扦插亦易成活。榕树生性强健，栽培土质选择性不严。栽培处日照需良好，性喜高温多湿，极耐旱，春至秋季是生育盛期。适应性强，在粗放的栽培条件下也能正常生长。起苗时需带有完好的土团，盆栽时用不含碱的培养土上盆。浇水时掌握宁湿勿干的浇水原则，切勿受旱；施肥不宜过多，也不要栽入大盆，以防枝条徒长，使树形无法控制，每年追施液肥3～5次即可。冬季可入中温温室越冬，应多见阳光，在一般家庭居室内陈设都不会受冻。

6. 应用：榕树可被制作成盆景，装饰庭院、卧室。亦可作为孤植树观赏之用。

二十七、香　　樟

1. 学名：*Cinnamomum camphora*（*L.*）*Presl*

2. 科属：樟科，樟属

3. 形态特征：常绿乔木，一般高 20～30m，最高可达 50m，胸径 4～5m；树冠广卵形。树皮灰褐色，纵裂。叶互生，卵状椭圆形，长 5～8cm，薄革质。圆锥花序腋生于新枝；花被淡黄绿色，6 裂。核果球形，径约 6mm，熟时紫黑色，果托盘状。花期 5 月；果 9～11 月成熟（见彩图 27）。

4. 生态习性：喜光，稍耐阴；喜温暖湿润气候，耐寒性不强。对土壤要求不严，而以深厚、肥沃、湿润的微酸性黏质土最好，较耐水湿，但不耐干旱、瘠薄和盐碱土。主根发达，深根性，能抗风。萌芽力强，耐修剪。生长速度中等偏慢，幼年较快，中年后转慢。有一定的抗海潮风、耐烟尘和有毒气体能力，并能吸收多种有毒气体，较能适应城市环境。

5. 繁殖与栽培：主要用播种繁殖，也可用软材扦插及分栽根蘖等法繁殖。10～11 月果实成熟后及时采种，用水浸泡 2～3d，搓去果皮，再拌草木灰脱脂 12～24h，然后洗净种子，晾干后混沙贮藏，至次年春季条播。1 年生苗高 30～50cm，幼苗喜荫怕冻，冬季要敷草或培土防寒。大苗移植时要注意少伤根，带土球，并适当疏去 1/3 枝叶。

6. 应用：本种枝叶繁茂、冠大荫浓，树姿雄伟，是城市绿化的优良树种，广泛用作庭荫树、行道树、防护林及风景林。配置于池畔、水边、山坡、平地无不相宜。若孤植于空旷地，让树冠充分发展，浓荫覆地，效果更佳。在草地中丛植、群植或作背景树都很合适。樟树的吸毒抗毒性能较强，故也可选做厂矿区绿化树种。

二十八、棕　　榈

1. 学名：*Trachycarpus fortunei*（*Hook. f.*）*H. Wendl.*

2. 科属：棕榈科，棕榈属

3. 形态特征：常绿乔木，高 3～10m 或更高，树干圆柱形。叶片呈 3/4 圆形或者近圆形，深裂成 30～50 片具皱折的线状剑形的裂叶，裂片先端具短 2 裂或 2 齿，硬挺甚至顶端下垂；叶柄长 75～80cm 或甚至更长，两侧具细圆齿，顶端有明显的戟突。花序粗壮，多次分枝，从叶腋抽出，通常是雌雄异株。果实阔肾形。花期 4 月，果期 12 月（见彩图 28）。

4. 生态习性：棕榈性喜温暖湿润的气候，极耐寒，较耐阴，成品极耐旱，唯不能抵受太大的日夜温差。棕榈是国内分布最广、分布纬度最高的棕榈科种类。适生于排水良好、湿润肥沃的中性、石灰性或微酸性土壤，耐轻盐碱，也耐一定的干旱与水湿。抗大气污染能力强。易风倒，生长慢。

5. 繁殖与栽培：播种繁殖，10～11 月果实充分成熟时，以随采随播为好。或采后置于通风处阴干，或行沙藏，至次年春 3～4 月播种，发芽率 80%～90%。播种 2 年后换床移栽，移时剪除叶片 1/2～2/3 浅栽，以免烂心及蒸发，保证成活。

6. 应用：棕榈挺拔秀丽，一派南国风光，适应性强，能抗多种有毒气体。可列植、丛植或成片栽植，也常用盆栽或桶栽作室内或建筑前装饰或布置会场之用。

二十九、大 王 椰 子

1. 学名：*Roystonea regia*（*H. B. K*）*O. F. Cook*

2. 科属： 棕榈科，王棕属

3. 形态特征： 乔木，高15～20m。高耸挺直，叶羽状全裂，小叶披针形。核果阔卵形。幼株干基肥大，随成长逐渐转为上部粗大。干的环纹圈圈明显，干面灰白平滑，径达50～80cm。花白色，雌雄异株，穗状花序，着生于叶鞘的下部，最初包被于一圆筒状的佛焰苞内，花开时则脱佛焰苞而出，小花梗有许多分支，状如扫帚（见彩图29）。

4. 生态习性： 喜阳，喜温暖，不耐寒；对土壤适应性强，但以疏松、湿润、排水良好、土层深厚、富含有机质的肥沃冲积土或黏壤土最为理想。

5. 繁殖与栽培： 常用播种繁殖。种子充分成熟后采收、洗净后，随即播于沙床中，种子发芽适温22～28℃，保持湿润状态。播后1～3个月即可发芽，翌年春季或夏季分苗移栽最适宜。作盆栽时，夏季1天可多次向叶面喷水或向植株周边地面浇水，以提高空气湿度。冬季入中温温室越冬，减少浇水量。随时剪除老化叶片，保持株形整洁清新。

6. 应用： 适合盆栽、蔓篱、花坛栽植或丛植。大王椰子因其高大雄伟，姿态优美，四季常青，树干挺直如电线杆，成为热带及南亚热带地区最常见的棕榈类植物，寿命可长达数十年。列植于会堂、宾馆门前，或作为城乡行道树，均十分整齐美观。园林绿化中还常将其三五株不规则种植于草坪之上或庭院一角，再配以低矮的灌木或石头，则高矮错落有致，充满热带风光。北方常将幼龄树盆栽，用于装饰宾馆的门厅、宴会厅和大型会议室，则风采别致，气度非凡。

三十、旱　　柳

1. 学名： *Salix matsudana Koidz.*

2. 科属： 杨柳科，柳属

3. 形态特征： 乔木，高达18m，胸径80cm；树冠卵圆形至倒卵圆形。树皮灰黑色，纵裂。枝条直伸或斜展。叶披针形至狭披针形，长5～10cm，先端长渐尖，基部楔形，缘有细锯齿，背面微被白粉；叶柄短；托叶披针形，早落。雄花序轴有毛，苞片宽卵形；雄蕊2，花丝分离，基部有毛；雌花子房背负面各具1腺体。花期3～4月，果熟期4～5月（见彩图30）。

4. 生态习性： 喜光，不耐阴蔽，耐寒性强；喜水湿，亦耐干旱。对土壤要求不严，在干瘠沙地、低湿河滩和弱盐碱地上均能生长，而以肥沃、疏松、潮湿土上最为适宜，在固结、黏重土壤及重盐碱地上生长不良。生长快。寿命50～70年。萌芽力强；根系发达，主根深。固土、抗风力强，不怕沙压。旱柳树皮在受到水渍时，能很快长出新根悬浮在水中，这是它不怕水渍和扦插易成活的主要原因。

5. 繁殖与栽培： 繁殖以扦插为主，播种亦可。柳树扦插极易成活，除一般的枝插外，在实践中，人们常用大枝埋插以代替大苗，称"插干"或"插柳棍"。扦插在春、秋和雨季均可进行，北方以春季土地解冻后进行为好；南方土地不结冻地区以12月至1月进行为好。由于长时间的营养繁殖，柳树20年以后便开始出现心腐、枯梢等衰老现象，故提倡种子繁殖。栽种柳树宜在冬季落叶后至次年早春时芽未萌动时进行，栽后要充分浇水。当树龄较大，出现衰老现象时，可进行平头状重剪、更新。

6. 应用： 柳历来为中国人民所喜爱，自古以来就成为重要的园林及城乡绿化树种，最宜沿河湖岸边及低湿处、草地上栽植；亦可作行道树、防护林及沙荒造林等用。花有蜜腺，是早春蜜源树种之一。宋代进士张舜民针对灵州（今灵武）一带柳树成林却屡遭厄运发出感叹："灵州城下千株柳，总被官司砍作薪，他日玉关归去路，将何攀折赠行人？"现今永宁县大观桥绿柳成行，风光秀丽，成为宁夏"八景"之一。旱柳枝条柔软，树冠丰满，是中国北方常用的庭荫树、行道树。常栽培在河湖岸边或孤植于草坪。

三十一、垂　　柳

1. 学名：*Salix babylonica L.*

2. 科属：杨柳科，柳属

3. 形态特征：乔木，高达 12～18m，树冠开展而疏散。树皮灰黑色，不规则开裂；枝细，下垂，淡褐黄色、淡褐色或带紫色，无毛。芽线形，先端急尖。叶狭披针形或线状披针形，先端长渐尖，基部楔形，两面无毛或微有毛。雄花序长 1.5～2cm；雄蕊 2，花丝与苞片近等长或较长，花药红黄色；雌花序长达 2～3cm，有梗；子房椭圆形，无柄或近无柄，花柱短，柱头 2～4 深裂。蒴果长 3～4mm，带绿黄褐色。花期 3～4 月，果期 4～5 月（见彩图 31）。

4. 生态习性：喜光，喜温暖湿润气候及潮湿深厚的酸性及中性土壤。较耐寒，特耐水湿，但亦能生于土层深厚的高燥地区。萌芽力强，根系发达，生长迅速，15 年生树高达 13m。但某些虫害比较严重，寿命较短，树干易老化。30 年后渐趋衰老。根系发达，对有毒气体有一定的抗性，并能吸收二氧化硫。

5. 繁殖与栽培：繁殖以扦插为主，播种亦可。扦插于早春进行，选择生长快、无病虫害、姿态优美的雄株作为采条母株，剪取 2～3 年生粗壮枝条，截成 15～17cm 长作为插穗。株行距 20cm×30cm，直播，插后充分浇水，并经常保持土壤湿润，成活率极高。垂柳主要有光肩天牛危害树干，被害严重时易遭风折枯死。

6. 应用：枝条细长，生长迅速，自古以来深受中国人民热爱。最宜配植在水边，如桥头、池畔、河流、湖泊等水系沿岸处。与桃花间植可形成桃红柳绿之景，是江南园林春景的特色配植方式之一。也可作庭荫树、行道树、公路树。亦适用于工厂绿化，还是固堤护岸的重要树种。

三十二、国　　槐

1. 学名：*Sophora japonica L.*

2. 科属：豆科，槐属

3. 形态特征：乔木，高达 25m；树皮灰褐色，具纵裂纹。当年生枝绿色，无毛。羽状复叶长达 25cm；叶轴初被疏柔毛，旋即脱净；叶柄基部膨大，包裹着芽；托叶形状多变，早落；小叶 4～7 对，对生或近互生，纸质，卵状披针形或卵状长圆形。圆锥花序顶生，常呈金字塔形；花梗比花萼短；小苞片 2 枚，形似小托叶；花萼浅钟状；花冠白色或淡黄色；雄蕊近分离，宿存；子房近无毛。荚果串珠状；种子卵球形。花期 7～8 月，果期 8～10 月（见彩图 32）。

4. 生态习性：喜光而稍耐阴。能适应较冷气候。根深而发达。对土壤要求不严，可在酸性至石灰性及轻度盐碱土种植。抗风，也耐干旱、瘠薄，尤其能适应城市土壤板结等不良环境条件，但在低洼积水处生长不良。对二氧化碳和烟尘等污染的抗性较强。幼龄时生长较快，以后中速生长，寿命很长。老树易成空洞，但潜伏芽寿命长，有利于树冠更新。

5. 繁殖与栽培：一般用播种法繁殖。10 月果熟后采种，用水浸泡后搓去果皮，出种率约 20％。可秋播。亦可将荚果晾干或脱粒后干藏或混沙层积至次年春播。由于槐树主干不易通直，为了培育良好的主干，可在次年春将 1 年生苗掘起按 40cm×60cm 的株行距重新栽植，勤养护，多施肥，使形成强大根系，秋季落叶后在土面处截去主干并施堆肥越冬，接下来进行一系列的养护管理，形成具有良好主干的植株。

6. 应用：国槐是庭院常用的特色树种，其枝叶茂密，绿荫如盖，适作庭荫树，在中国北方多用作行道树。配植于公园、建筑四周、街坊住宅区及草坪上，也极相宜，也可作工矿区绿化之用。具有防风固沙功能，对二氧化硫、氯气等有毒气体有较强的抗性（见彩图 32）。

三十三、洋　　槐

1. 学名：*Robinia pseudoacacia L.*

2. 科属：豆科，槐属

3. 形态特征：落叶乔木，高 10～25m；树皮灰褐色至黑褐色，浅裂至深纵裂，稀光滑。小枝灰褐色，幼时有棱脊，微被毛，后无毛；具托叶刺，长达 2cm；冬芽小，被毛。羽状复叶长 10～25（约 40）cm；叶轴上面具沟槽；小叶 2～12 对，常对生，椭圆形、长椭圆形或卵形，先端圆，微凹，具小尖头，基部圆至阔楔形，全缘。花多数，芳香；花冠白色；雄蕊二体；子房线形。荚果褐色，扁平；种子褐色至黑褐色，近肾形。花期 4～6 月，果期 8～9月（见彩图 33）。

4. 生态习性：温带树种。在年平均气温 8～14℃、年降雨量 500～900mm 的地方生长良好；特别是空气湿度较大的沿海地区，其生长快，干形通直圆满。抗风性差，在冲风口栽植的刺槐易出现风折、风倒、倾斜或偏冠的现象。对水分条件很敏感，在地下水位过高、水分过多的地方生长缓慢，易诱发病害，造成植株烂根、枯梢甚至死亡。有一定的抗旱能力。喜土层深厚、肥沃、疏松、湿润的壤土、沙质壤土、沙土或黏壤土，在中性土、酸性土、含盐量在 0.3％ 以下的盐碱性土上都可以正常生长，在积水、通气不良的黏土上生长不良，甚至死亡。喜光，不耐阴蔽。

5. 繁殖与栽培：一般用播种法繁殖。刺槐荚果由绿色变为赤褐色，荚皮变硬呈干枯状，即为成熟，应适时采种。刺槐种子皮厚而坚硬，播前必须进行催芽处理。刺槐过早播种易遭受晚霜冻害，所以播种宜迟不宜早，以谷雨节前后为最适宜。畦床条播或大田式播种均可。一般采用大田式育苗，先将苗地耢平，再开沟条播，行距 30～40cm，沟深 1.0～1.5cm，沟底要平，深浅要一致，将种子均匀地撒在沟内，然后及时覆土厚 1～2cm 并轻轻镇压，从播种到出苗 6～8d，播种量 60～90kg/hm²。在刺槐育苗中，掌握幼苗耐旱、喜光、忌涝的特点，是保证育苗成活的关键。

6. 应用：刺槐树冠高大，叶色鲜绿，每当开花季节绿白相映，素雅而芳香，可作为行道树、庭荫树、工矿区绿化及荒山荒地绿化的先锋树种。对二氧化硫、氯气、光化学烟雾等的抗性都较强，还有较强的吸收铅蒸气的能力。冬季落叶后，枝条疏朗向上，很像剪影，造型有国画韵味。

三十四、泡　　桐

1. 学名：*Paulownia fortunie（Seem.）Hemsl.*

2. 科属：玄参科，泡桐属

3. 形态特征：乔木，高达 27m，树冠宽卵形或圆形，树皮灰褐色。小枝粗壮，初有毛，后脱落。叶卵形，先端渐尖，全缘，基部心形，表面无毛，背面被白色星状绒毛。花蕾倒卵状椭圆形；花冠漏斗状，乳白色至微带紫色，内具紫色斑点及黄色条纹。蒴果椭圆形。花期3～4月；果9～10月成熟（见彩图34）。

4. 生态习性：喜温暖气候，耐寒性稍差，尤其幼苗期很易受冻害；喜光稍耐阴；对黏重贫瘠的土壤的适应性较其他种强。顶芽死后常自然接枝成合轴分枝状，甚至少数植株顶芽不死成总状分枝状，故主干通直，干形较好，生长快，是本属中对丛枝病抗性最强的种。

5. 繁殖与栽培：繁殖通常用埋根、播种、埋干、留根等方法，生产上普遍采用埋根育苗。为更多更快地繁育优良单株或无性系，有目的地培育一些新的良种，采用组织培养的方法也是可行。由于长期的无性繁殖，植株出现退化现象，不少植株易得丛株病等病害，应在无性繁殖几代后，进行一代种子繁殖，从中挑选和培育优良单株，才能保持优良树种的特性。

6. 应用：泡桐树干端直，树冠宽大，叶大荫浓，花大而美，宜作行道树、庭荫树，也是重要的速生用材树种，以"四旁"绿化结合生产的优良树种。

三十五、元 宝 枫

1. 学名：*Acer truncatum Bunge*

2. 科属：槭树科，槭树属

3. 形态特征：落叶乔木，高达10m，单叶对生，掌状5裂，裂片先端渐尖，有时中裂片或中部3裂片又3裂，叶基通常截形，最下部两裂片有时向下开展。花小而呈黄绿色，花成顶生聚伞花序，4月花与叶同放。翅果扁平，翅较宽而略长于果核，形似元宝。花期4月，果10月成熟（见彩图35）。

4. 生态习性：耐阴，喜温凉湿润气候，耐寒性强，但过于干冷则对生长不利，在炎热地区也如此。对土壤要求不严，在酸性土、中性土及石灰性土中均能生长，但以湿润、肥沃、土层深厚的土中生长最好。深根性，生长速度中等，病虫害较少。对二氧化硫、氟化氢的抗性较强，吸附粉尘的能力亦较强。

5. 繁殖与栽培：主要用种子法繁殖，秋天当翅果由绿色变为黄褐色时即可采收。晒干后风选净种。种子干藏越冬，次年春天播种。一般采用大田垄播，垄距为60～70cm，垄上开沟，覆土厚1～2cm，每亩播种量10～15kg。幼苗出土后3周即可间苗，雨季要注意排涝。一年生苗木高可达1m左右。在北京地区因冬季干冷，枝梢易受冻伤，需在秋季落叶后把苗木挖起入假植沟越冬。

6. 应用：元宝枫嫩叶红色，秋叶黄色、红色或紫红色，树姿优美，叶形秀丽，为优良的观叶树种，宜作庭荫树、行道树或风景林树种，现多用于道路绿化。元宝枫对二氧化硫、氟化氢的抗性较强，吸附粉尘的能力亦较强，也是优良的防护林、用材林、工矿区绿化树种。

三十六、合 欢

1. 学名：*Albizzia julibrissin Durazz.*

2. 科属：豆科，合欢属

3. 形态特征：落叶乔木，高可达16m。树干灰黑色；嫩枝、花序和叶轴被绒毛或短柔毛。叶为二回羽状复叶，互生；羽片4～12对；小叶10～30对，线形至长圆形。头状花序排成伞房状；花粉红色；花萼管状；雄蕊多数，基部合生，花丝细长；子房上位，柱头圆柱形。荚果带状。花期6~7月；果期8~10月（见彩图36）。

4. 生态习性：合欢喜温暖湿润和阳光充足的环境，对气候和土壤的适应性强，宜在排水良好、肥沃的土壤生长，也耐瘠薄土壤和干旱气候，但不耐水涝。生长迅速。性喜光，喜温暖、耐寒、耐旱、耐土壤瘠薄及轻度盐碱，对二氧化硫、氯化氢等有害气体有较强的抗性。

5. 繁殖与栽培：春季育苗，播种前将种子浸泡8~10h后取出播种。开沟条播，沟距60cm，覆土2~3cm，播后保持畦土湿润，约10d发芽。1hm^{2}用种量约150kg。苗出齐后，应加强除草、松土、追肥等管理工作。第2年春或秋季移栽，株距3~5m。移栽后2~3年，每年春、秋季除草松窝，以促进生长。1~2年生苗，在华北北部需防寒过冬，3~4年生苗可以出圃。定植后加强管理，5~6年生苗可以开花。

6. 应用：合欢树姿优美，叶形雅致，盛夏绒花满树，有香有色，能形成轻柔舒畅的气氛，宜做庭荫树、行道树，植于林缘、房前、草坪、山坡等地。

三十七、楝　　树

1. 学名：_Melia azedarach L._

2. 科属：楝科，楝属

3. 形态特征：落叶乔木，高15~20m；枝条广展，树冠近于平顶。树皮暗褐色，浅纵裂。小枝粗壮，皮孔多而明显，幼枝有星状毛。2~3回奇数羽状复叶，小叶卵形至卵状长椭圆形。花淡紫色，有香味；成圆锥状复聚伞花序。核果近球形，熟时黄色，宿存树枝，经冬不落。花期4~5月；果10~11月成熟（见彩图37）。

4. 生态习性：楝喜温暖、湿润气候，喜光，不耐阴蔽，较耐寒，华北地区幼树易受冻害。在酸性、中性和碱性土壤中均能生长，在含盐量0.45%以下的盐渍地上也能良好生长。耐干旱、瘠薄，也能生长于水边，但以在深厚、肥沃、湿润的土壤中生长较好。

5. 繁殖与栽培：繁殖多用播种法，分蘖法也可。11月采种，浸水沤烂后捣去果肉，洗净阴干后贮藏在阴凉干燥处。在暖地冬播或春播均可，播前用水浸泡2~3d可使出苗整齐。当年苗可达1~1.5m。苗木根系不甚发达，移栽时不宜对根部修剪过度。移栽以春季萌芽前随起随栽为宜，秋冬移栽易发生枯梢现象。

6. 应用：楝树耐烟尘，抗二氧化硫能力强，并能杀菌。适宜作庭荫树和行道树，是良好的城市及矿区绿化树种。楝与其他树种混栽，能起到对树木虫害的防治作用。在草坪中孤植、丛植或配置于建筑物旁都很合适，也可种植于水边、山坡、墙角等处。

三十八、重　阳　木

1. 学名：_Bischofia polycarpa（Levl.）Airy Shaw_

2. 科属：大戟科，重阳木属

3. 形态特征：落叶乔木，高达15m。树皮褐色，纵裂。树冠伞形，大枝斜展，小枝无毛。三出复叶；顶生小叶通常较两侧的大，小叶片纸质，卵形或椭圆状卵形，有时长圆状卵形，顶端突尖或短渐尖，基部圆或浅心形。花雌雄异株，春季与叶同时开放，组成总状花序；花序通常着生于新枝的下部。果实浆果状，圆球形，成熟时褐红色。花期在4~5月，果期在10~11月（见彩图38）。

4. 生态习性：暖温带树种，属阳性。喜光，稍耐阴。喜温暖气候，耐寒性较弱。对土壤的要求不严，在酸性土和微碱性土中皆可生长，但在湿润、肥沃的土壤中生长最好。耐旱，也耐瘠薄，且能耐水湿，抗风耐寒，生长快速，根系发达。

5. 繁殖与栽培：重阳木以种子繁育为主，混沙贮藏越冬，当年苗高可达50cm以上。由于重阳木根系发达，萌芽能力强，造林成活率高，因此，多用播种法进行繁殖。选取生长健壮、干形通直、树冠浓郁、无病虫害、结实多年、果实饱满、处于壮龄的优良单株作为采种母树。重阳木果实于11月成熟，在果实显红褐色后采收。果实采下后，用水浸泡6h以上，然后搓烂果皮，淘洗出种子，晾干后用布袋装于室内贮藏或在室外用河沙层积贮藏。次年早春2～3月播种。一般采用大田条播育苗。移栽要掌握在芽萌动时带土球进行，这样成活率高。

6. 应用：本种枝叶茂密，树姿优美，早春嫩叶鲜绿光亮，入秋叶色转红，颇为美观。宜做庭荫树及行道树，也可作堤岸绿化树种。在草坪、湖畔、溪边丛植点缀也很合适，可以造成壮丽的秋景。

三十九、枫　　杨

1. 学名：*Pterocarya stenoptera C. DC.*
2. 科属：胡桃科，枫杨属
3. 形态特征：乔木，高达30m，胸径达1m；幼树树皮平滑，浅灰色，老时则深纵裂；小枝灰色至暗褐色，具灰黄色皮孔；芽具柄，密被锈褐色盾状着生的腺体。叶多为偶数或稀奇数羽状复叶，叶轴具翅但翅不甚发达；小叶10～16枚，无小叶柄。雄性葇荑花序单独生于去年生枝条上叶痕腋内。雌性葇荑花序顶生。果实长椭圆形；果翅狭，条形或阔条形。花期4～5月，果熟期8～9月（见彩图39）。

4. 生态习性：喜深厚肥沃湿润的土壤，以温度不太低、雨量比较多的暖温带和亚热带气候较为适宜。喜光树种，不耐阴蔽。耐湿性强，但不耐长期积水和水位太高之地。深根性树种，主根明显，侧根发达。萌芽力很强，生长很快。对有害气体二氧化硫及氯气的抗性弱。枫杨初期生长较慢，后期生长速度加快。

5. 繁殖与栽培：种子繁殖，选择10～20年生，干形通直，发育良好，无病虫害的母树上采种。果实成熟后将果穗采下或等散落地面后扫集。种子采回后可当年播种；也可去翅晒干后袋藏或拌沙贮藏，至来年春季播种。播种时，以秋播为好，也可春播。春播时先用60～80℃温水浸种，冷却后换清水浸种1～2d，然后按20～25cm行距条播，每亩播种量8～10kg。当苗高1.5～2m、地径1～2cm时，可出圃栽植。修剪季节应避开伤流严重的早春季节，一般在树液流动前的冬季或到5月展叶后再行修剪。

6. 应用：枫杨树冠广展，枝叶茂密，生长快速，根系发达，为河床两岸低洼湿地的良好绿化树种，还可防治水土流失。枫杨既可以作为行道树，也可成片种植或孤植于草坪及坡地，均可形成一定的景观。

四十、梓　　树

1. 学名：*Catalpa ovata G. Don*
2. 科属：紫葳科，梓属
3. 形态特征：落叶乔木，高达15～20m。叶对生或3叶轮生，广卵形，长10～25cm，常具3～5浅裂，基部心形，背面无毛，基部脉腋有4～6个紫斑。花淡黄色，内有紫斑及黄条纹；成顶生圆锥花序；5～6月开花（见彩图40）。

4. 生态习性：适应性较强，喜温暖，也能耐寒。土壤以深厚、湿润、肥沃的夹沙土较好，不耐干旱瘠薄。抗污染能力强，生长较快，可利用边角隙地栽培。

5. 繁殖与栽培：播种繁殖9月底至11月采种，日晒开裂，取出种子干藏，翌年3月将种子混湿沙催芽，待种子有30％以上发芽时条播，当年苗高可达1m左右。扦插繁殖时，嫩枝扦插于夏季6～7月采取当年生半木质化枝条，剪成长12～15cm的插穗，基部速蘸500mg/L吲哚乙酸溶液，插入扦插床内，保温保湿，遮阳，约20d即可生根。为培养通直健壮的主干，在苗木定植的第二年春，可从地面剪除干茎，使其重新萌发新枝，选留一个生长健壮且直立的枝条作为主干培养，其余去除。对树冠扩展太远、下部光秃者应及时回缩，对弱枝要更新复壮。

6. 应用：梓树树体端正，冠幅开展，叶大荫浓，春夏满树白花，秋冬荚果悬挂，形似挂着蒜薹一样，因此也叫蒜薹树，是具有一定观赏价值的树种。常栽作庭荫树及行道树，也常作为工矿区及农村四旁绿化树种，又是速生用材树种。

四十一、凤　凰　木

1. 学名：*Delonix regia（Boj.）Raf.*

2. 科属：豆科，凤凰木属

3. 形态特征：落叶乔木，高达20m；树冠开展。二回偶数羽状复叶互生，羽片10～20对，对生；小叶20～40对，长椭圆形，端钝圆，基歪斜，两面有毛。花大，花瓣5，鲜红色，有长爪；总状花序伞房状；5～8月开花。荚果带状（见彩图41）。

4. 生态习性：喜光，为热带树种，很不耐寒，要求排水良好的土壤；生长快，根系发达，抗风力强，且抗空气污染。

5. 繁殖与栽培：凤凰木主要用播种法繁殖。12月种子成熟，采集荚果取出种子干藏，翌年春季播种。播种前用开水浸种，待冷却后继续浸泡1～2d，中间换清水1～2次，播种后6～7d开始发芽，20多天出齐苗，一年生苗可达1.5m左右。幼苗生长1～2年后需移植1次。凤凰木不耐寒，北方地区只能在温室栽培养护。移栽以春季发芽前成活率高，也可雨季栽植，但要剪去部分枝叶，保其成活。

6. 应用：凤凰树树冠高大，花期花红叶绿，满树如火，富丽堂皇，由于"叶如飞凰之羽，花若丹凤之冠"，故取名凤凰木，是著名的热带观赏树种。在我国南方城市的植物园和公园栽种颇盛，作为观赏树或行道树。

四十二、水　杉

1. 学名：*Metasequoia glyptostroboides Hu et W.C.Cheng*

2. 科属：杉科，水杉属

3. 形态特征：落叶乔木，高可达40m；大枝不规则轮生，小枝对生。叶扁线形，长1～2cm，柔软，淡绿色，对生，呈羽状排列，冬季与无芽小枝俱落。球果下垂，近球形，微具四棱，长1.8～2.5cm，有长柄；种鳞木质，楯形，顶部宽、有凹陷，两端尖，熟后深褐色，宿存；种子倒卵形，扁平，周围有窄翅，先端有凹缺（见彩图42）。

4. 生态习性：喜光，喜温暖气候及湿润、肥沃而排水良好的土壤，酸性、石灰性及轻盐碱土上均可生长；长期积水及过于干旱处生长不良；具有一定的耐寒性，北京能露地生长；生长较快，寿命长，病虫害少。

5. 繁殖与栽培：常采用播种繁殖和扦插繁殖。播种繁殖时，球果成熟后即采种，经过曝晒，筛出种子，干藏。春季3月份播种。采用条播或撒播，播后覆草不宜过厚，需经常保持土壤湿润。扦插繁殖时，采用硬枝扦插和嫩枝扦插均可。硬枝扦插，从2~3年生母树上剪取1年生健壮枝条作，1月份采条，3月10日左右扦插，插条剪截长度10~15cm，然后按100根1捆插在沙土中软化，保温保湿防冻，扦插前用生根粉溶液浸泡，插后采取全光育苗，适时浇水、除草、松土。嫩枝扦插，在5月下旬至6月上旬进行，选择半木质化嫩枝作插穗，长14~18cm，保留顶梢及上部4~5片羽叶，插入土中4~6cm，插后遮阴，每天喷雾3~5次。

6. 应用：水杉是"活化石"树种，是秋叶观赏树种。在园林中最适于列植，也可丛植、片植，可用于堤岸、湖滨、池畔、庭院等绿化，也可盆栽，也可成片栽植营造风景林，并适配常绿地被植物，还可栽于建筑物前或用作行道树。水杉对二氧化硫有一定的抵抗能力，是工矿区绿化的优良树种。

四十三、白 千 层

1. **学名：***Melaleuca leucadendron L.*
2. **科属：**桃金娘科，白千层属
3. **形态特征：**乔木，高18m；树皮灰白色，厚而松软，呈薄层状剥落；嫩枝灰白色。叶互生，叶片革质，披针形或狭长圆形，两端尖，基出脉3~5（约7）条，多油腺点，香气浓郁；叶柄极短。花白色，密集于枝顶成穗状花序；萼管卵形，有毛或无毛，萼齿5，圆形；花瓣5，卵形；雄蕊约长1cm，常5~8枚成束；花柱线形，比雄蕊略长。蒴果近球形，花期每年多次（见彩图43）。
4. **生态习性：**喜温暖潮湿环境，要求阳光充足，适应性强，能耐干旱高温及瘠薄土壤，亦可耐轻霜及短期0℃左右低温。生长快。
5. **繁殖与栽培：**用种子繁殖，育苗移栽。9月下旬至翌年3月，当果皮由红褐色变为深灰色或褐色时，将果枝摘下用薄膜垫托置于无风处曝晒2~3d，果实开裂脱出种子和秕粒。种子随采随播，亦可晒干袋藏备用。2月中下旬播种育苗。由于种子细小，千粒重仅0.1g，所以要求整地细致，表层土需过筛，压平，淋足水分，播下种子，覆盖薄膜，日平均温度在10℃以上，播后5~6d可发芽。当苗高6~8cm，叶片接近硬革质时，可换床育苗。换床育苗时要施足基肥，以后每月追施1~3次。当苗高1.2m时可栽植。栽植穴规格为长、宽、深各为40cm。
6. **应用：**白千层是一种奇妙透顶的树，"树皮一层层的，仿佛要脱掉旧衣换新裳一般"。白千层的花也是奇特的，满树的花"活像千只万只的小毛刷"。白千层树形优美，树皮白色，并具芳香，华南城市常植为行道树。

四十四、黄 葛 树

1. **学名：***Ficus virens Aiton var. sublanceolata*（*Miq.*）*Corner*
2. **科属：**桑科，榕属
3. **形态特征：**落叶乔木，树高15~20m，胸径达3~5m。叶互生；叶柄长2.5~5cm；托叶广卵形，急尖，长5~10cm；叶片纸质，长椭圆形或近披针形，长8~16cm，宽4~

7cm，先端短渐尖，基部钝或圆开，全缘，基出脉3条，侧脉7～10对，网脉稍明显。花期5～8月，果期8～11月，果生于叶腋，球形，黄色或紫红色（见彩图44）。

4. 生态习性：黄葛树喜光，有气生根。生于疏林中或溪边湿地，为阳性树种，喜温暖、高温湿润气候，耐旱而不耐寒，耐寒性比榕树稍强。它抗风，抗大气污染，耐瘠薄，对土质要求不严，生长迅速，萌发力强，易栽植。

5. 繁殖与栽培：常用扦插繁殖法。选择向阳通风、地势略高的地方，深挖30～35cm，精耕细作，扦插床宽1.5m，高0.3m，床底部垫一层杂草或腐叶土，上面再填30cm左右的沙质土或菜园土，保持插床疏松透气。于2～3月或9～10月，剪取2～3年生斜出生长的硬枝作为插条，剪成长15～30cm，斜插于苗床中，插后浇透水。露地管理，一般床内保持85％左右的空气湿度。不要让插床积水，光强时适当遮阴，并注意通风。春插，当年8～9月移栽；秋插，翌年4～5月移栽。

6. 应用：新叶展放后鲜红色的托叶纷纷落地，甚为美观。园林应用中，适宜栽植于公园湖畔、草坪、河岸边、风景区，学校内亦可种植上几株，既可以美化校园，又可以给师生提供良好的休息和娱乐的庇荫场地。可孤植或群植造景，提供人们游憩、纳凉的场所，也可用作行道树。

四十五、杜　　英

1. 学名：*Elaeocarpus decipiens Hemsl.*

2. 科属：杜英科，杜英属

3. 形态特征：常绿乔木；小枝几无毛或有短毛。叶薄革质，披针形或矩圆状披针形，顶端渐尖，基部渐狭，边缘有浅锯齿，几无毛或下面脉上有短毛；叶柄长0.6～1.2cm。总状花序腋生或生于叶痕的腋部；花白色，下垂；萼片披针形，外面生微柔毛；花瓣与萼片近等长，细裂到中部，裂片丝形；雄蕊多数，顶孔开裂；子房生短毛。核果椭圆形（见彩图45）。

4. 生态习性：杜英喜温暖潮湿环境，耐寒性稍差。稍耐阴，根系发达，萌芽力强，耐修剪。喜排水良好、湿润、肥沃的酸性土壤。适生于酸性之黄壤和红黄壤山区，若在平原栽植，必须排水良好，生长速度中等偏快。对二氧化硫抗性强。

5. 繁殖与栽培：播种或扦插繁殖。秋季果成熟时采收，堆放待果肉软化后，搓揉淘洗得净种子，捞出阴干后随即播种，或湿沙层积至次年春播。条播行距约20cm，覆土厚约2cm，再盖草保湿。当年苗高可达50cm以上，在杭州等地冬季需搭棚或覆草防寒。次年春季分栽1次，扩大行间距培育。移栽时间在秋初或晚春进行较好，小苗带宿土，大苗带土球，移栽后结合整形适当疏去部分枝叶。

6. 应用：本种枝叶繁茂，树冠圆整，霜后部分叶变为红色，红绿相间，颇为美丽。宜于草坪、坡地、林缘、庭前、路口丛植，也可栽作其他花木的背景树，或列植成绿墙起隐蔽遮挡及隔声作用。因对二氧化硫抗性强，可选作工矿区绿化和防护林带树种。

四十六、石　　栗

1. 学名：*Aleurites moluccana（L.）Willd.*

2. 科属：大戟科，石栗属

3. 形态特征：常绿乔木，高达13m；幼枝密被星状短柔毛。叶卵形至阔披针形或近圆形，两面被锈色星状短柔毛，后渐脱毛，不分裂或3～5浅裂；叶柄长6～12cm。花小，白色，单性，雌雄同株；圆锥花序顶生，花序分枝及花梗均被稠密的短柔毛及混杂的锈色星状毛；花萼不规则3裂，裂片镊合状；花瓣5；雄花有雄蕊15～20；花丝在芽内弯曲；雌花子房2室。核果卵形或球形，被锈色星状毛（见彩图46）。

4. 生态习性：石栗喜光耐旱、怕涝，对土壤要求不太严，只要光照充足，地下水位低的地方都可以种植，尤以土层深厚、新开垦的坡地种植较好（不宜选择刚种过桃、李的地块）。

5. 繁殖与栽培：石栗树主要是通过播种和扦插繁殖。播种繁殖是采种后除去果肉，沙藏至翌年春播，不但繁琐，需要的时间长，而且发芽率不高，成苗后易丢失亲本优良的性状。扦插繁殖又有成活率低、生根慢、适应性差等一系列缺点。我国已发明的植物非试管高效快繁采用一叶一芽技术，克服了常规技术的全部缺点，该技术适应性极广，操作简单，成活率高，大规模生产成本低，繁殖系数高，一年四季都可进行连续快繁。投资者通过运用植物非试管高效快繁技术大规模繁殖石栗树种苗，可以在短期内得到几何数量增长的苗木。

6. 应用：石栗树生长迅速，对市区环境适应能力强。加上其树干挺直，树冠浓密，有很好的遮阴效能，是城市绝佳的行道栽植树，故华南地区多作庭园树栽植。

四十七、盆架树

1. 学名：*Winchia calophylla A. DC.*

2. 科属：夹竹桃科，盆架树属

3. 形态特征：常绿乔木，高达30m；枝轮生；树皮灰黄色，具纵裂条纹，具乳汁，有腥甜味。叶3～4枚轮生，间有对生，薄革质，矩圆状椭圆形，顶端渐尖呈尾状或急尖，基部楔形或钝；侧脉每边20～50条，横出近平行，在两面隆起。花白色；花萼5裂；花冠高脚碟状；雄蕊5枚；子房由2枚心皮合生。蓇葖果2个合生；种子两端被黄色柔毛（见彩图47）。

4. 生态习性：生于海拔650m以下的低丘陵山地疏林中、路旁或水沟边。喜湿润肥沃土壤，在水边生长良好，性喜暖热气候，有一定的抗风和耐污染能力，为次生阔叶林主要树种。

5. 繁殖与栽培：用播种或扦插繁殖。土壤有机质含量、交换态钙含量、pH值均与植株生长呈显著正相关，土壤有机质含量高，pH值趋于中性有利于植株生长，在生产上，改良土壤酸性，增施有机肥，提高土壤有机质含量和pH值是盆架树高效栽培的重要技术措施。

6. 应用：行道树、庭荫树，盆架树树形美观，枝叶常绿，生长有层次（如塔状），果实细长如面条，是南方较好的行道树，也是点缀庭园的好树种。

第二章

庭荫树

以能形成绿荫供游人纳凉、避免日光暴晒和装饰用的树木称为庭荫树，又称绿荫树、庇荫树。早期多在庭院中孤植或对植，以遮蔽烈日，创造舒适、凉爽的环境，后发展到栽植于园林绿地以及风景名胜区等远离庭院的地方。其作用主要在于形成绿荫以降低气温；并提供良好的休息和娱乐环境，同时由于庭荫树一般均枝干苍劲、荫浓冠茂，无论孤植或丛栽，都可形成美丽的景观。

庭荫树从字面上看似乎以遮阴为主，但在树种选择和应用时却是以观赏效果为主，结合遮阴的功能来考虑。热带和亚热带地区多选常绿树种，寒冷地区以选用落叶树为主，落叶乔木夏天枝繁叶茂，浓荫伞盖，冬天落叶后不挡阳光。许多观花、观果、观叶的乔木均可作为庭荫树，但要避免选用易污染衣物的种类。一般要求：生长健壮，树冠高大，枝叶茂密荫浓；无不良气味，无毒；少病虫害；根蘖较少；根部耐践踏或耐地面铺装所引起的通气不良条件；生长较快，适应性强，管理简易，寿命较长；树形或花果有较高的观赏价值等。具有以上条件的乔木大多为乡土树种，为了不产生阴暗抑郁之感，在庭院中最好不要过多地应用常绿庭荫树。

关于庭荫树的配植，晋代大诗人陶渊明有诗云"方宅十余亩，草屋八九间。榆柳荫后檐，桃李罗堂前。"庭荫树最常用的地点是庭院和各类休闲绿地，多植于路旁、池边、廊、亭前后或与山石建筑相配。庭荫树在园林中占有很大比重，在配植应用上应细加考究，充分发挥各种庭荫树的观赏特性；对常绿树及落叶树的比例应避免千篇一律，在树种选择上应在不同的景区侧重应用不同的种类。庭荫树可孤植、对植或3～5株丛植于园林、庭院，配植方式根据面积大小，建筑物的高度、色彩等而定。如建筑物高大雄伟的，宜选高大树种；矮小精致的宜选小巧树种。树木与建筑物的色彩也应浓淡相配。庭荫树与建筑之间的距离不宜过近，否则会影响建筑物的基础和采光。具体种植位置，应考虑树冠的阴影在四季和一日中的移动对四周建筑物的影响。一般以夏季午后树荫能投在建筑物的向阳面为标准来选择种植点。

不同树种在养护管理上应按照其习性分别施行，而不应如目前某些园林工作中所采用的"一刀切"办法来一律对待，对其中的边缘树种或有特殊要求的树种应当用特殊的养护管理办法。

适合当地应用的行道树，一般也都宜用作庭荫树。中国常见的庭荫树，东北、华北、西北地区主要有香椿、臭椿、青杨、旱柳、白蜡树、紫花泡桐、榆树、槐、刺槐等；华中地区主要有悬铃木、梧桐、银杏、喜树、泡桐、榉、榔榆、枫杨、垂柳、三角枫、无患子、枫香、桂花等；华南、台湾和西南地区主要有樟树、榕树、橄榄、桉树、金合欢、木麻黄、红豆树、楝树、楹树、凤凰木、木棉、蒲葵等。

一、乌　柏

1. 学名：*Sapium sebiferum Roxb.*

2. 科属：大戟科，乌柏属

3. 形态特征：落叶乔木，高达 15m；树冠圆球形。树皮暗灰色，浅纵裂；小枝纤细。叶互生，纸质，菱状广卵形，全缘，两面均光滑无毛。花序穗状，顶生，花小，黄绿色。蒴果球形，果皮脱落；种子黑色，外被白蜡，经冬不落。花期 5~7 月；果 10~11 月成熟（见彩图 48）。

4. 生态习性：喜光，不耐阴。喜温暖环境，不甚耐寒。适生于深厚肥沃、含水丰富的土壤，对酸性、钙质土、盐碱土均能适应。主根发达，抗风力强，耐水湿。寿命较长。对土壤适应性较强，沿河两岸冲击土、平原水稻土，低山丘陵黏质红壤、山地红黄壤都能生长。以深厚、湿润、肥沃的冲积土生长最好。

5. 繁殖与栽培：繁殖一般用播种法，优良品种用嫁接法。秋季当果壳呈黑褐色时采收，暴晒脱粒后干藏。次年早春播种，暖地也可当年冬播。一般采用条播，条距 25cm，每亩播种量约 10kg。嫁接繁殖用乌柏优良品种的母树树冠中上部 1~2 年生健壮枝作接穗，1~2 年生实生苗作砧木。此外，也可用埋根法繁殖。乌柏移栽宜在萌芽前春暖时进行，如果苗木过大，最好带土球移植。

6. 应用：乌柏树冠整齐，叶形秀丽，秋叶经霜时如火如荼，十分美观，有"乌柏赤于枫，园林二月中"之赞名。若与亭廊、花墙、山石等相配，也甚协调。冬日白色的乌柏子挂满枝头，经久不凋，也颇美观，古人就有"偶看柏树梢头白，疑是江海小着花"的诗句。可孤植、丛植于草坪和湖畔、池边，在园林绿化中可栽作护堤树、庭荫树及行道树。在城市园林中，乌柏可作行道树，可栽植于道路景观带，也可栽植于广场、公园、庭院中，或成片栽植于景区、森林公园中，能产生良好的造景效果。

二、香　椿

1. 学名：*Toona sinensis*（A. Juss.）Roem.

2. 科属：楝科，香椿属

3. 形态特征：落叶乔木，高达 25m。树皮粗糙，深褐色，片状脱落。叶具长柄，偶数羽状复叶；小叶 16~20，对生或互生，纸质，卵状披针形或卵状长椭圆形。圆锥花序与叶等长或更长，被稀疏的锈色短柔毛或有时近无毛，小聚伞花序生于短的小枝上，多花；花长 4~5mm，具短花梗；花萼 5 齿裂或浅波状，外面被柔毛，且有睫毛；花瓣 5，白色，长圆形，先端钝；雄蕊 10；子房圆锥形。蒴果狭椭圆形，深褐色。花期 6~8 月，果期 10~12 月（见彩图 49）。

4. 生态习性：香椿喜温，适宜在平均气温 8~10℃ 的地区栽培，抗寒能力随苗树龄的增加而提高。用种子直播的一年生幼苗在 −10℃ 左右可能受冻。香椿喜光，较耐湿，适宜生长于河边、宅院周围肥沃湿润的土壤中，一般以沙壤土为好。适宜的土壤盐碱度为 pH 5.5~8.0。

5. 繁殖与栽培：香椿的繁殖分播种育苗和分株繁殖两种。播种繁殖时由于香椿种子发芽率较低，因此，播种前，要将种子加新高脂膜在30～35℃温水中浸泡24h，捞起后，置于25℃处催芽，至胚根露出米粒大小时播种。出苗后，2～3片真叶时间苗，4～5片真叶时定苗，行株距为25cm×15cm。分株繁殖，可在早春挖取成株根部幼苗，植在苗地上，当次年苗长至2m左右，再行定植。也可采用断根分蘖方法，于冬末春初，在成树周围挖60cm深的圆形沟，切断部分侧根，而后将沟填平，由于香椿根部易生不定根，因此断根先端萌发新苗，次年即可移栽。移栽后喷施新高脂膜，可有效防止地上水分蒸发，苗体水分不蒸腾，隔绝病虫害，缩短缓苗期。香椿移栽要在春季萌芽前进行，栽后要注意及时摘除萌条。

6. 应用：香椿为我国人民熟知和喜爱的特产树种，栽培历史悠久。是华北、华中与西南的低山、丘陵及平原地区的重要用材及"四旁"绿化树种。枝叶茂密，树干耸直，树冠庞大，嫩叶红艳，是良好的庭荫树及行道树。在庭院、草坪、斜坡、水畔均可配植，对有毒气体抗性较强。

三、臭　椿

1. 学名：*Ailanthus altissima Swingle*

2. 科属：苦木科，臭椿属

3. 形态特征：落叶乔木，高可达20余米，树皮平滑而有直纹；嫩枝有髓，幼时被黄色或黄褐色柔毛，后脱落。叶为奇数羽状复叶，有小叶13～27；小叶对生或近对生，纸质，卵状披针形，叶背有腺体，揉碎后具臭味。圆锥花序长10～30cm；花淡绿色；萼片5，覆瓦状排列；花瓣5；雄蕊10，花丝基部密被硬粗毛，雄花中的花丝长于花瓣，雌花中的花丝短于花瓣。翅果长椭圆形；种子位于翅的中间，扁圆形。花期4～5月，果期8～10月（见彩图50）。

4. 生态习性：喜光，不耐阴。适应性强，除黏土外，各种土壤和中性、酸性及钙质土都能生长，适生于深厚、肥沃、湿润的沙质土壤。耐寒，耐旱，不耐水湿，长期积水会烂根死亡。耐微碱，对中性或石灰性土层深厚的壤土或沙壤土适宜，对氯气抗性中等，对氟化氢及二氧化硫抗性强。生长快，根系深，萌芽力强。

5. 繁殖与栽培：用种子或根蘖苗分株繁殖。一般用播种繁殖。播种育苗容易，以春季播种为宜。在黄河流域一带有晚霜危害，春播不宜过早。种子千粒重28～32g，发芽率70%左右。播种量每亩3～5kg。通常用低床或垄作育苗。臭椿的栽植冬春两季均可，春季栽苗宜早栽，在苗干上部壮芽膨大呈球状时栽植成活率最高，栽植时要做到穴大、深栽、踩实、少露头。干旱或多风地带宜采用截干造林。臭椿多"四旁"栽植，一般采用壮苗或3～5年幼树栽植，栽后及时浇水，确保成活。

6. 应用：臭椿树干通直高大，春季嫩叶紫红色，秋季红果满树，是良好的观赏树和行道树。可孤植、丛植或与其他树种混栽，适宜于工厂、矿区等绿化。臭椿是工矿区绿化的良好树种，臭椿具有较强的抗烟能力，对二氧化硫、氯气、氟化氢、二氧化氮的抗性极强，而二氧化硫、氯气、氟化氢、二氧化氮是工矿区的主要排放物。

四、火　炬　树

1. 学名：*Rhus typhina L.*

2. 科属：漆树科，漆树属

3. 形态特征：落叶小乔木。高达 12m。柄下芽。小枝密生灰色茸毛。奇数羽状复叶，小叶 19～23，长椭圆状至披针形，长 5～13cm，缘有锯齿，先端长渐尖，基部圆形或宽楔形，上面深绿色，下面苍白色，两面有茸毛，老时脱落，叶轴无翅。圆锥花序顶生、密生茸毛，花淡绿色，雌花花柱有红色刺毛。核果深红色，密生绒毛，花柱宿存、密集成火炬形。花期 6～7 月，果期 8～9 月（见彩图 51）。

4. 生态习性：喜光，耐寒，对土壤适应性强，耐干旱瘠薄，耐水湿，耐盐碱。根系发达，萌蘖性强，四年内可萌发 30～50 萌蘖株。浅根性，生长快，寿命短。

5. 繁殖与栽培：通常用播种繁殖，种子在播前用 90℃热水浸烫，除去蜡质，再催芽，可使出苗整齐。此外，也可用分蘖或埋根法繁殖。管理得当，1 年生苗可达 1m 以上，即可用于造林或绿化种植。火炬树寿命虽短，但自然根蘖更新非常容易，只需稍加抚育，就可恢复林相。

6. 应用：本种因雌花序和果序均为红色和形似火炬而得名，即使在冬季落叶后，在雌株树上仍可见到满树"火炬"，颇为奇特。秋季叶色红艳或橙黄，是著名的秋色叶树种，宜植于园林观赏，或用以点缀山林秋色。近年在华北、西北山地用于推广作水土保持及固沙树种。

五、色 木 槭

1. 学名： *Acer mono Maxim.*

2. 科属：槭树科，槭树属

3. 形态特征：落叶乔木，高可达 20m。叶常掌状 5 裂，长 4～9cm，基部常为心形，裂片卵状三角形，全缘，两面无毛或仅背面脉腋有簇毛。花杂性，黄绿色，多朵成顶生伞房花序。果核扁平或微隆起，果翅展开成钝角，长约为果核的 2 倍。花期 4 月；果期 9～10 月成熟（见彩图 52）。

4. 生态习性：稍耐阴，深根性，喜湿润肥沃土壤，在酸性、中性、石灰岩上均可生长。自然界多生长于阴坡山谷及溪沟两边。生长速度中等，深根性，很少有病虫害。

5. 繁殖与栽培：主要用种子法繁殖，秋天当翅果由绿变黄褐色时即可采收。晒干后风选净种。种子干藏越冬，次年春天播种。一般采用大田垅播，垅距为 60～70cm，垅上开沟，覆土厚 1～2cm，每亩播种量 10～15kg。幼苗出土后 3 周即可间苗，雨季要注意排涝。一年生苗木高可达 1m 左右。在北京地区因冬季干冷，枝梢易受冻伤，需在秋季落叶后把苗木挖起入假植沟越冬。

6. 应用：本种树形优美，叶、果秀丽，入秋叶色变为红色或黄色，宜作为山地及庭院绿化树种，与其他秋色叶树种或常绿树配植，彼此衬托掩映，可增加秋景色彩之美。也可用作庭荫树、行道树或防护林。

六、三 角 槭

1. 学名： *Acer buergerianum Miq.*

2. 科属：槭树科，槭树属

3. 形态特征：落叶乔木，高 5～10m，稀达 20m。叶纸质，基部近于圆形或楔形；叶柄长 2.5～5cm，淡紫绿色，细瘦，无毛。花多数常成顶生被短柔毛的伞房花序；萼片 5，黄绿色，卵形；花瓣 5，淡黄色；子房密被淡黄色长柔毛。翅果黄褐色，两翅张开成锐角或近于直立。花期4月，果期8月（见彩图53）。

4. 生态习性：弱阳性树种，稍耐阴。喜温暖、湿润环境及中性至酸性土壤。耐寒，较耐水湿，萌芽力强，耐修剪。在适生地区生长尚快，寿命约100年。

5. 繁殖与栽培：播种繁殖。秋季采种，去翅干藏，至翌年春天在播种前2周浸种、混沙催芽后播种，也可当年秋播。一般采用条播，条距25cm，覆土厚1.5～2cm。每亩播种量3～4kg。幼苗出土后要适当遮阴，当年苗高约60cm。三角枫根系发达，裸根移栽不难成活，但大树移栽要带土球。

6. 应用：三角枫枝叶浓密，夏季浓荫覆地，入秋叶色变成暗红，秀色可餐。宜孤植、丛植作庭荫树，也可作行道树及护岸树。在湖岸、溪边、谷地、草坪配植，或点缀于亭廊、山石间都很合适。其老桩常制成盆景，主干扭曲隆起，颇为奇特。此外，江南一带有栽作绿篱者，年久后枝条劈刺连接密合，也别具风味。

七、白　桦

1. 学名：*Betula platyphylla Suk.*

2. 科属：桦木科，桦木属

3. 形态特征：落叶乔木，高可达25m；树皮灰白色，成层剥裂；枝条暗灰色或暗褐色；小枝暗灰色或褐色。叶厚纸质，三角状卵形，基部截形、宽楔形或楔形。果序单生，圆柱形，通常下垂；坚果小而扁，两侧具宽翅。花期5～6月；8～10月果熟（见彩图54）。

4. 生态习性：喜光，不耐阴。耐严寒。对土壤适应性强，喜酸性土，沼泽地、干燥阳坡及湿润阴坡都能生长。深根性、耐瘠薄。天然更新良好，生长较快，萌芽强，寿命较短。

5. 繁殖与栽培：用播种法繁殖。9月间及时采收种子，风干后装袋内贮藏于室内通风阴凉处。翌年4月播种，多用床播，播前灌水，覆土3～5cm，床面覆盖塑料薄膜以保温保湿，约1周后小苗出土。以后要及时浇水和间苗。幼苗生长较慢，7月间施追肥1次。需留圃培养5～6年，干径4～5cm时方可出圃定植。成片栽植时密度不宜过大。

6. 应用：白桦林即白桦树组成的林木。枝叶扶疏，姿态优美，尤其是树干修直，洁白雅致，十分引人注目。孤植、丛植于庭园、公园之草坪、池畔、湖滨或列植于道旁均颇美观。若在山地或丘陵坡地成片栽植，可组成美丽的风景林。

八、杜　仲

1. 学名：*Eucommia ulmoides Oliv.*

2. 科属：杜仲科，杜仲属

3. 形态特征：落叶乔木，高达20m，胸径1m；树冠圆球形。小枝光滑，无顶芽，具片状髓。叶椭圆状卵形，先端渐尖，基部圆形或广楔形，缘有锯齿。翅果狭长椭圆形，扁平。本种枝叶果及树皮断裂后均有白色弹性丝相连，为其识别要点。花期4月；果10～11月成熟（见彩图55）。

4. 生态习性：喜阳光充足、温和湿润的气候，耐寒。对土壤要求不严，丘陵、平原均可种植，也可利用零星土地或四旁栽培。杜仲耐寒，可经受至少−30℃的低温。

5. 繁殖与栽培：主要用播种法繁殖，扦插、压条及分蘖或根插也可。播种法在秋季果熟后及时采收，阴干去杂后装入麻袋或筐内，置通风处贮藏，次年早春2、3月间播种。幼苗期间要适当遮阴。扦插多于初夏用嫩枝插；硬枝插不易生根。压条在春季树液开始流动时进行，不到 1 个月即可生根，当年秋季可与母株分离。移栽在落叶后至萌芽前进行，要施基肥。大苗移栽要带土球。

6. **应用**：杜仲树干端直，枝叶茂密，树形整齐优美，是良好的庭荫树及行道树，也可作一般的绿化造林树种。

九、西 府 海 棠

1. **学名**：*Malus micromalus Mak*
2. **科属**：蔷薇科，苹果属
3. **形态特征**：小乔木，树态峭立，为山荆子与海棠花之杂交种。小枝紫褐色或暗褐色，幼时有短柔毛。叶长椭圆形，先端渐尖，基部广楔形，锯齿尖细，背面幼时有毛，叶质硬实，表面有光泽，叶柄细长。花淡红色，径约 4cm，花柱 5。果红色，萼洼、梗洼均下陷。花期 4 月，果熟期 8～9 月（见彩图 56）。
4. **生态习性**：喜光，耐寒，忌水涝，忌空气过湿，较耐干旱，对土质和水分要求不高，最适生于肥沃、疏松又排水良好的沙质壤土。
5. **繁殖与栽培**：海棠通常以嫁接或分株繁殖，亦可用播种、压条及根插等方法繁殖。嫁接所得苗木，开花可以提早，而且能保持原有优良特性。用播种法繁殖时，覆土深度约 1cm，上覆塑料膜保墒，出苗后掀去塑料膜，及时撒施一层疏松肥土，苗期加强肥水管理，当年晚秋便可移栽。嫁接繁殖时，实生苗为砧木，进行枝接或芽接。分株繁殖时，于早春萌芽前或秋冬落叶后进行。压条和根插均在春季进行。
6. **应用**：西府海棠在海棠花类中树态峭立，似亭亭少女。花朵红粉相间，叶子嫩绿可爱，果实鲜美诱人，不论孤植、列植、丛植均极为美观。花色艳丽，一般多栽培于庭院供绿化用。最宜植于水滨及小庭一隅。

十、垂 丝 海 棠

1. **学名**：*Malus halliana Koehne*
2. **科属**：蔷薇科，苹果属
3. **形态特征**：落叶小乔木，高达 5m，树冠疏散，枝开展。小枝细弱，微弯曲，圆柱形，最初有毛，不久脱落，紫色或紫褐色。冬芽卵形，先端渐尖，无毛或仅在鳞片边缘具柔毛，紫色。叶片卵形或椭圆形至长椭圆形，先端长渐尖，基部楔形至近圆形。伞房花序，花序中常有 1～2 朵花无雌蕊，具花 4～6 朵，花梗细弱，下垂。果实梨形或倒卵形。花期 3～4 月，果期 9～10 月（见彩图 57）。
4. **生态习性**：垂丝海棠性喜阳光，不耐阴，也不甚耐寒，喜温暖湿润的环境，适生于阳光充足、背风之处。土壤要求不严，微酸或微碱性土壤均可成长，但以土层深厚、疏松、肥沃、排水良好略带黏质的土壤生长更好。此花生性强健，栽培容易，不需要特殊的技术管理，唯不耐水涝，盆栽须防止水渍，以免烂根。
5. **繁殖与栽培**：垂丝海棠的繁殖可采用扦插、分株、压条等方法。扦插时，以采用春插为多，方法是惊蛰节气时在室中进行，先在盆内装入疏松的沙质土壤，再从母株株丛基部取 12～16cm 长的侧枝，插入盆土中，插入的深度为 1/3～1/2，然后将土稍加压实，浇一次透水，放置于遮阴处，此后注意经常保持土壤湿润，约经 3 个月可以生根。分株时，只需在春季 3 月间将母株根际旁边萌发出的小苗轻轻分离开来，尽量注意保留分出枝干的须根，剪去干梢，另植在预先准备好的盆中，注意保持盆土湿润。冬入室、夏遮阴，适当按时浇施肥液，2年即可开花。压条时，在立夏至伏天之间进行最为相宜。压条时，选取母株周围1~2个小株的枝条拧弯，压埋土中，深12~16cm，使枝梢大部分仍露出地面，待来年清明后切离母株，栽入另一新盆中。

6. 应用： 垂丝海棠花色艳丽，花姿优美，花期在4月左右。花朵簇生于顶端，花瓣呈玫瑰红色，朵朵弯曲下垂，如遇微风飘飘荡荡，娇柔红艳。远望犹如彤云密布，美不胜收，是深受人们喜爱的庭院木本花卉。海棠对二氧化硫有较强的抗性，故适用于城市街道绿地和厂矿区绿化。海棠也是制作盆景的材料。

十一、黄　栌

1. 学名： *Cotinus coggygria Scop.*

2. 科属： 漆树科，黄栌属

3. 形态特征： 黄栌为落叶小乔木或灌木，树冠圆形，高可达3~5m，木质部黄色，树汁有异味；单叶互生，叶片全缘或具齿，叶柄细，无托叶，叶倒卵形或卵圆形。圆锥花序疏松、顶生，花小、杂性，仅少数发育；不育花的花梗花后伸长，被羽状长柔毛，宿存。核果小，肾形扁平，绿色；外果皮薄，具脉纹，不开裂；内果皮角质；种子肾形，无胚乳。花期5~6月，果期7~8月（见彩图58）。

4. 生态习性： 黄栌性喜光，也耐半阴；耐寒，耐干旱瘠薄和碱性土壤，不耐水湿，宜植于土层深厚、肥沃而排水良好的沙质壤土中。生长快，根系发达，萌蘖性强。对二氧化硫有较强的抗性。秋季当昼夜温差大于10℃时，叶色变红。

5. 繁殖与栽培： 以播种繁殖为主，分株和根插也可。播种繁殖时，6~7月果实成熟后即可采种，经湿沙贮藏40~60d播种。幼苗抗寒力较差，入冬前需覆盖树叶和草秸防寒。也可在采种后沙藏越冬，翌年春季播种。分株繁殖时，由于黄栌萌蘖力强，春季发芽前，选树干外围生长好的根蘖苗，连须根掘起，栽入圃地养苗，然后定植。扦插繁殖时，春季用硬枝插，需搭塑料拱棚，保温保湿。生长季节在喷雾条件下，用带叶嫩枝插，用400~500mg/L吲哚丁酸溶液处理剪口，30d左右即可生根。生根后停止喷雾，待须根生长时，移栽成活率较高。

6. 应用： 黄栌是中国重要的观赏树种，树姿优美，茎、叶、花都有较高的观赏价值，特别是深秋，叶片经霜变，色彩鲜艳，美丽壮观；其果形别致，成熟果实色鲜红、艳丽夺目。著名的北京香山红叶、济南红叶谷、山亭抱犊崮的红叶树就是该树种。黄栌花后久留不落的不孕花的花梗呈粉红色羽毛状，在枝头形成似云似雾的景观，远远望去，宛如万缕罗纱缭绕树间，历来被文人墨客比作"叠翠烟罗寻旧梦"和"雾中之花"，故黄栌又有"烟树"之称。夏赏"紫烟"，秋观红叶，加之极其耐瘠薄的特性，更使其成为石灰岩营建水土保持林和生态景观林的首选树种。

十二、柿　树

1. 学名： *Diospyros kaki Thunb.*

2. 科属： 柿树科，柿树属

3. 形态特征： 落叶乔木，高达15m；树皮暗灰色，呈长方形小块状裂纹。叶椭圆形、阔椭圆形或倒卵形，近革质；叶端渐尖，叶基阔楔形或近圆形，叶表深绿色有光泽，叶背淡绿色。雌雄异株或同株，花四基数，花冠钟形，黄白色；雄花 3 朵排成小聚伞花序；雌花单生于叶腋。浆果卵圆形或扁球形，橙黄色或鲜黄色。花期 5～6 月；果 9～10 月成熟（见彩图 59）。

4. 生态习性：柿树是深根性树种，又是阳性树种，喜温暖气候，充足阳光和深厚、肥沃、湿润、排水良好的土壤，适生于中性土壤，较能耐寒，较能耐瘠薄，抗旱性强，不耐盐碱土。

5. 繁殖与栽培：柿树的繁殖主要用嫁接法。通常用栽培的柿子或野柿作砧木。嫁接时，从优良品种的母株上选择一年生的秋梢或当年的春梢，粗 0.3～0.5cm，芽子充实饱满的枝条作插穗。春季枝接，可采用劈接、切接和腹接。在华北地区以清明节前后最为适宜。芽接在柿树整个生长期均可进行，其中以新梢接近停止生长时成活率最高。柿树芽接多采用方块芽接、双开门芽接及套接法。其中以方块芽接成活率最高。栽植时，北方冬季严寒，为避免冻害和"抽干"，确保成活，以春栽为宜。南方气候温暖，秋季落叶后栽植，有利于根系早期与土壤密接，恢复吸水功能，更为理想。

6. 应用：广泛应用于城市绿化，在园林中孤植于草坪或旷地，列植于街道两旁，尤为雄伟壮观，又因其对多种有毒气体抗性较强，具有较强的吸滞粉尘的能力，常被用于城市及工矿区，并能吸收有害气体，用于街坊、工厂、道路两旁、广场、校园绿化颇为合适。

十三、君 迁 子

1. 学名：*Diospyros lotus L.*

2. 科属：柿树科，柿树属

3. 形态特征：落叶乔木，高达 20m；树皮灰色，呈方块状深裂；幼枝被灰色毛；冬芽先端尖。叶长椭圆形、长椭圆状卵形；叶端渐尖，叶基楔形或圆形，叶表光滑，叶背灰绿色，有灰色毛。花淡橙色或绿白色。果球形或圆卵形，幼时橙色，熟时变为蓝黑色，外被白粉。花期 4～5 月，果熟期 9～10 月（见彩图 60）。

4. 生态习性：性强健、喜光、耐半阴；耐寒性比柿树强；很耐湿。喜肥沃深厚的土壤，但对瘠薄土、中等碱土及石灰质土地也有一定的忍耐力。寿命长；根系发达但较浅；生长较迅速。对二氧化硫的抗性强。

5. 繁殖与栽培：用播种法繁殖。将成熟的果实晒干或堆放待腐烂后取出种子，可混沙贮藏或阴干后干藏；至次年春播种；播前应浸种 1～2d，待种子膨胀再播。当年较粗的苗即可作柿树的砧木行芽接，或在次年的春季行枝接、在夏季行芽接。

6. 应用：君迁子树干挺直，树冠圆整，适应性强，可作园林绿化用。

十四、皂 荚

1. 学名：*Gleditsia sinensis Lam.*

2. 科属：豆科，皂荚属

3. 形态特征：乔木高达 15～30m，树冠扁球形。枝刺圆而有分歧。1 回羽状复叶，小叶 6～14 枚，卵形至卵状长椭圆形。总状花序腋生。荚果较肥厚，直而不扭转，黑棕色，被白粉。花期 5～6 月；果 10 月成熟（见彩图 61）。

4. 生态习性：性喜光而稍耐阴，喜温暖湿润的气候及深厚肥沃的湿润土壤，但对土壤要求不严，在石灰质及盐碱甚至黏土或沙土上均能正常生长。皂荚的生长速度慢但寿命很长，可达六七百年，属于深根性树种。

5. 繁殖与栽培：用种子繁殖，10 月采下果实，取出种子，随即播种。育苗时，开 1.3m 宽的高畦，撒施一层腐熟堆肥作为基肥，然后按行距 33cm 开深 6～10cm 的横沟，把种子每隔 4～6cm 播粒，播后施入畜粪水，并盖草木灰，最后盖土与畦面齐平。苗出齐后，要浅薅，并施入畜粪水，以后再中除、追肥 1～2 次。第 2 年再行 1～2 次中除、追肥等管理，到秋后即可移栽。移栽可按株距 7～10m 开穴，栽前把幼苗挖起，稍加修剪，每穴栽苗 1 株，盖土压实，最后再覆松土，使稍高于地面，浇水定根。对 1 年生小苗，在华北北部于冬季应培土防寒。

6. 应用：树冠广宽，叶密荫浓，宜作庭荫树及"四旁"绿化或造林用。

十五、榔　榆

1. 学名：*Ulmus parvifolia Jacq.*

2. 科属：榆科，榆属

3. 形态特征：落叶乔木，高达 25m，胸径可达 1m；树冠广圆形，树干基部有时呈板状根，树皮灰色或灰褐色，裂成不规则鳞状薄片剥落，露出红褐色内皮，近平滑，微凹凸不平；当年生枝密被短柔毛，深褐色。叶质地厚，披针状卵形或窄椭圆形，稀卵形或倒卵形，先端尖或钝，叶面深绿色，有光泽。花簇生于叶腋。翅果椭圆形或卵状椭圆形。花期 8～9 月；果 10～11 月成熟（见彩图 62）。

4. 生态习性：喜光，耐干旱，在酸性、中性及碱性土上均能生长，但以气候温暖、土壤肥沃、排水良好的中性土壤为最适宜的生境。对有毒气体烟尘抗性较强。

5. 繁殖与栽培：用种子繁殖。10～11 月间及时采种，随机播之。或干藏至次年春播。一般采用宽幅条播，条距 25cm，条幅 10cm，每亩用种 2～2.5kg。1 年生苗高 30～40cm。用作城市绿化的苗木应培育至 2～3m 以上才可出圃。

6. 应用：榔榆干略弯，树皮斑驳雅致，小枝婉垂，秋日叶色变红，是良好的观赏树及工厂绿化、四旁绿化树种，常孤植成景，适宜种植于池畔、亭榭附近，也可配于山石之间。萌芽力强，为制作盆景的好材料。因抗性较强，还可选作厂矿区的绿化树种。

十六、盐　肤　木

1. 学名：*Rhus chinensis Mill.*

2. 科属：漆树科，盐肤木属

3. 形态特征：落叶小乔木，高达 8～10m。枝开展，树冠圆球形。小枝有毛，冬芽被叶痕所包围。奇数羽状复叶，叶轴有狭翅，小叶 7～13，卵状椭圆形，边缘有粗钝锯齿，背面密被灰褐色柔毛，近无柄。圆锥花序顶生，密生柔毛；花小，乳白色。核果扁球形，橘红色，密被毛。花期 7～8 月；果 10～11 月成熟（见彩图 63）。

4. 生态习性：喜光，喜温暖湿润气候，也能耐寒冷和干旱；不择土壤，在酸性、中性及石灰性土壤以及瘠薄干燥的沙砾地上都能生长，但不耐水湿。深根性，萌蘖性很强；生长快，寿命较短。是荒山瘠地常见树种。

5. 繁殖与栽培：繁殖可用播种、分蘖、扦插等法。因果皮厚而蜡质，种子需经处理后才能发芽整齐。一般秋季采种后，在冷凉处混沙贮藏至次春 3 月，用 80℃热水浸种并搅拌约半小时，经一昼夜后捞出，与 2 倍的沙混合后堆置在马粪上，催芽约 2 周，待种子有

30%发芽时再播。当年苗高可达 1m，4～5 年生苗高 3m 左右即可出圃定植。育苗期间要注意排水，否则易致烂根。

6. 应用：盐肤木秋叶变为鲜红，果实成熟时也呈橘红色，颇为美观。可植于园林绿地观赏或用来点缀山林风景。

十七、构　　树

1. 学名：*Broussonetia papyrifera*（*L.*）*L′Hér. ex Vent.*

2. 科属：桑科，构属

3. 形态特征：落叶乔木，高达 16m，胸径 60cm，不易裂。小枝密被丝状刚毛。叶互生，有时近对生，卵形，先端渐尖，基部圆形或近心形，缘有锯齿，不裂或有不规则 2～5 裂，两面密被柔毛。聚花果球形，熟时橙红色。花期 4～5 月；果 8～9 月成熟（见彩图 64）。

4. 生态习性：喜光，适应性强，耐干旱瘠薄，也能生于水边，多生于石灰岩山地，也能在酸性土及中性土上生长；耐烟尘，抗大气污染力强。

5. 繁殖与栽培：繁殖容易，种子多而活力强，在母树附近常多自生小苗，有时成为一种麻烦。采用营养繁殖可有意避免雌株，选择具有优良性状的雄株采用埋根、扦插、分蘖、压条等法繁殖。硬枝扦插成活率很低，但在 8 月用嫩枝扦插成活率可达 95% 左右；根插成活率也可达 70% 以上。构树幼苗生长快，移栽容易成活。

6. 应用：构树外貌虽较粗野，但具有枝叶茂密且有抗性、生长快、繁殖容易等许多优点，仍是城乡绿化的重要树种，尤其适合用作矿区及荒山坡地绿化，亦可选做庭荫树及防护林用。为抗有毒气体（二氧化硫和氯气）强的树种，可在大气污染严重的地区栽植。

十八、桑　　树

1. 学名：*Morus alba L.*

2. 科属：桑科，桑属

3. 形态特征：落叶乔木，高达 16m，胸径可达 1m 以上；树冠倒广卵形。树皮灰褐色；根鲜黄色。叶卵形或卵圆形，先端尖。花雌雄异株，花柱极短或无，柱头 2，宿存。聚花果长卵形至圆柱形，熟时紫黑色、红色或近白色，汁多味甜。花期 4 月；果 5～6 月成熟（见彩图 65）。

4. 生态习性：喜光，幼时稍耐阴。喜温暖湿润气候，耐寒。耐干旱，耐水湿能力极强。对土壤的适应性强，耐瘠薄和轻碱性，喜土层深厚、湿润、肥沃的土壤。根系发达，抗风力强。萌芽力强，耐修剪。有较强的抗烟尘能力。

5. 繁殖与栽培：可用播种、扦插、压条、分根、嫁接等法繁殖。播种繁殖时，5～6 月间采取成熟桑葚，经处理，收集好种子，即可播种。若要次年春播，种子需充分晒干后密封贮藏，置于阴凉室内。一般用条播。1 年生苗高可达 60～100cm。扦插繁殖时，硬枝扦插北方在 3～4 月进行，南方可在秋冬进行；嫩枝扦插在 5 月下旬进行。嫁接繁殖时，切接、皮下接、芽接、根接均可，而以在砧木根颈部进行皮下接成活率最高。砧木用桑树实生苗。接穗采自需要繁殖的优良品种。移栽在春秋两季进行，以秋栽为好。

6. 应用：桑树树冠宽阔，树叶茂密，秋季叶色变黄，颇为美观，且能抗烟尘及有毒气体，适于城市、工矿区及农村四旁绿化。适应性强，为良好的绿化及经济树种。

十九、喜　树

1. 学名：*Camptotheca Acuminata Decne*

2. 科属：桃金娘科，喜树属

3. 形态特征：落叶乔木，高达25～30m。单叶互生，椭圆形至长卵形，先端突渐尖，基部广楔形，全缘或微呈波状，表面亮绿色，背面淡绿色。花单性同株，头状花序具长柄，雌花序顶生，雄花序腋生。坚果香蕉形，集生成球形。花期7月；果10～11月成熟（见彩图66）。

4. 生态习性：常生于海拔1000m以下的林边或溪边。喜温暖湿润，不耐严寒和干燥，在年平均温度13～17℃之间，年降雨量1000mm以上地区生长。对土壤酸碱度要求不严，在酸性、中性、碱性土壤中均能生长。萌芽力强，较耐水湿。

5. 繁殖与栽培：用种子繁殖。种子熟后应在2周内及时采集以免散落，阴干后可干藏或混沙贮藏。每亩播种量4kg。春播后，当年苗高可达1m左右。大面积绿化时可采用截干栽植法。定植后的管理主要是培养通直的主干，于春季注意抹除蘖芽。在风景区中可与栾树、榆树、臭椿、水杉等混植，因幼树较耐阴，故可天然更新。

6. 应用：喜树在20世纪60年代就已经是中国优良的行道树和庭荫树，喜树的树干挺直，生长迅速，可种在庭园或行道两旁。

二十、榆　树

1. 学名：*Ulmus pumila L.*

2. 科属：榆科，榆属

3. 形态特征：落叶乔木。叶椭圆状卵形或椭圆状披针形，长2～8cm，两面均无毛，侧脉9～16对，边缘多具单锯齿；叶柄长2～10mm。花先于叶开放，多数成簇状聚伞花序，生于去年枝的叶腋。翅果近圆形或宽倒卵形，长1.2～1.5cm，无毛；种子位于翅果的中部或近上部；柄长约2mm。花期3～4月；果4～6月成熟（见彩图67）。

4. 生态习性：喜光，适应性强，耐寒，耐旱，耐盐碱，不耐低湿；根系发达，抗风力强，耐修剪，生长尚快，寿命较长；抗有毒气体，能适应城市环境。

5. 繁殖与栽培：主要采用播种繁殖，也可用分蘖、扦插法繁殖。播种宜随采随播，千粒重7.7g，发芽率65%～85%。扦插繁殖成活率高，达85%左右，扦插苗生长快。采用播种繁殖时，1年生苗高1m左右，最高可达1.5～2m。作为城市绿化用苗，需分栽培育2～3年方可出圃。苗期管理要注意经常修剪侧枝，以促其主干向上生长，并保持树干通直。

6. 应用：榆树树干通直，树形高大，绿荫较浓，适应性强，生长快，是城市绿化的重要树种，栽作行道树、庭荫树、防护林及"四旁"绿化用无不合适。在干瘠、严寒之地常呈灌木状，有用作绿篱者。又因其老茎残根萌芽力强，可自野外掘取制作盆景。在林业上也是营造防风林、水土保持林和盐碱地造林的主要树种之一。

二十一、垂　榆

1. 学名：*Ulmus pumila L. cv. Pendula Kirchner*

2. 科属：榆科，榆属

3. 形态特征：落叶小乔木。单叶互生，椭圆状窄卵形或椭圆状披针形，长 2～9cm，基部偏斜，叶缘具单锯齿。枝条柔软、细长下垂、生长快、自然造型好、树冠丰满，花先于叶开放。翅果近圆形（见彩图 68）。

4. 生态习性：喜光，抗干旱、耐盐碱、耐土壤瘠薄，耐旱，耐寒，−35℃无冻梢。不耐水湿。根系发达，对有毒气体有较强的抗性。

5. 繁殖与栽培：垂榆繁殖多采用白榆作砧木进行枝接和芽接。3 月下旬至 4 月可进行皮下枝接，6 月用当年新生芽嫁接。不论是枝接还是芽接，只要先处理好砧木接穗，认真操作，加强养护管理均可成活。定植后根据枝条生长快、耐修剪的特点，整形修枝进行造型。对株距小、空间少的植株通过绑扎，抑强促弱，纠正偏冠，使枝条均匀下垂生长。当垂枝接近地面时，从离地面 30～50cm 处周围剪齐，其外形如同一个绿色圆柱体，很有特色。

6. 应用：树干形通直，枝条下垂，细长柔软，树冠呈圆形蓬松，形态优美，适合作庭院观赏、公路、道路行道树绿化，是园林绿化栽植的优良观赏树种。

二十二、欧洲白榆

1. 学名：*Ulmus laevis Pall.*

2. 科属：榆科，榆属

3. 形态特征：落叶乔木，高可达 35m；树冠半球形。叶卵形至倒卵形，长 6～12cm，基部甚偏斜，重锯齿，表面暗绿色，近光滑，背面有毛。花 20～30 余朵成短聚伞花序，花梗细长。翅果椭圆形，长 1.2～1.6cm，边缘密生睫毛；果梗长可达 3cm。花期 4 月；5 月果熟（见彩图 69）。

4. 生态习性：阳性、深根性树种，喜生于土壤深厚、湿润、疏松的沙壤土或壤土上，适应性强，抗病虫能力强，在严寒、高温或干旱的条件下，也能旺盛生长。

5. 繁殖与栽培：白榆通常采用种子繁殖，理想的播种时间是 4 月初。在播种之前，要进行选地和整地。整地工作完成之后，就可以播种了。播种时，首先，在垄上开 5cm 左右深的小沟，将白榆种子均匀撒入沟内，亩用种量 5kg 左右。最后，连接好喷灌设备，进行喷灌。播种 4～5 天后，白榆的幼苗就会破土而出。幼苗期的白榆管理比较简单，最主要的是除草、松土和浇水。幼苗期的白榆对水分的需求量很大，需要经常浇水。

6. 应用：白榆冠大荫浓，树体高大，适应性强，是世界著名的四大行道树之一，列植于公路及人行道，群植于草坪、山坡，常密植作树篱。是北方农村"四旁"绿化的主要树种，也是防风固沙、水土保持和盐碱地造林的重要树种。

二十三、花 楸 树

1. 学名：*Sorbus pohuashanensis*（Hance）*Hedl.*

2. 科属：蔷薇科，花楸属

3. 形态特征：乔木，高约 8m；小枝粗壮，灰褐色，幼时生绒毛；冬芽外面密生灰白色绒毛。单数羽状复叶；小叶 5～7 对，卵状披针形或椭圆状披针形，先端急尖或短渐尖，基部偏斜圆形，边缘有细锐锯齿，基部或中部以下全缘，无毛或下面中脉两侧微生绒毛；叶轴有白色绒毛，后脱落；托叶草质，宿存，有粗锐锯齿。复伞房花序多花密集，总花梗和花梗皆密生白色绒毛；花白色。梨果近球形，红色，萼裂片宿存闭合。花期 5 月；果熟期 10 月（见彩图 70）。

4. 生态习性：喜湿润之酸性或微酸性土壤，较耐阴。

5. 繁殖与栽培：播种繁殖，种子采后须先沙藏层积，春天播种。花楸果实9月成熟，但可在树上宿存，采种可延至冬季采集。9～10月，将采收后的果实堆放在室内或装筐，待果实变软后将其捣碎，用水浮出果皮与果肉，晾干、去除杂质后可得到成熟种子。适时早播可提高出苗率，时间在4月末至5月初，进行床面条播或撒播，播后镇压，并保持土壤湿润，有条件的可铺设遮阴网。花楸苗木木质化程度好，可不用防寒即可安全越冬；如果苗木木质化程度较差，则应覆土防寒越冬。

6. 应用：本种花叶美丽，入秋红果累累，是优美的庭园风景树。风景林中配植若干，可使山林增色。

二十四、楸　　树

1. 学名：*Catalpa bungei C. A. Mey*

2. 科属：紫葳科，梓属

3. 形态特征：落叶乔木，高达20～30m；干皮纵裂，小枝无毛。叶对生或轮生，卵状三角形，长6～15cm，叶缘近基部有侧裂或尖齿，叶背无毛，基部有2个紫斑。花冠白色，内有紫斑；顶生总状花序；5（4）～6月开花。蒴果细长，长25～50cm，径约5mm（见彩图71）。

4. 生态习性：喜光，较耐寒，喜深厚肥沃湿润的土壤，不耐干旱、积水，忌地下水位过高，稍耐盐碱。萌蘖性强，幼树生长慢，10年以后生长加快，侧根发达。耐烟尘，抗有害气体能力强。寿命长。自花不孕，往往开花而不结实。

5. 繁殖与栽培：嫁接繁殖时，冬季和春季均可进行，芽接从春季到晚秋均可进行。嫁接以劈接和芽接为主。芽接以嵌芽接为主。园林绿化中移栽，春秋两季均可进行。种植的楸树胸径小于10cm的可以裸根栽植，大于10cm的苗子最好带土球种植，带土球可以保持较高的成活率。栽植楸树时一定要注意不能栽植过深，栽得过深易导致植株发生闷芽。楸树喜肥，栽植时应施用些经腐熟发酵圈肥作为基肥；基肥应与栽植土拌匀，不拌匀容易烧根。栽植后对较大规格的苗木应及时搭设支架，防止风吹或人为摇动。

6. 应用：楸树枝干挺拔，楸花淡红素雅，自古以来楸树就广泛栽植于皇宫庭院、胜景名园之中，如北京的故宫、北海、颐和园、大觉寺等游览圣地和名寺古刹到处可见百年以上的古楸树苍劲挺拔的风姿。楸树用于绿化时，树形优美、花大色艳作园林观赏，具有较高的观赏价值和绿化效果。

二十五、小　叶　朴

1. 学名：*Celtis bungeana Bl.*

2. 科属：榆科，朴属

3. 形态特征：落叶乔木；一年枝无毛。叶斜卵形至椭圆形，长4～11cm，中上部边缘具锯齿，有时近全缘，下面仅脉腋常有柔毛；叶柄长5～10mm。核果单生于叶腋，球形，直径4～7mm，紫黑色，果柄较叶柄长，长1.2～2.8cm，果核平滑，稀有不明显网纹。5月开花，9～10月果实成熟（见彩图72）。

4. 生态习性：喜光，稍耐阴，耐寒；喜深厚、湿润的中性黏质土壤。深根性，萌蘖力强，生长较慢。对病虫害、烟尘污染等抗性强。

5. 繁殖与栽培：用种子繁殖。

6. 应用：该树叶质厚、色浓绿，树形端正，树冠整齐，遮阴好，可孤植、丛植作庭荫树，亦可列植作行道树，又是厂区绿化树种。也可以利用其乡土树种的优势，进行荒山造林。

二十六、桂　　花

1. 学名：*Osmanthus fragrans（Thunb.）Loureiro*

2. 科属：木犀科，木犀属

3. 形态特征：常绿小乔木，高达12m。树皮灰色，不裂。单叶对生，长椭圆形，长5～12cm，两端尖，缘具疏齿或近全缘，硬革质；叶腋具2～3叠生芽。花小，淡黄色，浓香；成腋生或顶生聚伞花序；9月开放。核果卵球形，蓝紫色（见彩图73）。

4. 生态习性：喜光，也耐半阴，喜温暖气候，不耐寒，淮河以南可露地栽培；对土壤要求不严，但以排水良好、富含腐殖质的沙质壤土为最好。华北常盆栽，冬季入室内防寒。

5. 繁殖与栽培：多用嫁接繁殖，压条、扦插也可。嫁接可用小叶女贞、女贞、小叶白蜡等作砧木。扦插在生长季用软枝插。桂花有二次萌发、二次开花的习性，耗肥量大，宜于11～12月份冬季施以基肥，使次春枝叶繁茂，有利于花芽分化；7月，二次枝未发前，进行追肥，则有利于二次枝萌发，使秋季花大茂密。

6. 应用：桂花终年常绿，枝繁叶茂，秋季开花，芳香四溢，可谓"独占三秋压群芳"。在园林中应用普遍，常作园景树，有孤植、对植，也有成丛成林栽种。在住宅四旁或窗前栽植桂花树，能收到"金风送香"的效果。桂花对有害气体二氧化硫、氟化氢有一定的抗性，也是工矿区的一种绿化的好花木。

二十七、枫 香 树

1. 学名：*Liquidambar formosana Hance*

2. 科属：金缕梅科，枫香树属

3. 形态特征：乔木，高达40m；小枝有柔毛。叶轮廓宽卵形，掌状3裂，边缘有锯齿，背面有柔毛或变无毛；托叶红色，条形，早落。花单性，雌雄同株；雄花排列成葇荑花序，无花被，雄蕊多数，花丝与花药近等长；雌花25～40，排列成头状花序，无花瓣。头状果序圆球形，宿存花柱和萼齿针刺伏。枫香花4月上旬开花，10月下旬果实成熟（见彩图74）。

4. 生态习性：喜温暖湿润气候，性喜光，幼树稍耐阴，耐干旱瘠薄土壤，不耐水涝。多生于平地、村落附近及低山的次生林。在湿润肥沃而深厚的红黄壤土上生长良好。深根性，主根粗长，抗风力强，不耐移植及修剪。种子有隔年发芽的习性，不耐寒，黄河以北不能露地越冬，不耐盐碱及干旱。

5. 繁殖与栽培：播种繁殖时，进行种子的采集时，应选择生长10年以上、无病虫害发生、长势健壮、树干通直的优势树作为采种母树。当果实的颜色由绿变成黄褐（稍带青）、尚未开裂时，应将其击落，以便于收集。采集的种子应装于麻袋内置于通风干燥处进行储藏。枫香播种可冬播，也可春播。冬播较春播发芽早而整齐。播种可采取2种方式，分别为撒播、条播。撒播一般应用得较多。移栽时间在秋季落叶后或春季萌芽前。

6. 应用：枫香树在中国可在园林中栽作庭荫树，可于草地孤植、丛植，或于山坡、池畔与其他树木混植。倘与常绿树丛配合种植，秋季红绿相衬，会显得格外美丽。又因枫香具有较强的耐火性和对有毒气体的抗性，可用于厂矿区绿化。但因不耐修剪，大树移植又较困难，故一般不宜用作行道树。

二十八、灯 台 树

1. 学名：*Bothrocaryum controversum Pojark.*

2. 科属：山茱萸科，灯台树属

3. 形态特征：落叶乔木，高 12～20m；侧枝轮状着生，层次明显。叶互生，卵形至卵状椭圆形，长 7～16cm，侧脉 6～7（9）对，背面灰绿色；叶常集生于枝端。花白色，伞房状聚伞花序顶生；5～6 月开花。果期 7～8 月，核果由紫红变为蓝黑色（见彩图 75）。

4. 生态习性：灯台树喜温暖气候及半阴环境，适应性强，耐寒、耐热、生长快。宜在肥沃、湿润及疏松、排水良好的土壤上生长。

5. 繁殖与栽培：采用种子繁殖时，当果皮由绿色转为绿褐色时预示着种子成熟，灯台树种子带翅，极容易飞散，所以要及时采收。灯台树种子休眠期长，主要是因为种皮致密、坚硬、通气透水性差等综合因素的影响，不能适时发芽。因此，对种子必须进行催芽处理，这是灯台树育苗的技术关键。因此，灯台树种子播种前须先经过精选，再进行低温层积催芽，以有效提高种子的发芽率，节省种子，降低育苗成本。经冬季冷冻处理的种子用于春播，播种前检查种子是否露白，否则应进行催芽。秋播和随采随播的种子出苗早，要防止晚霜冻害。一年生苗应长至 60～90cm 高，翌年春季即可进行移栽并按需培育大苗用于园林绿化。

6. 应用：灯台树是优良的园林绿化彩叶树种及我国南方著名的秋色树种。灯台树生长迅速，优美奇特的树姿，繁茂的绿叶，素雅的花朵，紫红色的枝条，以及花后绿叶红果惟妙惟肖的组合，独具特色，具有很高的观赏价值，是园林、公园、庭院、风景区等绿化、置景的佳选，也是优良的集观树、观花、观叶为一体的彩叶树种，被称之为园林绿化中彩叶树种的珍品。适宜在草地孤植、丛植，或于夏季湿润山谷或山坡、湖（池）畔与其他树木混植营造风景树，亦可在园林中栽作庭荫树或公路、街道两旁栽作行道树，更适于森林公园和自然风景区作秋色叶树种片植营造风景林。

二十九、华 山 松

1. 学名：*Pinus armandii Franch.*

2. 科属：松科，松属

3. 形态特征：常绿乔木；一年生枝绿色或灰绿色，干后褐色或灰褐色，无毛；冬芽褐色，微具树脂。针叶 5 针一束，较粗硬；树脂管 3 个，背面 2 个边生，腹面 1 个中生；叶鞘早落。球果圆锥状长卵形，熟时种鳞张开，种子脱落；种鳞的鳞盾无毛，不具纵脊，鳞脐顶生，形小，先端不反曲或微反曲；种子褐色至黑褐色，无翅或上部具棱脊。花期 4～5 月，球果第二年 9～10 月成熟（见彩图 76）。

4. 生态习性：阳性树，但幼苗略喜一定的阴蔽。耐寒力强，在其分布区北部，甚至可耐 −31℃的绝对低温。不耐炎热，在高温季节长的地方生长不良。喜排水良好的土壤，能适应多种土壤，最宜深厚、湿润、疏松的中性或微酸性壤土。不耐盐碱土，耐瘠薄能力不如油松、白皮松。

5. 繁殖与栽培：通常用高床播种育苗。山地育苗宜修筑梯田式苗床，多雨地区注意修好排水工程。采种时，球果由绿色变为绿褐色或黄褐色，果鳞白粉增加，先端鳞片微裂，立即采种。球果采回后，先摊放 5～7d，再摊开曝晒 3～4d，果鳞即大部分张开。经敲打翻动种子便脱出。种子脱出后经水选净种，阴干后可贮藏备用。华山松种皮坚厚，进水性差，不易吸胀发芽。播种前须对种子进行催芽处理。以春播为主，宜早不宜迟，一般 2 月中旬至 3 月播种。通常用条播。幼苗稍耐阴，也可在全光下生长。

6. 应用： 华山松不仅是风景名树及薪炭林，还能涵养水源，保持水土，防止风沙。华山松高大挺拔，树皮灰绿色，叶 5 针一束，冠形优美，姿态奇特，为良好的绿化风景树，是点缀庭院、公园、校园的珍品。植于假山旁、流水边更富有诗情画意。针叶苍翠，生长迅速，是优良的庭园绿化树种。华山松在园林中可用作园景树、庭荫树、行道树及林带树，亦可用于丛植、群植，并系高山风景区之优良风景林树种。

三十、黑　　松

1. 学名： *Pinus thunbergii Parlatore*

2. 科属： 松科，松属

3. 形态特征： 树高达 30～40m；干皮黑灰色；冬芽灰白色。针叶 2 针 1 束，粗硬，长 6～12cm，深绿色，常微弯曲，树脂道中生。果鳞的鳞脐具短刺。花期 4～5 月，种子第二年 10 月成熟（见彩图 77）。

4. 生态习性： 喜光，耐干旱瘠薄，不耐水涝，不耐寒。适生于温暖湿润的海洋性气候区域，最宜在土层深厚、土质疏松且含有腐殖质的沙质土壤处生长。因其耐海雾，抗海风，也可在海滩盐土地上生长。抗病虫能力强，生长慢，寿命长。

5. 繁殖与栽培： 以有性繁殖为主，亦可用营养繁殖。其中枝插和针叶束插均可获得成功，但难度比较大，生产上仍以播种育苗为主。苗床播种、容器育苗应用都很普遍。用播种繁殖时，播种季节宜在 2 月上旬到中旬。春播前，种子应消毒和进行催芽。播种床亦可用 40% 福尔马林 300 倍液消毒。条播育苗，当年苗高 10～15cm，1.5～2 年生苗高可达 25cm，即可出圃造林。

6. 应用： 黑松盆景枝干横展，树冠如伞盖，针叶浓绿，四季常青，树姿古雅，可终年欣赏。黑松不仅是盆栽的优秀植物，在园林绿化中也是使用较多的优秀苗木。黑松可以用于道路绿化、小区绿化、工厂绿化、广场绿化等，绿化效果好，恢复速度快，而且价格低廉。黑松为著名的海岸绿化树种，可用作防风、防潮、防沙林带及海滨浴场附近的风景林、行道树或庭荫树。在国外亦有密植成行并修剪成整齐式的高篱，围绕于建筑或住宅之外，既有美化又有防护作用。

三十一、红　　松

1. 学名： *Pinus koraiensis Siebold et Zuccarini*

2. 科属： 松科，松属

3. 形态特征： 树高达 40（50）m；树干灰褐色，纵裂，内皮红褐色；小枝灰褐色，密生黄褐色毛。针叶 5 针 1 束，较粗硬，长 8～12cm，蓝绿色。球果大，长 9～14cm，果鳞端常向外反卷；种子大，无翅。花期 6 月，球果第二年 9～10 月成熟（见彩图 78）。

4. 生态习性： 红松喜光性强，对土壤水分要求较高，不宜过干、过湿的土壤及严寒气候。在冷凉多雨、相对湿度较高的气候与深厚肥沃、排水良好的酸性棕色森林土上生长最好。红松属半阳性树种，浅根性，常生于排水良好的湿润山坡上，幼树耐阴蔽，对大气湿度较敏感，湿润度在 0.7 以上生长良好，在 0.5 以下生长不良。

5. 繁殖与栽培： 播种繁殖时，用当年新采的红松种子进行变温催芽处理。用这种方法处理后的红松种子，播种后 3～5d 就出土，7d 左右全部出齐，每年的出苗率均达 90% 以上。当种子有 30% 以上咧嘴时，即为催芽良好，可用于播种。嫁接时，一般栽植红松嫁接苗有三种方式：一是在苗圃地培育的红松砧木苗上嫁接，一年后，将嫁接苗裸根上山栽植；二是在造林地上按 3m×3m、4m×4m 或 3m×5m 等不同株行距，定植 4～5 年生的砧木苗，实行现地嫁接；三是在培育好的营养杯苗上嫁接，实行移栽定植。常用的是前两种方式，成本低，方法简便易行。其次，还可用扦插法繁殖。

6. 应用： 多用于庭荫树、行道树、风景林，近些年来，人造的红松林也在山区、半山区和林场培育成材了。并且作为绿化树种，它已从偏僻的山川走进了喧嚣的城镇街市了。

三十二、龙 爪 槐

1. 学名： *Sophora japonica L. var. japonica f. pendula*

2. 科属： 豆科，槐属

3. 形态特征： 属于多年生乔木，小枝柔软下垂，树冠如伞，状态优美，枝条构成盘状，上部蟠曲如龙，老树奇特苍古。树势较弱，主侧枝差异性不明显，大枝弯曲扭转，小枝下垂，冠层可达 50～70cm 厚，层内小枝易干枯（见彩图 79）。

4. 生态习性： 喜光，稍耐阴。能适应干冷气候。喜生于土层深厚、湿润肥沃、排水良好的沙质壤土。深根性，根系发达，抗风力强，萌芽力亦强，寿命长。落叶乔木。

5. 繁殖与栽培： 龙爪槐是国槐的变种，其培育主要以国槐为砧木嫁接而得。传统上采用枝接法，后改为用方块芽接法。枝接繁殖时，首先选择树体优美、无病虫害、生长健壮、主干挺直的 3～6 年生国槐树作为砧木。接后 15d 检查，接穗萌动者即成活。成活后注意抹去砧木的新芽，促进接穗生长。芽接繁殖时，芽接时间为每年 5～6 月，砧木为春季接穗未成活的国槐。嫁接前 10d 给砧木浇 1 遍透水，以便于表皮与木质部剥离。接后 10d 左右检查是否成活，如果接穗叶柄一触即落，证明已经成活。龙爪槐要形成美观的树形，枝如龙爪，冠似蘑菇，就必须提早对其进行整形修剪，其中包括夏剪和冬剪 1 年各 1 次。

6. 应用： 龙爪槐姿态优美，是优良的园林树种。宜孤植、对植、列植。龙爪槐寿命长，适应性强，观赏价值高，故园林绿化中应用较多，常作为门庭及道旁树，或作庭荫树，或置于草坪中作观赏树。节日期间，若在树上配挂彩灯，则更显得富丽堂皇。若采用矮干盆栽观赏，使人感觉柔和潇洒。开花季节，米黄色花序布满枝头，似黄伞蔽目，则更加美丽可爱。

三十三、广 玉 兰

1. 学名： *Magnolia tomentosa Thunb.*

2. 科属： 木兰科，木兰属

3. 形态特征： 常绿乔木，在原产地高达 30m。树皮淡褐色或灰色，薄鳞片状开裂；小枝粗壮，具横隔的髓心；小枝、芽、叶下面以及叶柄均密被褐色或灰褐色短绒毛。叶厚革质，椭圆形、长圆状椭圆形或倒卵状椭圆形，先端钝或短钝尖，基部楔形，叶面深绿色，有光泽。花白色，有芳香；雄蕊长约 2cm，花丝扁平，紫色，花药内向，药隔伸出成短尖；雌蕊群椭圆体形，密被长绒毛；心皮卵形，长 1～1.5cm，花柱呈卷曲状。聚合果圆柱状长圆形或卵圆形，外种皮红色。花期 5～6 月，果期 9～10 月（见彩图 80）。

4. 生态习性： 弱阳性，喜温暖湿润气候，抗污染，不耐盐碱。幼苗期颇耐阴。喜温暖、湿润气候。较耐寒，能经受短期的−19℃低温。在肥沃、深厚、湿润而排水良好的酸性或中性土壤中生长良好。根系深广，颇能抗风。病虫害少。生长速度中等，实生苗生长缓慢，10年后生长逐渐加快。

5. 繁殖与栽培： 播种繁殖时，9月中旬采下果实，处理后沙贮于木箱，翌年2月中下旬播于露地。一年生苗高30～40cm。当年10月可以移栽。压条繁殖时，母树以幼龄树或苗圃的大苗为最好，由于侧枝生长健壮，生活力强，发根容易，在不影响树形的原则下，选2～3年生充实粗壮、向上开展的侧枝进行压条。嫁接繁殖时，以紫玉兰为砧木，早春发芽前实行切接。除早春切接外，也可用芽接繁殖，9月进行，第二年春天剪贴。因其根群发达，易于移栽成活，但为确保工程质量，不论苗木大小，移栽时都需要带土球。

6. 应用： 广玉兰可做园景、行道树、庭荫树。广玉兰树姿雄伟壮丽，叶大荫浓，花似荷花，芳香馥郁。为美丽的园林绿化观赏树种。宜孤植、丛植或成排种植。广玉兰还能耐烟抗风，对二氧化硫等有毒气体有较强的抗性，故又是净化空气、保护环境的好树种。

三十四、胡　　桃

1. 学名： *Juglans regia L.*

2. 科属： 胡桃科，胡桃属

3. 形态特征： 乔木，高20～25m；髓部片状。单数羽状复叶；小叶5～11，椭圆状卵形至长椭圆形；小叶柄极短或无。花单性，雌雄同株；雄蕊蓁花序下垂；雌花序簇状。果序短；果实球形，外果皮肉质，不规则开裂，内果皮骨质，表面凹凸或皱折（见彩图81）。

4. 生态习性： 喜光，喜温凉气候，较耐干冷，不耐温热，喜深厚、肥沃、阳光充足、排水良好、湿润肥沃的微酸性至弱碱性壤土或黏质壤土，抗旱性较弱，不耐盐碱；深根性，抗风性较强，不耐移植，有肉质根，不耐水淹。

5. 繁殖与栽培： 以嫁接繁殖为主。砧木用本砧或铁核桃1～2年生实生苗。枝接适期在立春至雨水之间，以树液开始流动、砧木顶芽已萌动时为最好。芽接适期在春分前后，砧木开始抽梢而顶芽展叶之前，树皮容易剥离时较为适宜。也可用播种法繁殖。北方多春播，暖地可秋播。春播前应催芽处理，一般采用点播。春秋两季均可定植。当树龄已老，树势衰退时，需行重剪以促其复壮更新。

6. 应用： 胡桃树冠庞大雄伟，枝叶茂密，绿荫覆地，加之灰白洁净的树干，亦颇宜人，是良好的庭荫树。孤植、丛植于草地或园中隙地都很合适。也可成片、成林栽植于风景疗养区，因其花、果、叶挥发的气体具有杀菌、杀虫的保健功能。

三十五、板　　栗

1. 学名： *Castanea mollissima Blume*

2. 科属： 壳斗科，栗属

3. 形态特征： 落叶乔木，高15～20m；幼枝被灰褐色绒毛；无顶芽。叶成2列，长椭圆形至长椭圆状披针形，先端渐尖，基部圆形或楔形，边缘有锯齿，齿端芒状；叶柄长1～1.5cm。雄花序穗状，直立；雌花生于枝条上部的雄花序基部，2～3朵生于总苞内。壳斗球形；苞片针状；坚果当年成熟，褐色（见彩图82）。

4. 生态习性： 板栗根系发达，寿命长，喜光，光照不足易引起枝条枯死或不结实，树姿开张，自然更新能力很强，耐修剪，虫害较多。

5. 繁殖与栽培：板栗的繁殖方法主要有实生繁殖和嫁接繁殖两种。板栗种子选好后需立即进行湿沙贮藏。板栗播种可分为秋播和春播两种。秋播多在秋末冬初进行。板栗的嫁接，一般均采用枝接的方法。枝接前，接穗要经蜡封处理，枝接的方法包括劈接、舌接、插皮接和腹接等。板栗树的定植期应选在秋季为佳，这样定植当年的根部伤损易愈合，春季根系萌动早，能加速幼树生长。

6. 应用：板栗树冠圆广、枝茂叶大，在公园草坪及坡地孤植或群植均适宜；亦可作山区绿化造林和水土保持树种。主要用做干果生产栽培。

三十六、麻　栎

1. 学名：*Quercus acutissima Carr.*

2. 科属：壳斗科，栎属

3. 形态特征：落叶乔木，高 15～20m；幼枝有黄色绒毛，后变为无毛。叶长椭圆状披针形，先端渐尖，基部圆形或宽楔形，边缘具芒状锯齿，叶脉在下面隆起；叶柄长 2～3cm。壳斗杯形；苞片披针形至狭披针形；坚果卵状球形至长卵形；果脐突起（见彩图 83）。

4. 生态习性：阳性喜光，喜湿润气候。耐寒，耐干旱瘠薄，不耐水湿，不耐盐碱，在湿润肥沃深厚、排水良好的中性至微酸性沙壤土上生长最好。深根性，萌芽力强，但不耐移植。抗污染、抗尘土、抗风能力都较强。寿命长。

5. 繁殖与栽培：播种繁殖，种子采收时，选择优良母树采集果实。9～10 月果实颜色由绿色变为黄褐色或栗褐色，果皮光亮，标志着果实成熟，应及时采集。种子越冬贮藏可采用室内混沙埋藏的方法。春季播种，北方地区一般在 4 月上旬至 4 月中旬。播种采用条播。麻栎应及时修枝，以培养优良的干形，把枯死枝、衰弱枝、病虫害枝及徒长枝剪掉。

6. 应用：本种树形高大，树冠伸展，浓荫葱郁，因其根系发达，适应性强，可作庭荫树、行道树，抗火、抗烟能力较强，也是营造防风林、防火林、水源涵养林的乡土树种。本种对二氧化硫的抗性和吸收能力较强，对氯气、氟化氢的抗性也较强。

三十七、鹅　耳　枥

1. 学名：*Carpinus turczaninowii Hance*

2. 科属：桦木科，鹅耳枥属

3. 形态特征：小乔木或乔木。叶卵形、宽卵形、卵状椭圆形或卵状菱形；下面沿脉通常被柔毛，脉腋具须状毛，侧脉 8～12 对；叶柄长 4～10mm；托叶有时宿存，条形。果序长 3～5cm；果苞变异大，宽半卵形至卵形，先端急尖或钝，基部有短柄；小坚果卵形，具树脂腺体（见彩图 84）。

4. 生态习性：稍耐阴，喜肥沃湿润土壤，也耐干旱瘠薄。

5. 繁殖与栽培：播种繁殖和扦插繁殖。用种子繁殖，以采后即播为宜，因种子寿命短，不耐贮藏。11 月中旬播种，次年 4 月上旬出土，但成苗率不高，幼苗纤弱需遮阴。扦插繁殖，采用二年生苗的侧枝于 3 月中旬扦插繁殖，当年平均苗高 8cm，最高可达 17cm。

6. 应用：本种枝叶茂密，叶形秀丽，果穗奇特，颇为美观，宜庭园观赏种植，也宜制作盆景。

三十八、栓　皮　栎

1. 学名： *Quercus variabilis Blume*

2. 科属： 壳斗科，栎属

3. 形态特征： 落叶乔木，高达 25～30m；树皮木栓层发达。叶长椭圆形或长椭圆状披针形，长 8～15cm，齿端具刺芒状尖头，叶背密被灰白色星状毛。花期 3～4 月，果期翌年 9～10 月（见彩图 85）。

4. 生态习性： 喜光，对气候、土壤的适应性强，耐寒，耐干旱瘠薄；深根性，抗风力强，不耐移植，萌芽力强，寿命长；树皮不易燃烧。

5. 繁殖与栽培： 播种繁殖，采集种子时，选择 30 年以上树龄、干形通直圆满、生长健壮、无病虫害的母树采种。种子贮藏采用室内沙藏法。播种前，种子需进行催芽处理。播种一般采取苗床冬播。栓皮栎具主枝扩展特性，需修枝，修枝宜小、宜早、宜平。修枝季节以冬末春初较好，修去下部的枯死枝、下垂枝、遮阴枝，以培养主干圆满的树形。

6. 应用： 树干通直，树冠雄伟，浓荫如盖，秋叶橙褐色，是良好的绿化、观赏、防风、防火及用材树种。

三十九、蒙　古　栎

1. 学名： *Quercus mongolica Fischer ex Ledebour*

2. 科属： 壳斗科，栎属

3. 形态特征： 落叶乔木，高达 30m；幼枝具棱，无毛，紫褐色。叶倒卵形至长椭圆状倒卵形，先端钝或急尖，基部耳形，幼时叶脉有毛，老时变无毛。壳斗杯形，包围坚果 1/3～1/2，壁厚；苞片小，三角形，背面有疣状突起，在口部边缘伸出；坚果卵形至长卵形，无毛（见彩图 86）。

4. 生态习性： 喜温暖湿润气候，也能耐一定的寒冷和干旱。对土壤要求不严，酸性、中性或石灰岩的碱性土壤上都能生长，耐瘠薄，不耐水湿。根系发达，有很强的萌蘖性。

5. 繁殖与栽培： 播种繁殖，种子催芽后采用垄播，当年生苗高 20～30cm。3 年生苗可出圃栽培。秋播种子消毒处理后即可直接播种，效果良好；春播种子在冷室内混沙催芽，翌年春播种前一周将种子筛出，在阳光下翻晒，种子咧嘴达 30％以上可播种。秋季起苗，进行控沟越冬假植；春季起苗，可原垄越冬，不必另加防寒措施。

6. 应用： 蒙古栎目前在城镇园林绿化方面深受人们的重视，因它主干苍劲高大，枝条开展，树冠雄伟，浓荫如盖，叶形独特，早春嫩绿鹅黄，秋季转为金黄，季相变化明显，经冬不落，耐严寒。同时，蒙古栎也是营造防风林、水源涵养林及防火林的优良树种，孤植、丛植或与其他树木混交成林均甚适宜。园林中可植作园景树或行道树，树形好者可为孤植树供观赏用。

四十、辽　东　栎

1. 学名： *Quercus wutaishanica Blume*

2. 科属： 壳斗科，栎属

3. 形态特征： 落叶乔木，高达 15m；小枝无毛。叶倒长卵形，缘有波状疏齿，侧脉 5～

9对，先端圆钝或短突尖，基部狭并常为耳形，背面通常无毛；叶柄短，无毛。总苞鳞片鳞状。花期4~5月，果期9月（见彩图87）。

4. 生态习性：喜光，耐侧方阴蔽、耐寒性强，深根性，主根明显，根系发达，因此耐干旱瘠薄，抗风力强。垂直分布于海拔800~2200m，在海拔800m以下生长较好。对立地条件要求不严，适合中性或微酸性土壤，在土层深厚的山腹生长良好。

5. 繁殖与栽培：播种繁殖。采种时选择30~50年生，树干通直，枝叶繁茂，无病虫害的健壮母树。于10~11月间，当果实由绿色变为黄褐色，成熟脱落地面时采收，辽东栎种实含水量高，落地后容易发芽，或被兽类窃食，应及时采收。最初落地的种实大多不太饱满或受虫蛀，品质较差，采收时应注意筛选。刚采收的种实含水量高，随意堆放会导致发芽、发热或霉烂，需要摊开阴干，过度干燥则子叶皱缩与果皮脱离，影响种子品质。用55℃温水浸种10min，可杀死种内象鼻虫。经杀虫处理后的种子，摊在不受阳光直射的干燥地方晾干，即可播种或贮藏。少量种子可在室内混沙贮藏，大量种子需要露天混沙湿藏。育苗时选择地势高燥、有排灌条件的沙壤土作圃地，深耕细作，施足基肥。播种期根据地区情况，冬播或春播，一般以春播为主。种子大小不一，播种前最好进行粒选，分别育苗，以提高苗木质量。育苗方式有大田条播和苗床式条播、容器育苗三种。苗床式条播的条距15~20cm，播种时，可在成林中挖取带菌土拌入栎实中或撒在播种沟内，种实最好横放，以利发芽扎根，每米长的播种沟内，可均匀播下种子15~20粒，每亩播种量为200~300kg，每亩产苗量2万~3万株。春播后经3周左右，幼苗即可出土，出苗前要注意防止兽害，出苗后及时进行中耕除草、追肥，防止蚜虫和白粉病危害；为了培育须根多的苗木，可在幼苗时切断主根，以促进侧、须根的生长。1年生苗高30~40cm，地径6mm~1cm，即可出圃应用。

6. 应用：目前，辽东栎在我国主要应用于造林和饲料加工，在园林绿化中应用极少。该树种具有分布范围广、适应性强、叶形奇特美观、叶色翠绿油亮、枝叶稠密、秋季季相变化明显等诸多优点。因其良好的观赏性，可孤植于公园、草地等场所；因其树形高大，可列植于街道两侧或孤植于庭院中，浓密的树冠可供遮阴纳凉；孤植或丛植于高尔夫球场的边缘，能够很好地发挥绿化点缀作用；因其根系发达、耐瘠薄、抗性强等特点，可片植作为荒山丘陵绿化及生态林建设之用。总之，辽东栎是一种适应范围广、抗性强、利用价值高的野生观赏树种，作为乡土树种合理地开发利用，必将为园林绿化发挥重要作用。

四十一、青　檀

1. 学名：*Pteroceltis tatarinowii Maxim.*

2. 科属：榆科，青檀属

3. 形态特征：落叶乔木；树皮淡灰色，裂成长片脱落。叶卵形或椭圆状卵形，边缘有锐锯齿，具三出脉，侧脉在近边缘处弧曲向前，上面无毛或有短硬毛，下面脉腋常有簇生毛。花单性，雌雄同株，生于叶腋；雄花簇生，雌花单生。翅果近方形或近圆形（见彩图88）。

4. 生态习性：阳性树种，喜光，抗干旱、耐盐碱、耐土壤瘠薄，耐旱，耐寒，−35℃无冻梢。不耐水湿。根系发达，对有害气体有较强的抗性。生长速度中等，萌蘖性强，寿命长。

5. 繁殖与栽培：播种繁殖。果熟后易脱落飞散，要适时采种。青檀6月开花，9~10月种子成熟，9月中、下旬即处暑至白露期间采收最佳，阳坡相对早采。采收的种子在阳光下晒 2～3h，干燥后即在室内通风 1～2d，然后装袋，贮存于阴凉、干燥、通风的室内。青檀种子具有生理休眠特性，因此需要低温层积或变温层积解除种子休眠。种子处理后，采取高床育苗，播种时间为每年 3 月。以条播为宜，便于松土除草，条播行距 25cm，沟深 2cm，覆土以不见种子为宜，覆土后立即盖草，播后约 20d 发芽出土，1 个月后若出苗不均，可选阴天移密补稀。幼苗出土后要及时松土除草，当年至少 6～7 次，5～6 月结合松土追施薄肥，以混合肥为好。由于青檀苗木根系发达，特别是主根较长，起苗时应尽量少伤根系，苗木假植时间不宜过长，以免影响成活率。

6. 应用：青檀是珍贵稀少的乡土树种，树形美观，树冠球形，树皮暗灰色，片状剥落，千年古树蟠龙穹枝，形态各异，秋叶金黄，季相分明，极具观赏价值。可孤植、片植于庭院、山岭、溪边，也可作为行道树成行栽植，亦可栽作庭荫树，是不可多得的园林景观树种；青檀寿命长，耐修剪，也是优良的盆景观赏树种。

四十二、柘 树

1. 学名：*Cudrania tricuspidata（Carr.）Bur. ex Lavalle*

2. 科属：桑科，柘属

3. 形态特征：落叶灌木或小乔木，高达 8m，树皮淡灰色，成不规则的薄片状剥落；幼枝有细毛，后脱落，有硬刺。叶卵形或倒卵形，顶端锐或渐尖，基部楔形或圆形。花排列成头状花序，单生或成对腋生。聚花果近球形，红色。花期 6 月，果熟期 9～10 月（见彩图 89）。

4. 生态习性：喜光亦耐阴。耐寒，喜钙土树种，耐干旱瘠薄，多生于山脊的石缝中，适生性很强。生于较阴蔽湿润的地方，则叶形较大，质较嫩；生于干燥瘠薄之地，叶形较小，先端常 3 裂。根系发达，生长较慢。

5. 繁殖与栽培：繁殖用播种、扦插或分蘖法均可。

6. 应用：柘树叶秀果丽，适应性强，可在公园的边角、背阴处、街头绿地作庭荫树或刺篱。繁殖容易、经济用途广泛，是风景区绿化荒滩保持水土的先锋树种。

四十三、木 棉

1. 学名：*Bombax malabaricum DC.*

2. 科属：木棉科，木棉属

3. 形态特征：落叶大乔木，高可达 25m，树皮灰白色，幼树的树干通常有圆锥状的粗刺；分枝平展。掌状复叶，小叶 5～7 片，长圆形至长圆状披针形，顶端渐尖，基部阔或渐狭，全缘，两面均无毛；托叶小。花单生于枝顶叶腋，通常为红色，有时为橙红色；花柱长于雄蕊。蒴果长圆形，密被灰白色长柔毛和星状柔毛；种子多数，倒卵形，光滑。花期 3～4 月，果夏季成熟（见彩图 90）。

4. 生态习性：喜温暖干燥和阳光充足的环境。不耐寒，稍耐湿，忌积水。耐旱，抗污染、抗风力强，深根性、速生，萌芽力强。生长适温 20～30℃，冬季温度不低于 5℃，以深厚、肥沃、排水良好的中性或微酸性沙质土壤为宜。

5. 繁殖与栽培：播种繁殖。蒴果成熟后易爆裂，种子随棉絮飞散，故要在果实开裂前采收。一般要求采后当年及时播种。苗床育苗采用条播和撒播。嫁接繁殖时，从已开花的木棉母树上选择两年生的生长健壮、充实、芽体饱满、无病虫害的当年未花枝条作接穗、最好随采随用。木棉嫁接时采用单芽切接较好。对嫁接成活的苗木，要随时除去砧木上的萌芽，以便养分集中供给已经嫁接成活的新梢。

6. 应用：木棉树形高大雄伟，树冠整齐，多呈伞形，早春先叶开花，如火如荼，十分美艳。在华南各城市常栽作行道树、庭荫树及庭园观赏树。木棉是广州的市花，也是华南干热地区重要造林树种。

四十四、水　曲　柳

1. 学名：*Fraxinus mandschurica Rupr.*

2. 科属：木犀科，梣属

3. 形态特征：乔木，高达30m；小枝略呈四棱形，无毛，有皮孔。叶长25～30cm，叶轴有狭翅；小叶7～11枚，无柄或近于无柄，卵状矩圆形至椭圆状披针形，顶端长渐尖，基部楔形或宽楔形。圆锥花序生于去年生小枝上，花序轴有狭翅；花单性异株，无花冠。翅果扭曲，矩圆状披针形。花期4～5月。翅果8月开始成熟（见彩图91）。

4. 生态习性：为阳性树种，喜光，耐寒，喜肥沃湿润土壤，生长快，抗风力强，耐水湿，适应性强，较耐盐碱，在湿润、肥沃、土层深厚的土壤上生长旺盛。

5. 繁殖与栽培：播种繁殖。播种时间为春播。种子属于长休眠期种子，需经催芽处理才能出苗。当年苗高在20～30cm，水曲柳要在秋季掘苗，在气温稳定、地温降低到0℃以下假植越冬。水曲柳不宜营造纯林，宜与落叶松进行混交，栽植顺序为先水曲柳后落叶松，栽植时做到深埋、踩实，使根土密接，避免窝根。

6. 应用：树体端正，树干通直，枝叶繁茂而鲜绿，秋叶橙黄，是优良的行道树和绿荫树，还可用于河岸和工矿区绿化。

第三章

独赏树

<<<<<

独赏树又称为孤植树、标本树、赏形树或独植树。能够独立成为景物供观赏用，主要表现树木的形体美。适宜作独赏树的树种，一般需树木高大雄伟，树形优美，具有特色，且寿命较长，可以是常绿树，也可以是落叶树，通常会选用具有美丽的花、果、树皮或叶色的种类。适于作独赏树的树冠应开阔宽大，呈圆锥形、尖塔形、垂枝形、风致形或圆柱形等。

定植的地点以在大草坪上最佳，或植于广场中心、道路交叉口或坡路转角处。在独赏树的周围应有开阔的空间，最佳的位置是以草坪为基底，以天空为背景的地段。

一般采用单独种植的方式，但也偶有用2～3株合栽成一个整体树冠的，如西府海棠等。常用的种类有雪松、南洋杉、松、柏、银杏、玉兰、凤凰木、槐、垂柳、樟、栎类等。如雪松，树冠圆锥形，树枝平展，叶如白雪覆盖，独具特色，具有美感；银杏树卵圆形树冠，短枝和叶形具有较高的独立观赏价值；花椒赏其满树银花，红果累累，光彩夺目；槭树叶色富于变化，秋叶由黄变红，赏其叶色的美丽等。

在管理上，如有较大损伤应及时施行外科手术以保持自然树冠的完整，注意树干下的土面，勿践踏过实；如属纪念树或古树名木应竖立说明牌；在人流过多处，应视树种、根盘及树冠的直径范围的大小，在树干周围留出保护距离。

一、罗　汉　松

1. 学名： *Podocarpus macrophyllus*（*Thunb.*）*D. Don*

2. 科属： 罗汉松科，罗汉属

3. 形态特征： 常绿乔木，高达20m，胸径达60cm；树冠广卵形；树皮灰色，浅裂，呈鳞片状脱落。枝条较短而横斜密生。叶条状披针形，叶端尖，两面中脉显著而缺侧脉，叶表暗绿色，有光泽，叶背淡绿或粉绿色，叶螺旋状互生。雄球花3～5簇生于叶脉；雌球花单生于叶腋。种子卵形，未熟时绿色，熟时紫色，外被白粉，着生于膨大种托上；种托肉质，椭圆形，初时为深红色，后变为紫色。子叶2，发芽时出土。花期4～5月；种子8～11月成熟（见彩图92）。

4. 生态习性： 较耐阴，为半耐阴树种；喜排水良好而湿润的沙质壤土，又耐潮风，在海边也能生长良好。耐寒性较弱，在华北只能盆栽，培养土可用沙和腐殖土等量配合。本种抗病虫害能力较强。对多种有毒气体抗性较强。寿命很长。

5. 繁殖与栽培：可用播种及扦插法繁殖，种子发芽率 80%～90%；扦插时以在梅雨季节时进行为好，易生根。定植时，如是壮龄以上的大树，需在梅雨季带土球移植。罗汉松因较耐阴，故下枝繁茂亦很耐修剪。

6. 应用：常应用于独赏树、室内盆栽、花坛花卉。由于罗汉松树形古雅，种子与种柄组合奇特，惹人喜爱，南方寺庙、宅院多有种植。可门前对植，中庭孤植，或于墙垣一隅与假山、湖石相配。斑叶罗汉松可作花台栽植，亦可布置花坛或盆栽陈于室内欣赏。小叶罗汉松还可作为庭院绿篱栽植。

二、白 皮 松

1. 学名：*Pinus bungeana Zucc. et Endi*

2. 科属：松科，松属

3. 形态特征：常绿乔木，高可达 30m，有时多分枝而缺主干。树干不规则薄鳞片状剥落后留下大片黄白色斑块，老树树皮乳白色。针叶 3 针 1 束，长 5～10cm，叶鞘早落。花期4～5 月，球果第二年 10～11 月成熟（见彩图 93）。

4. 生态习性：喜光，适应干冷气候，耐瘠薄和轻盐碱土壤，对二氧化硫及烟尘抗性强；生长缓慢，寿命可长达千年以上。

5. 繁殖与栽培：白皮松一般多用播种繁殖。早春解冻后立即播种，可减少松苗立枯病。由于怕涝，应采用高床播种。小苗主根长，侧根稀少，故移栽时应少伤侧根，否则易枯死。嫁接繁殖时，如采用嫩枝嫁接繁殖，应将白皮松嫩枝嫁接到油松大龄砧木上。白皮松嫩枝嫁接到 3～4 年生油松砧木上，一般成活率可达 85%～95%，且亲和力强，生长快。接穗应选生长健壮的新梢，其粗度以 0.5cm 为好。二年生苗裸根移植时要保护好根系，避免其根系吹干损伤，应随掘随栽，以后每数年要转垛一次，以促生须根，有利于定植成活。移植以初冬休眠时和早春开冻时最佳，用大苗时必须带土球移植。

6. 应用：其树姿优美，树皮奇特，可供观赏。白皮松在园林配置上用途十分广阔，它可以孤植、对植，也可丛植成林或作行道树，均能获得良好效果。它适于庭院中堂前、亭侧栽植，使苍松奇峰相映成趣，颇为壮观。干皮斑驳美观，针叶短粗亮丽，是一个不错的历史园林绿化传统树种，又是一个适应范围广泛、能在钙质土壤和轻度盐碱地生长良好的常绿针叶树种。

三、油 松

1. 学名：*Pinus tabulaeformis Carr.*

2. 科属：松科，松属

3. 形态特征：树高达 30m；干皮深灰褐色或褐灰色，鳞片状裂，老年树冠常成伞形；冬芽灰褐色。针叶 2 针 1 束，较粗硬。长 6.5～15cm，树脂道边生。球果鳞背隆起，鳞脐有刺。花期 4～5 月，球果第二年 10 月成熟（见彩图 94）。

4. 生态习性：强阳性，耐寒，耐干旱、瘠薄的土壤，在酸性、中性及钙质土上均能生长；深根性，生长速度中等，寿命可长达千年以上。

5. 繁殖与栽培：油松播种繁殖时，采种时应选 15～40 年生树冠匀称、干形通直、无病虫害的健壮母树。可在 11 月下旬至 12 月上旬球果由绿色转为栗褐色，鳞片尚未开裂时采集。用人工加热法或日晒使种脱粒，将采集到的种子经过筛选、风选，晾干，装入袋中，置于通风干燥处贮藏。春季播种时间要适当提早，最好在 2 月下旬至 3 月上旬，最迟不超过 3 月底。播种方式为条播。

油松扦插繁殖时，宜于秋季进行。插穗采自 2～3 生的幼树，选取的部位一般是侧枝的顶梢或者修剪后的萌芽枝。

6. 应用：油松可与快长树成行混交植于路边，其优点是油松的主干挺直，分枝弯曲多姿，杨柳作它的背景，树冠层次有别，树色变化多，街景丰富。在古典园林中作为主要景物，以一株即成一景者极多，至于三五株组成美丽景物者更多，其他作为配景、背景、框景等用者屡见不鲜。在园林配植中，除了适于独植、丛植、纯林群植外，亦宜成行混交种植。

四、侧　　柏

1. 学名： *Platycladus orientalis （L.） Franco*

2. 科属：柏科，侧柏属

3. 形态特征：常绿乔木，高达 20m；小枝片竖直排列。叶鳞片状，长 1～3mm，先端微钝，对生，两面均为绿色。球果卵形，长 1.5～2cm，褐色，果鳞木质而厚，先端反曲；种子无翅。花期 3～4 月，球果 10 月成熟（见彩图 95）。

4. 生态习性：喜光，耐干旱瘠薄和盐碱地，不耐水涝；能适应干冷气候，也能在暖湿气候条件下生长；浅根性，侧根发达；生长较慢，寿命长。为喜钙树种，是长江以北、华北石灰岩山地的主要造林树种之一。耐修剪，在华北园林中常作绿篱材料。

5. 繁殖与栽培：播种繁殖。种子采集时，要选择 20～50 年生的树木作为母树，当球果果鳞由青绿色变为黄绿色，果鳞微裂时，应立刻进行采种。播种前为使种子发芽迅速、整洁，最好进行催芽处理。侧柏适于春播，但因各地天气条件的差异，播种时间也不相同。侧柏种子空粒较多，通常经过水选、催芽处理后再播种。幼苗生长期要适当控制注水，以促进根系生长发育。侧柏苗木越冬要进行苗木防寒。侧柏苗木多二年出圃，翌春移植。依据各地经验，以早春 3～4 月移植成活率较高，可达 95％以上。

6. 应用：可用于行道、亭园、大门两侧、绿地周围、路边花坛及墙垣内外，均极美观。小苗可用于绿篱、隔离带、围墙点缀。在城市绿化中是常用的植物，侧柏对污浊空气具有很强的耐力，在市区街心、路旁种植，生长良好，不碍视线，吸附尘埃，净化空气。侧柏丛植于窗下、门旁，极具点缀效果。夏绿冬青，不遮光线，不碍视野，尤其在雪中更显生机。侧柏配植于草坪、花坛、山石、林下，可增加绿化层次，丰富观赏美感。它耐污染性、耐寒性、耐干旱的特点在北方绿化中得以很好的发挥。

五、龙　　柏

1. 学名： *Sabina chinensis （L.） Ant.cv.Kaizuca*

2. 科属：柏科，圆柏属

3. 形态特征：常绿小乔木，可达 4～8m。喜充足的阳光，适宜种植于排水良好的沙质土壤上。树皮呈深灰色，树干表面有纵裂纹。树冠圆柱状。叶大部分为鳞状叶，少量为刺形叶，沿枝条紧密排列成十字对生。花单性，雌雄异株，于春天开花，花细小，淡黄绿色，并不显著，顶生于枝条末端。浆质球果，表面披有一层碧蓝色的蜡粉，内藏两颗种子（见彩图 96）。

4. 生态习性：喜阳，稍耐阴。喜温暖、湿润的环境，抗寒。抗干旱，忌积水，排水不良时易产生落叶或生长不良。适生于干燥、肥沃、深厚的土壤，对土壤酸碱度适应性强，较耐盐碱。对氧化硫和氯抗性强，但对烟尘的抗性较差。

5. 繁殖与栽培：嫁接时，常用 2 年生侧柏或圆柏作砧木，接穗选择生长健壮的母树侧枝顶梢。露地嫁接于 3 月上旬进行，室内嫁接则可提前至 1～2 月，但接后须假植保暖，3 月中下旬再移栽圃地。扦插繁殖时，有硬枝和半熟枝扦插两种。休眠枝扦插又有春插和初冬插之分。春插于 2 月下旬至 3 月中旬进行，初冬插于 11 月上中旬进行。插后用薄膜覆盖，保温、保湿，可促进愈合和提早生根。半熟枝扦插在 8 月中旬至 9 月上旬进行。扦插初期忌阳光直射，需全日阴蔽，待愈合后早晚逐渐增加光照。龙柏移植在 2 月中旬至 3 月下旬或 11 月上旬至 12 月上旬进行，带泥球移植。

6. 应用：龙柏树形优美，枝叶碧绿青翠，是公园篱笆绿化的首选苗木，多被种植于庭园作美化用途。应用于公园、庭园、绿墙和高速公路中央隔离带。龙柏移栽成活率高，恢复速度快，是园林绿化中使用最多的灌木，其本身清脆油亮，生长健康旺盛，观赏价值高。

六、圆　　柏

1. 学名：_Sabina chinensis_（_L._）_Ant._

2. 科属：柏科，圆柏属

3. 形态特征：乔木，高达 20m；干皮条状纵裂，树冠圆锥形变广圆形。叶二型：成年树及老树以鳞叶为主，鳞叶先端钝；幼树常为刺叶，长 0.6～1.2cm，上面微凹，有两条白色气孔带。果球形，径 6～8mm，褐色，被白粉，翌年成熟，不开裂（见彩图 97）。

4. 生态习性：喜光树种，较耐阴，喜温凉、温暖的气候及湿润的土壤。忌积水，耐修剪，易整形。耐寒、耐热，对土壤要求不严，能生于酸性、中性及石灰质土壤上，对土壤的干旱及潮湿均有一定的抗性。但以在中性、深厚而排水良好处生长最佳。深根性，侧根也很发达。生长速度中等而较侧柏略慢，25 年生者高 8m 左右。寿命极长。对多种有害气体有一定的抗性，防尘和隔声效果良好。

5. 繁殖与栽培：扦插繁殖时，圆柏也可行软材（6 月插）或硬材（10 月插）扦插法繁殖，于秋末用 50cm 长的粗枝行泥浆扦插法，成活率颇高。插条要用侧枝上的正头，长约 15cm。压条繁殖时，选取健壮的枝条，从顶梢以下 15～30cm 处把树皮剥掉一圈，剥后的伤口宽度在 1cm 左右，深度以刚刚把表皮剥掉为限。剪取一块长 10～20cm、宽 5～8cm 的薄膜，上面放些淋湿的园土，像裹伤口一样把环剥的部位包扎起来，薄膜的上下两端扎紧，中间鼓起，约四到六周后生根。生根后，把枝条边的根系一起剪下，就成了一棵新的植株。要避免在苹果、梨园等附近种植，以免发生梨锈病。

6. 应用：圆柏幼龄树树冠整齐，圆锥形，树形优美，大树干枝扭曲，姿态奇古，可以独树成景，是中国传统的园林树种。耐修剪又有很强的耐阴性，故作绿篱比侧柏优良，下枝不易枯，冬季颜色不变为褐色或黄色，且可植于建筑之北侧阴处。其树形优美，青年期呈整齐的圆锥形，老树则干枝扭曲，"清"、"奇"、"古"、"怪"各具幽趣。可以群植于草坪边缘作背景，或丛植于片林、镶嵌树丛的边缘、建筑附近，在庭园中用途极广，可作绿篱、行道树，还可以作桩景、盆景材料。

七、北美香柏

1. 学名：_Thuja standishii_（_Gord._）_Carr._

2. 科属：柏科，崖柏属

3. 形态特征：乔木，在原产地高达 20m；树皮红褐色或橘红色，稀呈灰褐色，纵裂成条状块片脱落；枝条开展，树冠塔形；当年生小枝扁，2～3 年后逐渐变成圆柱形。叶鳞形，先端尖，小枝上面的叶为绿色或深绿色，下面的叶为灰绿色或淡黄绿色。球果幼时直立，绿色，后呈黄绿色、淡黄色或黄褐色，成熟时为淡红褐色。种子扁，两侧具翅（见彩图 98）。

4. 生态习性：喜光，耐阴，对土壤要求不严，能生长于湿润的碱性土中。耐修剪，抗烟尘和有毒气体的能力强。生长较慢，寿命长。

5. 繁殖与栽培：常用扦插繁殖，亦可播种和嫁接。此处主要介绍硬枝扦插的方法。插床以细河沙为扦插基质，厚度为 20cm。扦插前 1d 用 800 倍多菌灵对插床进行消毒，扦插当日浇透水。将插穗剪成 8～12cm 长，剪去插穗基部 3cm 的侧枝。扦插时，插穗的行距为 10cm，株距为 5cm。扦插时为了避免擦伤插穗的皮层，采用玻璃棒引洞。扦插深度为 3～4cm，插后将插穗周围土稍加压实并浇透水，扦插后采用自动间歇喷雾装置保持空气湿度在 90% 左右，每隔 1 周于傍晚给插穗喷多菌灵 1 次。及时除草，以减少幼苗与杂草争肥争水。

6. 应用：北美香柏树冠优美整齐，园林上常作园景树点缀装饰树坛，丛植于草坪一角，亦适合作绿篱。

八、南 洋 杉

1. 学名：*Araucaria cunninghamii Sweet*

2. 科属：南洋杉科，南洋杉属

3. 形态特征：常绿乔木，高达 60～70m；大枝轮生，侧生小枝羽状排列并下垂。老树的叶为卵形、三角状卵形或三角形；幼树叶为锥形，通常上下扁，上面无明显棱脊。球果大，果鳞木质。每果鳞仅有一粒种子（见彩图 99）。

4. 生态习性：南洋杉，喜光，幼苗喜阴。喜暖湿气候，不耐干旱与寒冷。喜土壤肥沃。生长较快，萌蘖力强，抗风能力强。冬季需充足阳光，夏季避免强光暴晒，怕北方春季干燥的狂风和盛夏的烈日，在气温 25～30℃、相对湿度 70% 以上的环境条件下生长最佳。

5. 繁殖与栽培：播种繁殖，但种子发芽率低，最好在播前先将种皮破伤，以促进发芽，否则常会因发芽迟缓而导致腐烂。也可行扦插繁殖，插条应选自主轴或用徒长枝，如选用侧枝作插穗则插活后的苗木体形不易整正。

6. 应用：南洋杉树形高大，姿态优美，它和雪松、日本金松、北美红杉、金钱松被称为是世界 5 大公园树种。宜独植作为园景树或作纪念树，亦可作行道树。但以选无强风地点为宜，以免树冠偏斜。

九、雪 松

1. 学名：*Cedrus deodara（Roxburgh）G. Don*

2. 科属：松科，雪松属

3. 形态特征：常绿乔木，在原产地高达 75m，树冠圆锥形；大枝平展，小枝略下垂。叶针形，长 2.5～5cm，横切面三角形，灰绿色，在长枝上散生，在短枝上簇生。球果长 7～12cm，翌年成熟，果鳞脱落（见彩图 100）。

4. 生态习性：喜光，稍耐阴，喜温和凉润气候，有一定的耐寒性，对过于湿热的气候适应能力较差；不耐水湿，较耐干旱瘠薄，但以深厚、肥沃、排水良好的酸性土壤生长最好；浅根性，抗风力不强；抗烟害能力差，幼叶对二氧化硫和氟化氢极为敏感。

5. 繁殖与栽培：一般用播种和扦插繁殖。播种可于3月中下旬进行，也可提早播种，以增加幼苗的抗病能力。幼苗期需注意遮阴。一年生苗可达30～40cm高，翌年春季即可移植。扦插繁殖在春、夏两季均可进行。春季宜在3月20日前，夏季以7月下旬为佳。春季，剪取幼龄母树的一年生粗壮枝条，用生根粉或500mg/L萘乙酸处理，能促进生根。然后将其插于透气良好的沙壤土中，充分浇水，搭双层荫棚遮阴。夏季宜选取当年生半木质化枝为插穗。

6. 应用：雪松是世界著名的庭园观赏树种之一，它具有较强的防尘、减噪与杀菌能力，也适宜用作工矿企业绿化树种。雪松树体高大，树形优美，最适宜孤植于草坪中央、建筑前庭中心、广场中心或主要建筑物的两旁及园门的入口等处。其主干下部的大枝自近地面处平展，长年不枯，能形成繁茂雄伟的树冠，此外，列植于园路的两旁，形成甬道，亦极为壮观。

十、日 本 金 松

1. 学名：*Sciadopitys verticillata*（*Thunb.*）*Sieb. et Zucc.*

2. 科属：杉科，金松属

3. 形态特征：常绿乔木，原产地高达40m；枝叶密生，树冠圆锥形。叶线形扁圆，两面中央均有一沟槽，背面有2条白色气孔线，20～30枚轮状簇生于枝端；嫩枝上有小鳞叶散生。球果果鳞木质，每个发育的果鳞有种子5～9粒（见彩图101）。

4. 生态习性：喜光树种，有一定的耐寒能力，在庐山、青岛及华北等地均可露地过冬，喜生于肥沃深厚壤土上，不适于过湿及石灰质土壤。

5. 繁殖与栽培：繁殖可用种子、扦插或分株法，但种子发芽率低。扦插繁殖法，选择插床时，由于金松是阴性树种，故插床不宜设置在阳光直射的地方。因此，选择林下灌溉方便、土层深厚、排水良好的地方作床是适宜的。在插床整地时，要深翻细耙，清除草根、石块。插床用细沙和腐殖质土混合，pH值调整至5.5～6。然后作畦，畦宽80～100cm，长200～500cm，高10～15cm，畦面要求平整。因在树下作床，插床可根据地形而定。从母树上采条时，选择一年生粗壮的枝条，并带有二年轮生的节，从节下0.5cm处平剪，采条长度为13～16cm。也可根据枝条一年生长量而定。插穗剪好后，捆扎成把，放置清水里浸2～3h，一方面可以除去部分油脂，另一方面便于枝条吸收水分，然后用高浓度的生长激素快速处理5s，取出放在清水里漂洗一下。一般扦插时间以3～4月为宜，即当树液流动或开始流动时进行。扦插方法是将经过生长激素处理的插穗，按株行距15cm×15cm直插，入土深度8～10cm时用手按实，浇透水，使插穗与土壤紧密结合。日本金松扦插后，调节温度、湿度和控制水分的管理是提高成活率的关键。日本金松移栽成活较易，病虫害也较少。

6. 应用：其树体高大，秀丽苍翠，树型端正优美，叶色鲜艳，具有很高的观赏价值，与雪松、南洋杉被誉为世界三大庭院观赏树种。又是著名的防火树，日本常于防火道旁列植为防火带。中国引入栽培作庭园树、木材。

十一、日本五针松

1. 学名：*Pinus parviflora Siebold et Zuccarini*

2. 科属：松科，松属

3. 形态特征：原产地树高达30余米，引入我国常呈灌木状小乔木，高2～5m；小枝有毛。针叶 5 针 1 束，细而短，长 3～6(10)cm，因有明显的白色气孔线而呈蓝绿色，稍弯曲。种子较大。其种翅短于种子长（见彩图 102）。

4. 生态习性：阳性树，但比赤松及黑松耐阴。喜生于土壤深厚、排水良好、适当湿润之处，在阴湿之处生长不良。虽对海风有较强的抗性，但不适于沙地生长。生长速度缓慢。不耐移植，移植时不论大小苗均需带土球。耐整形。

5. 繁殖与栽培：用种子、嫁接或扦插繁殖。种子每千克约 8400 粒，播法同一般松属植物。种子不易采得，嫁接繁殖时，多用切接法，腹接亦可，砧木用 3 年生黑松实生苗；如用赤松作砧木，则生长不良。用扦插繁殖时，可于 3 月下旬选剪一年生枝带一小部分老枝，插于半阴无风之处；经常向叶部喷雾，经 30 天后如叶不凋枯，则可望发根。以后逐渐使其接受阳光，当年可发新芽。

6. 应用：日本五针松姿态苍劲秀丽，松叶葱郁纤秀，富有诗情画意，集松类树种气、骨色、神之大成，是名贵的观赏树种。孤植配奇峰怪石，整形后在公园、庭院、宾馆作点景树，适宜与各种古典或现代的建筑配植。可列植于园路两侧作园路树，亦可在园路转角处两三株丛植。最宜与假山石配植成景，或配以牡丹，或配以杜鹃，或以梅为侣，或以红枫为伴。

十二、北美红杉

1. 学名：*Sequoia sempervirens*（D. Don）*Endl.*

2. 科属：杉科，北美红杉属

3. 形态特征：常绿大乔木，原产地高达 120m，干径 8～10m；干皮松软，红褐色。侧枝上的叶线形扁平，表面暗绿色，中肋下凹，背面有 2 条白色气孔带，羽状二裂；主枝上的叶卵状长椭圆形，螺旋状排列。球果当年成熟，果鳞盾状，15～20 片（见彩图 103）。

4. 生态习性：喜温暖湿润和阳光充足的环境，不耐寒，耐半阴，不耐干旱，耐水湿，生长适温 18～25℃，冬季能耐 -5℃ 低温，短期可耐 -10℃ 低温，土壤以土层深厚、肥沃、排水良好的壤土为宜。

5. 繁殖与栽培：播种繁殖时，秋季果实成熟，干燥 2～4 周，剥出种子，贮藏于 4℃ 的密闭容器内，翌年春播。播后 25～30d 发芽，幼苗在 2 个月内需遮阴，苗高 15cm 时移栽。扦插繁殖时，在 5～6 月梅雨季节进行。剪取半木质化嫩枝，长 12～15cm，插入沙床，插后 30～40d 愈合生根。分株繁殖时，母株根际周围常萌蘖小株，可挖取直接栽植。种苗移栽以春季萌芽前最好。生长过程中，除剪除根际萌蘖之外，一般不需修剪，保持株形优美。每年增施亚硫酸铁，否则叶片易发生黄化。

6. 应用：北美红杉树姿雄伟，枝叶密生，生长迅速。适用于湖畔、水边、草坪中孤植或群植，景观秀丽，也可沿园路两边列植，气势非凡。

十三、金 钱 松

1. 学名：*Pseudolarix amabilis*（J. Nelson）*Rehder*

2. 科属：松科，金钱松属

3. 形态特征：落叶乔木，高可达 40m；树冠圆锥形；有明显的长短枝。叶线形，扁平，柔软而鲜绿，在长枝上螺旋状排列，在短枝上轮状簇生，入秋变黄如金钱。雄球花簇生。球果当年成熟，果鳞木质，熟时脱落（见彩图 104）。

4. 生态习性：强阳性，喜温暖多雨气候及深厚、肥沃的酸性土壤，耐寒性不强；深根性。抗风力强，生长较慢。

5. 繁殖与栽培：扦插或播种繁殖。金钱松系落叶乔木，其繁殖技术以扦插为主，也可播种。扦插于春季或秋季进行，尤其在早春扦插成活率较高，一般可达 85％以上。利用 10 年生以下幼树枝条扦插，成活率可达 70％。播种繁殖时，采种应选 20 龄以上生长旺盛的母树，在球果尚未充分成熟时要及早采收。苗圃土壤应接种菌根。移植宜在萌芽前进行，应注意保护并多带菌根。中小苗移栽多带土，大苗必须带泥球起掘。

6. 应用：树姿优美，叶在短枝上簇生，辐射平展成圆盘状，似铜钱，深秋叶色金黄，极具观赏性。本树为珍贵的观赏树木之一，与南洋杉、雪松、金松和北美红杉合称为世界五大公园树种。可孤植、丛植、列植或用于风景林。

十四、青　杆

1. 学名：*Picea wilsonii Mast.*

2. 科属：松科，云杉属

3. 形态特征：树高可达 50m；小枝细，色较浅，淡灰黄或淡黄色，通常无毛，基部宿存的芽鳞紧贴小枝。针叶较短，长 0.8～1.3cm，横切面菱形或扁菱形，四面均为绿色，先端尖。球果长 4～7cm，成熟前为绿色（见彩图 105）。

4. 生态习性：性强健，适应力强，耐阴性强，耐寒，喜凉爽湿润的气候，喜排水良好、适当湿润的中性或微酸性土壤，亦常与白桦、红桦、臭冷杉、山杨等混生。

5. 繁殖与栽培：种子繁殖，生长缓慢，自然界中 50 年生高 6～11m，干径 8～18cm。播种繁殖时，一般在 4 月 20 日左右，地表温度 10℃以上就可播种，气温在 14～20℃出得快，15d 就可出齐。适时早播可提早出苗，增强苗木抗害力，延长生育期，促进苗木木质化。防寒是减少幼苗越冬损失率的关键措施。

6. 应用：可孤植、丛植点缀于楼前、庭院；或与其他乔、灌木搭配，以群落结构置于街道、公园；也是优良的盆景材料。

十五、白　杆

1. 学名：*Picea meyeri Rehd. et Wils.*

2. 科属：松科，云杉属

3. 形态特征：树高达 30m；小枝常有短柔毛，淡黄褐色，有白粉；小枝基部宿存芽鳞反曲或开展。针叶长 1.3～3cm，微弯曲，横切面菱形，先端微钝，粉绿色。雌雄同株；雄球花单生于叶腋，下垂；雌球花单生于侧枝顶端，下垂。球果圆柱形，幼时常为紫红色（见彩图 106）。

4. 生态习性：云杉耐阴、耐寒，喜欢凉爽湿润的气候和肥沃深厚、排水良好的微酸性沙质土壤，生长缓慢，属浅根性树种。

5. 繁殖与栽培：一般采用播种育苗或扦插育苗，在 1～5 年生实生苗上剪取 1 年生充实枝条作插穗最好，成活率最高。硬枝扦插在 2～3 月进行。嫩枝扦插在 5～6 月进行。播种期多在 3 月下旬至 4 月上旬。在种子萌发及幼苗阶段要注意经常浇水，保持土壤湿润，并适当遮阴。大苗木移植时间原则上要在苗木休眠期，即春季和秋季移植。白杆绿化大苗移植多采用带土球起苗。

6. 应用：树形端正，枝叶茂密，下枝能长期存在，最适孤植，如丛植时亦能长期保持郁闭，华北城市可较多应用，庐山等南方风景区亦有引种栽培。

十六、华北落叶松

1. 学名：*Larix principis-rupprechtii Mayr.*

2. 科属：松科，落叶松属

3. 形态特征：树高达 30m；1 年生小枝淡黄褐色，无白粉，径 1.5～2.5mm。叶长 2～3cm，宽约 1mm。雌雄同株；球花单生于短枝顶端。球果长卵圆形或卵圆形，长 2～3.5cm，熟前淡绿色，熟时淡褐色或稍带黄色，有光泽（见彩图 107）。

4. 生态习性：强阳性树，性极耐寒。对土壤的适应性强，喜深厚湿润而排水良好的酸性或中性土壤。

5. 繁殖与栽培：用种子繁殖。于 9 月采果后经摊晒、脱粒、去翅，即可干藏。通常多行春播。出苗后，如过密可适当间苗。夏季应注意防高温日灼和雨季的排水工作，否则易造成损失。1 年生苗有 2 个生长高峰，即在 7 月中下旬和 8 月下旬。

6. 应用：树冠整齐呈圆锥形，叶轻柔而潇洒，可形成美丽的风景。最适合于较高海拔和较高纬度地区配置应用。华北落叶松生长快，对不良气候的抵抗力较强，并有保土、防风的效能，可用作黄河流域高山地区及辽河上游高山地区的森林更新和荒山造林树种。

十七、龙　爪　柳

1. 学名：*Salix matsudana Koidz. f. tortuosa*（*Vilm.*）*Rehd.*

2. 科属：杨柳科，柳属

3. 形态特征：落叶灌木或小乔木，株高可达 3m，小枝绿色或绿褐色，不规则扭曲；叶互生，线状披针形，有细锯齿缘，叶背粉绿，全叶呈波状弯曲；单性异株，茉荑花序，蒴果（见彩图 108）。

4. 生态习性：阳性，耐寒，生长势较弱，寿命短。湿地、旱地皆能生长，以湿润而排水良好的土壤生长最好。生长快，春至夏季为适期。

5. 繁殖与栽培：扦插育苗为主，播种育苗亦可。扦插育苗，技术简单，方法简便，在园林育苗生产上广泛应用。扦插育苗技术如下：种条采集一般在树木落叶后到早春树液流动前，这时种条内贮藏的养分充足。采集种条时，最好从柳树良种采穗圃中选择 1～2 年生、生育健壮、无病虫害的粗壮枝条。剪取插穗应在室内和阴棚内进行，剪穗时去掉种条梢部组织不充实和未木质化的部分，越冬的插穗湿沙埋藏。扦插的时间春、秋两季均可，但在北方地区以春季扦插为主，而且早春扦插最好。每年冬季落叶后应修剪、整枝，维护树形美观；若植株过于老化，可施行强剪，促使萌发新枝叶。乔木类主干下部长出的侧枝应随时剪去，以促使其快速长高。

6. 应用：枝条盘曲，特别适合冬季园林观景，也适合种植在绿地或道路两旁。叶片和枝干常在插花中被使用。

十八、红　　枫

1. 学名：*Acer palmatum Thunb. cv. Atropurpureum*（*Van Houtte*）*Schwerim*

2. 科属：槭树科，槭属

3. 形态特征：红枫树高 2～4m，枝条多细长光滑，偏紫红色。叶掌状，5～7 深裂纹，直径 5～10cm，裂片卵状披针形，先端尾状尖，缘有重锯齿。花顶生伞房花序，紫色。翅果，翅长 2～3cm，两翅间成钝角（见彩图 109）。

4. 生态习性：性喜湿润、温暖的气候和凉爽的环境，较耐阴、耐寒，忌烈日暴晒，但春、秋季也能在全光照下生长。对土壤要求不严，适宜在肥沃、富含腐殖质的酸性或中性沙壤土中生长，不耐水涝。红枫喜光但怕烈日，属中性偏阴树种。

5. 繁殖与栽培：红枫播种变异大，主要用嫁接和扦插繁殖。嫁接繁殖宜用 2～4 年生的鸡爪槭实生苗作砧木。初夏是枝条生长旺期，利用红枫当年生向阳健壮短枝上的饱满芽，带 1cm 长的叶柄作接芽。接好一周后，若叶柄一触即落，就说明已成活，否则要补接。红枫也可用扦插繁殖。扦插一般在 6～7 月梅雨时期进行。选当年生 20cm 长的健壮枝作插条，速蘸 1000mg/kg 萘乙酸粉剂，扦入蛭石或珍珠岩与塘泥各半的基质中。以后注意遮阴；喷水保湿，大约 1 个月后可陆续生根。为了使红枫在国庆前后提前呈红叶，可采用摘叶的方法进行催红。

6. 应用：红枫是一种非常美丽的观叶树种，其叶形优美，红色鲜艳持久，枝序整齐，层次分明，错落有致，树姿美观。广泛用于园林绿地及庭院做观赏树，以孤植、散植为主，宜布置在草坪中央，高大建筑物前后、角隅等地，红叶绿树相映成趣。

十九、鸡 爪 槭

1. 学名：*Acer palmatum Thunb.*

2. 科属：槭树科，槭属

3. 形态特征：落叶灌木或小乔木，高达 6～7m；枝细长光滑。叶掌状 5～9 深裂，径 5～10cm，裂片卵状披针形，先端尾状尖，缘有重锯齿，两面无毛。花紫色，子房无毛；顶生伞房花序；4～5 月开花。果翅长 2～2.5cm，展开成钝角。

4. 生态习性：鸡爪槭为弱阳性树种，耐半阴，在阳光直射处孤植夏季易遭日灼之害。喜温暖湿润的气候及肥沃、湿润而排水良好的土壤，耐寒性强，酸性、中性及石灰质土均能适应。生长速度中等偏慢（见彩图 110）。

5. 繁殖与栽培：用种子繁殖和嫁接繁殖。一般原种用播种法繁殖，而园艺变种常用嫁接法繁殖。种子繁殖时，10 月采收种子后即可播种，或用湿沙层积至翌年春播种。幼苗怕晒，需适当遮阴。移栽要在落叶休眠期进行，小苗可露根移，但大苗要带土球移。嫁接繁殖时，在砧木生长最旺盛时嫁接。嫁接可用切接、靠接及芽接等法，砧木一般常用 3～4 年生的鸡爪槭实生苗。鸡爪槭定植后，春夏间宜施 2～3 次速效肥，夏季保持土壤适当湿润，入秋后土壤以偏干为宜。

6. 应用：鸡爪槭可作行道和观赏树栽植，是较好的"四季"绿化树种。鸡爪槭是园林中名贵的观赏乡土树种。在园林绿化中，常用不同品种配置于一起，形成色彩斑斓的槭树园；也可在常绿树丛中杂以槭类品种，营造"万绿丛中一点红"的景观；植于山麓、池畔以显其潇洒、婆娑的绰约风姿；配以山石，则具古雅之趣。另外，还可植于花坛中作主景树，植于园门两侧、建筑物角隅，装点风景。

二十、柽 柳

1. 学名：*Tamarix chinensis Lour.*

2. 科属：柽柳科，柽柳属

3. 形态特征：落叶灌木或小乔木，高 2～5m；树皮红褐色，小枝细长下垂。叶细小，鳞片状，长 1～3cm，互生。花小，5 基数，粉红色，花盘 10 裂或 5 裂，苞片狭披针形或钻形。自春至秋均可开花，春季总状花序侧生于去年生枝上，夏、秋季总状花序生于当年生枝上并常组成顶生圆锥花序（见彩图 111）。

4. 生态习性：其耐高温和严寒，为喜光树种，不耐遮阴。能耐烈日暴晒，耐干又耐水湿，抗风又耐碱土，能在含盐量 1% 的重盐碱地上生长。深根性，主侧根都极发达，主根往往伸到地下水层，萌芽力强，耐修剪和刈割。生长较快，树龄可达百年以上。

5. 繁殖与栽培：柽柳的繁殖主要有扦插、播种、压条和分株以及试管繁殖。扦插育苗时，选用直径 1cm 左右的 1 年生枝条作为插条，春季、秋季均可扦插。播种育苗时，采种时，选择生长旺盛的植株，采收的果实阴干，干燥环境中贮存，以防霉烂。可随采随播。一般在夏季播种，也可以在来年春季播种。压条繁殖时，选择生长健壮的植株，10d 左右，将其与母株分离、移植。分株繁殖时，在春天柽柳萌芽前，可将其连根刨出，1 簇柽柳可分成 10 株左右，然后重新栽植。试管繁殖时，柽柳在初代培养时可以采用休眠芽作为外植体，取当年形成的直径在 3mm 左右健康无病虫害的枝条，每个节段带休眠芽。

6. 应用：柽柳枝条细柔，姿态婆娑，开花如红蓼，颇为美观。在庭院中可作绿篱用，适合植于水滨、池畔、桥头、河岸、堤防，淡烟疏树，绿荫垂条，别具风格。

二十一、玉　　兰

1. 学名：*Magnolia denudata Desr.*

2. 科属：木兰科，木兰属

3. 形态特征：落叶乔木，高达 15～20m；幼枝及芽具柔毛。叶倒卵状椭圆形，长 8～18cm，先端突尖而短钝，基部圆形或广楔形，幼时背面有毛。花大，花萼、花瓣相似，共 9 片，纯白色，厚而肉质，有香气；早春叶前开花（见彩图 112）。

4. 生态习性：喜光，有一定的耐寒性，喜肥沃、湿润而排水良好的酸性土壤，中性及微碱性土上也能生长，较耐干旱，不耐积水，生长慢。

5. 繁殖与栽培：可用播种、扦插、嫁接、压条等方法繁殖。在苗木生产上主要用嫁接繁殖，以保持母株的优良特性。嫁接需在秋分（9 月下旬）进行。春季嫁接成活率低。多采用切接，选干粗 1.5～2cm 的木兰作砧木，在离地 3～4 处剪去上部。接穗选玉兰的 1～2 年生枝条，截成 10cm 左右长，带 1～2 个芽。玉兰根系发达，不宜裸根移植。在春天 3～4 月及 9 月（秋分）均可移植，以早春发芽前 10d 或花谢后展叶前栽植最为适宜。玉兰有明显的主干，枝条愈伤能力很弱，生长速度比较缓慢，因此多不进行修剪。

6. 应用：白玉兰先花后叶，花洁白、美丽且清香，早春开花时犹如雪涛云海，蔚为壮观。古时常在住宅的厅前院后配置，名为"玉兰堂"，亦可在庭园路边、草坪角隅、亭台前后或漏窗内外、洞门两旁等处种植，孤植、对植、丛植或群植均可。对二氧化硫、氯气等有毒气体抵制抗力较强，可以在大气污染较严重的地区栽培。

二十二、木　　兰

1. 学名：*Magnolia liliflora Desr.*

2. 科属：木兰科，木兰属

3. 形态特征：落叶大灌木，高达 3～5m。叶椭圆形或倒卵状椭圆形，长 8～18cm，先端急渐尖或渐尖，基部楔形并稍下延，背面无毛或沿中脉有柔毛。花大，花瓣 6 片。外面紫色，里面近白色；萼片小，3 枚，披针形，绿色。春天（4 月）叶前开花（见彩图 113）。

4. 生态习性：喜光，较耐寒，但不耐旱。要求肥沃沙质土壤，不耐碱。怕水淹。

5. 繁殖与栽培：可用分株、压条、扦插和播种法繁殖。分株春、秋季均可进行，挖出枝条茂密的母株分别栽植，并修剪根系和短截枝条。压条繁殖时，压条可选生长良好的植株，取粗 0.5～1cm 的 1～2 年生枝作压条。播种繁殖时，9 月当转红绽裂时采收种子。经处理后，层积沙藏，于翌春播种。扦插繁殖时，扦插时间对成活率的影响很大，一般 5～6 月进行。移栽时不伤根系，小苗用泥浆沾渍，大苗栽植要带土球，挖大穴，深施肥。适当深栽可抑制萌蘖，有利生长。

6. 应用：观赏花木，木兰是中国著名的珍贵观赏植物，尤其是在寺院中常有种植，固有木笔之称；也可在深色背景前成片种植，园林效果极佳。

二十三、二乔玉兰

1. 学名：*Magnolia×soulangeana Soul.-Bod.*

2. 科属：木兰科，木兰属

3. 形态特征：落叶小乔木。叶倒卵圆形至宽椭圆形，表面绿色，具光泽，背面淡绿色，被柔毛；叶柄短，被柔毛。花先叶开放；花被片 9 枚，淡紫红色、玫瑰色或白色，具紫红色晕或条纹；雄蕊药室侧向纵裂；离生单雌蕊无毛或有毛；果为蓇葖果。花期 3～4 月；果熟期 9～10 月（见彩图 114）。

4. 生态习性：性喜阳光和温暖湿润的气候。对温度很敏感，南北花期可相差 4～5 个月，即使在同一地区，每年花期早晚变化也很大。对低温有一定的抵抗力，能在－21℃条件下安全越冬。

5. 繁殖与栽培：播种繁殖时，播种必须掌握种子的成熟期，当蓇葖转红绽裂时即采，早采不发芽，迟采易脱落。采下处理后，层积砂藏，于翌年 2～3 月播种。嫁接繁殖时，砧木通常是用紫玉兰、山玉兰等木兰属植物，方法有切接、劈接、腹接、芽接等，劈接成活率高，生长迅速。晚秋嫁接较早春嫁接成活率更有保障。扦插是紫玉兰的主要繁殖方法。扦插时间对成活率的影响很大，一般 5～6 月进行，插穗以幼龄树的当年生枝成活率最高。压条是一种传统的繁殖方法，适用于保存与发展名优品种。无性繁殖时，利用组织培养法，用二乔木兰的芽作外植体，已经在试管中培养成功。移栽时无论苗木大小，根须均需带着泥团，并注意尽量不要损伤根系，以确保成活。

6. 应用：二乔玉兰花大而艳，花开时一树锦绣，馨香满园，花朵紫中带白，白中又透出些许紫红，显得格外娇艳。因三国时期的大乔、小乔皆有倾国之色，故世人用"二乔"形容此花的娇艳出众。二乔玉兰观赏价值很高，是城市绿化的极好花木。广泛用于公园、绿地和庭园等孤植观赏。

二十四、桃

1. 学名：*Amygdalus persica L.*

2. 科属：蔷薇科，桃属

3. 形态特征：中型乔木，高 3～8m；树冠宽广而平展；树皮暗红褐色，老时粗糙呈鳞片状；小枝绿色或紫红色；叶宽披针形；花簇生，粉红色，先花后叶。3～4月开花，果实6～10月成熟（见彩图115）。

4. 生态习性： 桃树喜光，喜温暖，稍耐寒，喜肥沃、排水良好的土壤，碱性土、黏重土均不适宜。不耐水湿，忌洼地积水处栽培。根系较浅，但须根多、发达。寿命较短。

5. 繁殖与栽培： 以嫁接为主，也可用播种、扦插和压条法繁殖。扦插时，春季用硬枝扦插，梅雨季节用软枝扦插。扦插枝条必须生长健壮，充实。嫁接时，繁殖砧木多用山桃或桃的实生苗，枝接、芽接的成活率均较高。枝接在3月份芽已开始萌动时进行，芽接在7～8月进行，多用"丁"形接。播种繁殖时，采收成熟的果实，堆积捣烂，除去果肉，晾干收集纯净苗木种子即可秋播。秋播者翌年发芽早，出苗率高，生长迅速且强健。翌春播种，苗木种子需湿沙贮藏120d以上。采用条播。移植宜在早春或秋季落叶后进行。小苗可裸根或沾泥浆移植，大苗移植需带土球。

6. 应用： 桃树叶形优美，树体婆娑，花色艳丽，是优良的园林绿化树种，适合于多种环境栽植。园林中以桃柳间植于水滨形成"桃红柳绿"的景色，更是驰名于世。

二十五、山　　桃

1. 学名： *Amygdalus davidiana*（*Carr.*）*C. de Vos*

2. 科属： 蔷薇科，桃属

3. 形态特征： 落叶小乔木，高达10m；树皮暗紫色，有光泽；小枝较细，冬芽无毛。叶长卵状披针形，长5～10cm，中下部最宽。花淡粉红色，萼片外无毛；早春叶前开花。花期3～4月，果期7～8月（见彩图116）。

4. 生态习性： 喜光，耐寒，对土壤适应性强，耐干旱、瘠薄，怕涝。山桃原野生于各大山区及半山区，对自然环境适应性很强，一般土质都能生长。对土壤要求不严。

5. 繁殖与栽培： 主要以播种繁殖为主。宜种植在阳光充足、土壤沙质的地方，管理较为粗放。嫁接时，在北方多用作梅、杏、李、樱的砧木。

6. 应用： 山桃花期早，开花时美丽可观，并有曲枝、白花、柱形等变异类型。园林中宜成片植于山坡并以苍松翠柏为背景，方可充分显示其娇艳之美，在庭院、草坪、水际、林缘、建筑物前零星栽植也很合适。山桃在园林绿化中的用途广泛，绿化效果非常好，深受人们的喜爱。

二十六、紫　叶　桃

1. 学名： *Amygdalus persica L. f. atroput Purea*

2. 科属： 蔷薇科，桃属

3. 形态特征： 它株高3～5m，树皮灰褐色，小枝红褐色。单叶互生，卵圆状披针形，幼叶鲜红色。花重瓣、桃红色。核果球形，果皮有短茸毛，内有蜜汁。三月份先花后叶，果实成熟期因品种而异，通常为8～9月（见彩图117）。

4. 生态习性： 性喜光，耐旱，喜肥沃而排水良好之土壤，不耐水湿。耐寒，在北京以北地区可露地越冬。栽培简易。

5. 繁殖与栽培： 常采用嫁接繁殖。砧木以山桃为主。嫁接时间适宜选择每年的6、7月份，其中采用芽接法苗木成活率最高，也最有利于其生长。首先在嫁接前3～5d将圃地浇透水，以便剥皮操作；其次接穗宜选优良植株枝条上饱满的尖削叶芽；最后是用芽接刀进行

"丁"字形或方块状芽接，用地膜窄条绑扎，成活率可以达到95％以上。

6. 应用： 早春先花后叶，烂漫芳菲，妩媚可爱，是优良的观花树种。在山坡、水畔、石旁、墙际、庭院、草坪边俱宜栽植，也可盆栽、切花或作桩景。紫叶桃主要用于绿化工程方面，比如小区内的道路两旁、私人花园等。

二十七、紫 叶 李

1. 学名： *Prunus cerasifera Ehrhart f. atropurpurea（Jacq.）Rehd.*

2. 科属： 蔷薇科，李属

3. 形态特征： 落叶乔木，高达4m；小枝无毛。叶卵形或卵状椭圆形，长3～4.5cm，紫红色。花较小，淡粉红色，通常单生，叶前开花或与叶同放。果小，径约1.2cm，暗红色（见彩图118）。

4. 生态习性： 紫叶李喜湿润气候，耐寒力不强。喜光，亦稍耐阴。具有一定的抗旱能力。对土壤要求不严，喜肥沃、湿润的中性或酸性土壤，稍耐碱。根系较浅，生长旺盛，萌枝性强。

5. 繁殖与栽培： 紫叶李的繁殖方法主要以嫁接、扦插为主，而在苗木生产中，因为数量多，常以扦插为主，扦插时间为秋季树木落叶至地冻前为止。插穗选当年生健壮枝条，将其剪成10～15cm长的枝段作为插穗。插穗下端应剪成斜马蹄形，这样生根面会大些，有利于生根，插穗上端剪平，缩小剪截面，能有效降低插穗的水分流失。栽植紫叶李一般在春季，秋季也可进行，最好在落叶休眠期，中小苗带土移栽，大苗尽量多带土。

6. 应用： 紫叶李嫩叶鲜绿，老叶紫红，与其他树种搭配，红绿相映成趣。在园林、风景区既可孤植、丛植、群植，又可片植，或植成大型彩篱及大型的花坛模纹，又可作为城市道路的二级行道树以及小区绿化的风景树，也适植于草坪、角隅、岔路口、山坡、河畔、石旁、庭院、建筑物前面、大门广场等处。

二十八、杏

1. 学名： *Armeniaca vulgaris Lam.*

2. 科属： 蔷薇科，杏属

3. 形态特征： 落叶乔木，高达10m；小枝红褐色，无毛，芽单生。叶卵圆形或卵状椭圆形，长5～8cm，基部圆形或广楔形，先端突尖或突渐尖，缘具钝锯齿，叶柄常带红色且具2腺体。花通常单生，淡红色或近白色，花萼5，反曲，近无梗；3～4月开花。果球形（见彩图119）。

4. 生态习性： 喜光，适应性强，耐寒与耐旱力强，抗盐性较强，但不耐涝；深根性，寿命长。为低山丘陵地带的主要栽培果树。

5. 繁殖与栽培： 繁殖用播种、嫁接均可。由于杏树的品种众多，品种繁育多以实生苗作砧木（也可用桃、李的实生苗）嫁接繁殖，播种时种子需湿沙层积催芽。芽接的最佳时期为6月下旬至7月上旬。接穗应选择母本树体健壮、结果性状好、芽体饱满、枝条粗且成熟的外围新梢，接穗最好随采随用。砧穗的形成层对准是嫁接成活的关键。春秋季均可栽植，春季定植杏树的适宜期自早春土壤解冻时开始，至4月中旬为宜；秋季定植适宜期从杏树落叶至封冻前，高寒地区以春栽为宜。至少在萌芽前、开花后、秋季和土壤封冻前各灌水1次。复壮修剪必须加强土肥水管理，才能收到良好效果。

6. 应用：本种早春叶前满树繁花，美丽可观，北方栽培较普遍，故有"北梅"之称。杏可与苍松、翠柏配植于池旁湖畔或植于山石崖边、庭院堂前，具观赏性。在园林绿地中宜成林成片种植，也可作为荒山造林树种。

二十九、山　　杏

1. 学名：*Armeniaca sibirica（L.）Lam.*

2. 科属：蔷薇科，杏属

3. 形态特征：落叶小乔木，高 3～5m，有时呈灌木状。叶较小，卵圆形或近扁圆形，先端尾尖，锯齿圆钝。花单生，白色或粉红色，近无梗；叶前开花。花期3～4月，果期6～7月（见彩图120）。

4. 生态习性：适应性强，喜光，根系发达，深入地下，具有耐寒、耐旱、耐瘠薄的特点。在深厚的黄土或冲积土上生长良好；在低温和盐渍化土壤上生长不良。

5. 繁殖与栽培：播种或嫁接繁殖。播种繁殖时，山杏种壳厚，不易吸收水分，如春季播种，必须在冬季以前进行沙藏层积催芽处理，使种壳开裂，种仁膨胀后播种。如秋季播种，不须种子处理。嫁接方法和其他果树相同。起苗时要防止伤根和碰伤苗木，做到随起、随分级、随假植，防止风吹日晒，以提高苗木成活率。

6. 应用：山杏花先叶开放，春天淡红色杏花满枝，春意融融，配置于水榭、湖畔，正如"万树水边杏，照在碧波中"。还可与常绿针叶树、古树、山石等配景，也可作行道树，或栽植于公园、厂矿、机关、庭院。

三十、山　　楂

1. 学名：*Crataegus pinnatifida Bge.*

2. 科属：蔷薇科，山楂属

3. 形态特征：落叶乔木，高达 6m；小枝紫褐色，无毛或近无毛，有刺，有时无刺。叶宽卵形或三角状卵形，基部截形至宽楔形，有 3～5 个羽状深裂片，边缘有尖锐重锯齿，下面沿叶脉有疏柔毛；叶柄无毛。伞房花序有柔毛；花白色。梨果近球形，深红色（见彩图121）。

4. 生态习性：山楂喜光、耐旱、耐瘠薄，在肥沃、湿润而排水良好处生长良好，适应能力强且容易栽培。

山楂习性强健，喜阳光充足和温暖湿润的环境，稍耐阴，耐寒冷，对土壤要求不严，但在肥沃疏松、排水透气性良好的沙质土壤中生长更好。

5. 繁殖与栽培：繁殖采用播种、嫁接、分株等方法均可。由于山楂种子种皮坚硬，透水困难，而种胚又有较长的休眠性，播种后隔年才发芽，所以在播种前种子必须做沙藏处理。山楂当年生苗不能嫁接，需经 1 次移植，再培育 2～3 年才能供嫁接用。可于 3 月行枝接，8～9 月行芽接。分株可在 2～3 月与母株分离，另行栽培。移植在秋季落叶后至第二年春季萌芽前进行。

6. 应用：山楂树冠整齐，花繁叶茂，果实鲜红可爱，可以净化空气，吸收 SO_2，抗逆性和适应性较强，是优良的园林绿化树种。僧人知一曾作《吟山楂》："枝屈狰狞伴日斜，迎风昂首朴无华。从容岁月带微笑，淡泊人生酸果花。"山楂初夏开花，满树洁白，秋季红果累累，可作行道树或庭荫树。

三十一、杜　　梨

1. 学名：*Pyrus betulifolia Bge.*

2. 科属：蔷薇科，梨属

3. 形态特征：乔木，高达10m；小枝有时棘刺状，幼枝密被灰白色绒毛。叶菱状长卵形，长4～8cm，缘有粗尖齿，幼叶两面具绒毛，老叶仅背面有绒毛。花白色，花柱2～3；花序密被灰白色绒毛。果小，褐色。花期4月，果期8～9月（见彩图122）。

4. 生态习性：适生性强，喜光，耐寒，耐旱，耐涝，耐瘠薄，在中性土及盐碱土中均能正常生长，耐涝性在梨属中最强，深根性，根萌性强，寿命长。

5. 繁殖与栽培：繁殖以播种为主，亦可压条。可于秋季采种后堆放于室内，使其果肉自然发软，期间需经常翻搅，防止其腐烂，待果肉发软后，放在水中搓洗，将种子捞出，放在室内阴干，11月份土壤上冻前混沙放在室外背阴的贮藏池内，来年春季解冻，种芽露白后，及时播种，20d左右即可发芽，定植5年左右可开花。

6. 应用：不仅生性强健，对水肥要求也不严，加之其树形优美，花色洁白，在北方盐碱地区应用较广，不仅可用作防护林、水土保持林，还可用于街道庭院及公园的绿化，是值得推广的好树种。果实、树皮等可药用。可做梨的砧木。

三十二、白　　梨

1. 学名：*Pyrus bretschneideri Rehd.*

2. 科属：蔷薇科，梨属

3. 形态特征：乔木，高达5～8m；小枝粗壮，幼时有柔毛。叶片卵形或椭圆状卵形，先端渐尖或急尖，基部宽楔形，边缘有带刺芒的尖锐锯齿，微向内合拢，幼时两面有绒毛，老时无毛。伞形总状花序，有花7～10朵，总花梗和花梗幼时有绒毛；花白色；花柱4～5，离生。梨果卵形或近球形，黄色，有细密斑点，萼裂片脱落（见彩图123）。

4. 生态习性：耐寒、耐旱、耐涝、耐盐碱。根系发达，喜光喜温，宜选择土层深厚、排水良好的缓坡山地种植，尤以沙质壤土山地最为理想。根系发达，垂直根深可达2～3m以上，水平根分布较广，约为冠幅的2倍左右。干性强，层性较明显。

5. 繁殖与栽培：播种或嫁接繁殖，多用杜梨为砧木进行嫁接。

6. 应用：春天开花，满树雪白，树姿优美，因此在园林中是观赏结合生产的好树种。在园林中孤植于庭院，或丛植于开阔地、亭台周边或溪谷口、小河桥头均甚相宜。

三十三、樱　　花

1. 学名：*Cerasus yedoensis（Mats.）Yü et Li*

2. 科属：蔷薇科，樱属

3. 形态特征：落叶乔木，高达15m；树皮暗灰色，平滑；嫩枝有毛。叶椭圆状卵形或倒卵状椭圆形，先端渐尖或尾尖。缘具尖锐重锯齿，背脉及叶柄具柔毛。花白色或淡粉红色，花瓣5，先端凹缺，有香气，萼筒短管状而有毛，萼片有细尖腺齿；4～6朵成伞形或短总状花序；3、4月间叶前开花。果黑色（见彩图124）。

4. 生态习性：樱花为温带、亚热带树种，性喜阳光和温暖湿润的气候条件，有一定的抗寒能力。对土壤的要求不严，宜在疏松肥沃、排水良好的沙质壤土生长，但不耐盐碱土。根系较浅，忌积水低洼地。有一定的耐寒和耐旱力，但对烟及风的抗力弱，因此不宜种植在有台风的沿海地带。

5. 繁殖与栽培：以播种、扦插和嫁接繁育为主。以播种方式养殖樱花，注意勿使种胚干燥，应随采随播或湿沙层积后翌年春播。扦插繁殖时，在春季用一年生硬枝，夏季用当年生嫩枝。嫁接繁殖可用樱桃、山樱桃的实生苗作砧木。在 3 月下旬切接或 8 月下旬芽接，接活后经 3～4 年培育，可出圃栽种。修剪主要是剪去枯萎枝、徒长枝、重叠枝及病虫枝。

6. 应用：樱花色鲜艳亮丽，枝叶繁茂旺盛，是早春重要的观花树种，常用于园林观赏。以群植为主，可植于山坡、庭院、路边、建筑物前。盛开时节花繁艳丽，满树烂漫，如云似霞，极为壮观。可大片栽植造成"花海"景观，亦可三五成丛点缀于绿地形成锦团，也可孤植，形成"万绿丛中一点红"之画意。

三十四、樱　桃　树

1. 学名：*Cerasus pseudocerasus*（*Lindl.*）*G. Don*

2. 科属：蔷薇科，樱属

3. 形态特征：落叶小乔木，高达 6m；腋芽单生。叶卵状椭圆形，先端渐尖或尾尖，基部圆形。缘具大小不等的尖锐重锯齿，齿尖有小腺体。花白色，花瓣端凹缺，花柱无毛，萼筒及花梗有毛；2～6 朵成伞房状花序。果红色或橘红色。3～4 月开花；5～6 月果熟（见彩图 125）。

4. 生态习性：喜光，喜温暖湿润的气候及排水良好的沙质壤土，较耐干旱瘠薄。萌蘖力强，生长迅速。

5. 繁殖与栽培：繁殖可用为分株、扦插及压条等法。分株法常采用堆土压条，于秋末或春初在选好的母树基部堆起 30～50cm 高的土堆，促使树干基部生根形成新株，于次年秋或第三年初春将生根植株分离取下，直接定植于果园中。扦插法于春季树液流动时进行。将插条剪成 15～20cm 长的插段，下端剪成马耳形，上端剪平蘸生根激素。栽培管理简单，当树势较弱，花束状果枝生长较弱时，或花束状果枝多年结果后衰弱时，及时进行回缩，使其上抽生发育枝，进行枝组更新。

6. 应用：花先于叶开放，也颇可观，是园林中观赏与果实兼用树种。

三十五、梅

1. 学名：*Armeniaca mume Sieb.*

2. 科属：蔷薇科，杏属

3. 形态特征：小乔木，稀灌木，高 4～10m；树皮浅灰色或带绿色，平滑；小枝绿色，光滑无毛。叶片卵形或椭圆形，先端尾尖，基部宽楔形至圆形，叶边常具小锐锯齿，灰绿色。花单生或有时 2 朵同生于 1 芽内，香味浓，先于叶开放；花梗短，常无毛；花萼通常红褐色；花瓣倒卵形，白色至粉红色；雄蕊短或稍长于花瓣。果实近球形。花期为冬、春季，果期 5～6 月（见彩图 126）。

4. 生态习性：梅花虽对土壤要求并不严格，但土质以疏松肥沃、排水良好为佳。梅花对水分敏感，虽喜湿润但怕涝。梅花不喜大肥，在生长期只需施少量稀薄肥水。梅为阳性树种，喜阳光充足、通风良好。为长寿树种。

5. 繁殖与栽培：一般用嫁接法、压条法繁殖。嫁接时可用桃、山桃、杏、山杏及梅的实生苗等作砧木。桃及山桃易得种子，作砧木行嫁接也易成活，故目前普遍采用。扦插繁殖法多在江南地区于秋冬间实行。梅花的施肥、灌水均以春季开花前后为主，直至5、6月花芽将形成之前则应适当控制水分、增施肥料以促进花芽分化。

6. 应用：梅为中国传统的果树和名花，自古以来就为广大人民所喜爱，为历代著名文人所讴歌。梅花最宜植于庭院、草坪、低山丘陵，可孤植、丛植、群植。最好用苍翠的常绿树或深色的建筑物作为衬托，更可显出其冰清玉洁之美。如将松、竹、梅三者搭配，应以苍松为背景，修竹为客景，梅花则作为怒放于两种常绿树之间的主景，形成一幅相得益彰的"岁寒三友图"。又可盆栽观赏或加以整剪做成各式桩景，或作切花瓶插供室内装饰用。

三十六、苹 果 树

1. 学名：*Malus pumila Mill.*

2. 科属：蔷薇科，苹果属

3. 形态特征：乔木，高可达15m；小枝紫褐色，幼时密被绒毛。叶椭圆形至卵形，长5～10cm，锯齿圆钝，背面有柔毛。花白色或带红晕，萼片长而尖，宿存，花柱5。果大，径在5cm以上。两端均凹陷，顶部常有棱脊。5月开花；7～10月果熟（见彩图127）。

4. 生态习性：喜光，喜冷凉干燥气候及肥沃深厚而排水良好的土壤，在湿热气候下生长不良。

5. 繁殖与栽培：嫁接繁殖，砧木用山荆子或海棠果。定植深度一般要使接口高出地面少许，埋得太深易得根腐病。在园林中结合生产栽培时，宜选用适应性较强、病虫害较少的品种。

6. 应用：开花时节颇为可观；果熟季节，果实累累，色彩鲜艳，深受广大群众所喜爱。

三十七、枣 树

1. 学名：*Ziziphus jujuba Mill.*

2. 科属：鼠李科，枣属

3. 形态特征：落叶乔木或小乔木，高达10m；枝常有托叶刺，一枚长而直伸，另一枚短而向后勾曲。当年生枝常簇生于矩状短枝上，冬季脱落。单叶互生，卵形至卵状长椭圆形，缘有细钝齿，基部3主脉。花小，两性，黄绿色，5基数；2～3朵簇生于叶腋；5～6月开花。核果椭球形，熟后暗红色，味甜；8～9月果熟（见彩图128）。

4. 生态习性：喜光，适应性强，喜干冷气候，也耐湿热，对土壤要求不严，耐干旱瘠薄，也耐低湿；根萌蘖力强，寿命长。

5. 繁殖与栽培：繁育的方法主要是利用嫁接的手段，枣树嫁接苗不但能保持其品种的优良性状，而且比根蘖苗结果早。选用的砧木可用经过挑选的生长健壮的根蘖苗，亦可用酸枣实生苗。接穗选用适宜园林及盆栽的优良品种，利用粗度在1cm左右的一年生枣头一次枝，作为枝接的接穗。为尽快得到较健壮的苗木，应在春季砧木的芽萌动后及时进行枝接，嫁接方法可采用劈接或插皮接。

6. 应用：枣树枝梗劲拔，翠叶垂荫，果实累累。宜在庭园、路旁散植或成片栽植，亦是结合生产的好树种。其老根古干可作树桩盆景。

三十八、石　　榴

1. 学名： *Punica granatum L.*

2. 科属： 石榴科，石榴属

3. 形态特征： 落叶灌木或小乔木，高 2～7m；枝常有刺。单叶对生或簇生，长椭圆状倒披针形，长 3～6cm，全缘，亮绿色，无毛。花通常为深红色，单生于枝端；花萼钟形，紫红色，质厚；5～6（7）月开花。浆果球形（见彩图 129）。

4. 生态习性： 喜光，喜温暖气候，有一定的耐寒能力，在北京避风向阳的小气候良好处可露地栽培；喜肥沃湿润而排水良好的土壤，不适于山区栽培。

5. 繁殖与栽培： 扦插繁殖时，有短枝扦插和长枝扦插两种。短枝扦插时，选发育健壮、无病虫害、丰产性好的母树采取插条。插条采好后应打捆窖藏，次年春季扦插。长枝扦插可在春天萌芽期和雨季两个时期进行。实生繁殖时，供作取种育苗的石榴果实，要在 9 月中下旬果实充分成熟时采收，第二年春季谷雨前后播种。分株繁殖时，可在早春芽刚萌动时进行，选择优良品种根部发生的较健壮的根蘖苗，带根挖出后另行栽植。生产中以春季分株较为适宜，分后即可定植。

6. 应用： 树姿优美，枝叶秀丽，初春嫩叶抽绿，婀娜多姿；盛夏繁花似锦，色彩鲜艳；秋季累果悬挂，或孤植或丛植于庭院、游园之角，对植于门庭之出处，列植于小道、溪旁、坡地、建筑物之旁，也宜做成各种桩景和供瓶插花观赏。

三十九、紫　　薇

1. 学名： *Lagerstroemia indica L.*

2. 科属： 千屈菜科，紫薇属

3. 形态特征： 落叶灌木或小乔木，高达 3～6(8)m；树皮薄片剥落后特别光滑；小枝四棱状。叶椭圆形或卵形，全缘，近无柄。花亮粉红至紫红色，径达 4cm；花瓣 6，皱波状或细裂状，具长爪；成顶生圆锥花序；花期很长，7～9 月开花不绝。蒴果近球形（见彩图 130）。

4. 生态习性： 紫薇喜暖湿气候，喜光，略耐阴，喜肥，尤喜深厚肥沃的沙质壤土，好生于略有湿气之地，亦耐干旱，忌涝，忌种在地下水位高的低湿地方，性喜温暖而能抗寒，萌蘖性强。紫薇还具有较强的抗污染能力，对二氧化硫、氟化氢及氯气的抗性较强。

5. 繁殖与栽培： 紫薇常用繁殖方法有播种和扦插两种，其中扦插方法更好。播种繁殖时，可在 9～11 月间采种，储藏至次年 3 月份。紫薇一般在 3～4 月播种。长势良好的植株可当年开花，冬季落叶后及时修剪侧枝和开花枝，在次年早春时节移植。紫薇扦插繁殖可分为嫩枝扦插和硬枝扦插。嫩枝扦插一般在 7～8 月进行，此时新枝生长旺盛，最具活力，此时扦插成活率高。硬枝扦插一般在 3 月下旬至 4 月初枝条发芽前进行。

6. 应用： 紫薇作为优秀的观花乔木，在实际应用中可栽植于建筑物前、院落内、池畔、河边、草坪旁及公园中小径两旁均很相宜。紫薇具有遮阳滞尘、吸收有害气体、减少噪声的功能，因此可广泛用于行道绿化。紫薇色彩丰富，花期时间长，可丰富夏秋少花季节。既可单植，也可列植、丛植，与其他乔灌木搭配，形成丰富多彩的景象。紫薇叶色在春天和深秋变红变黄，因而在园林绿化中常将紫薇配置于常绿树群之中，以解决园中色彩单调的弊端；而在草坪中点缀数株紫薇则给人以气氛柔和、色彩明快的感觉。

四十、蚊 母 树

1. 学名：*Distylium racemosum Sieb. et Zucc.*

2. 科属：金缕梅科，蚊母树属

3. 形态特征：常绿灌木或小乔木；小枝和芽有垢状鳞毛。叶厚革质，椭圆形或倒卵形，顶端钝或稍圆，基部宽楔形，全缘，下面无毛，侧脉 5～6 对。总状花序长 2cm；苞片披针形；萼筒极短，花后脱落；花瓣不存在；雄蕊 5～6；子房上位，有星状毛，花柱 2。蒴果卵圆形（见彩图 131）。

4. 生态习性：喜光，稍耐阴，喜温暖湿润的气候，耐寒性不强。对土壤要求不严，酸性、中性土壤均能适应，而以排水良好而肥沃、湿润的土壤为最好。萌芽、发枝力强，耐修剪。

5. 繁殖与栽培：可用播种和扦插法繁殖。播种在 9 月采收果实，日晒脱粒，净种后干藏，至翌年 2～3 月播种，发芽率 70%～80%。扦插在 3 月用硬枝踵状插，也可在梅雨季节用嫩枝踵状插。移植在 10 月中旬至 11 月下旬，或 2 月下旬至 4 月上旬进行，需带土球。栽后适当疏去枝叶，可保证成活。

6. 应用：蚊母树枝叶密集，树形整齐，叶色浓绿，经冬不凋，春日开细小红花也颇美丽，加之抗性强、防尘及隔声效果好，是城市及工矿区的绿化及观赏树种。植于路旁、庭前草坪上及大树下都很合适，成丛、成片栽植作为分隔空间或作为其他花木的背景效果亦佳。若修剪成球形，宜于门旁对植或作基础种植材料，亦可栽作绿篱和防护林带。

四十一、红 豆 杉

1. 学名：*Taxus cuspidata Sieb. et Zucc.*

2. 科属：红豆杉科，红豆杉属

3. 形态特征：乔木，高达 20m；树皮红褐色，有浅裂纹。枝密生，小枝基部有宿存芽鳞。叶较短而密，长 1.5～2.5cm，暗绿色，通常直而不弯，成不规则上翘二列。花期 5～6 月，种子 9～10 月成熟（见彩图 132）。

4. 生态习性：阴性树，生长迟缓，浅根性，侧根发达，喜生于富含有机质的潮润土壤中，性耐寒冷，在空气湿度较高处生长良好。东北红豆杉具有抗寒、喜阴、喜湿、喜肥、怕旱、怕水淹、怕高温，对土壤适应范围较广的特性。

5. 繁殖与栽培：繁殖方法分为两种，种子繁殖和扦插繁殖。种子繁殖时，种子 9～10 月成熟，需及时采下，用水洗法搓去红色假种皮，洗净，浸泡后用湿沙贮藏。最好秋采秋播，春播于 4 月中下旬进行，在苗床上播种育苗。扦插繁殖时，于 5～6 月春夏之交进行。从 4 年以上树龄的母株上，按长 15cm 剪下插穗，以 2 年生幼枝作插穗成活率较高。在春季生长前移栽，秋季应在新梢未停止生长之前进行移栽，宜选阴雨天气进行移栽。

6. 应用：东北红豆杉侧枝多，红枝绿叶，株形娇美，所结红豆艳丽多姿，酷似南方的"相思豆"。东北红豆杉不仅是珍稀的药用植物，也是园林、庭院绿化、美化的佳品，是目前最珍贵稀有的高档绿化树种，盆景造型古朴典雅，枝叶紧凑而不密集，舒展而不松散，红茎、红枝、绿叶、红豆使其具有观茎、观枝、观叶、观果的多重观赏价值。

四十二、木　　瓜

1. 学名：*Chaenomeles sinensis*（*Thouin*）*Koehne*

2. 科属：蔷薇科，木瓜属

3. 形态特征：灌木或小乔木，高 5～10m；枝无刺；小枝幼时有柔毛，不久即脱落，紫红色或紫褐色。叶椭圆状卵形或椭圆状矩圆形，稀倒卵形；叶柄微生柔毛，有腺体。花单生于叶腋，花梗短粗，无毛；花淡粉色；萼筒钟状，外面无毛；雄蕊多数；花柱 3～5，基部合生，有柔毛。梨果长椭圆形，暗黄色，木质，芳香。花期 4 月，果期 9～10 月（见彩图 133）。

4. 生态习性：对土质要求不严，但在土层深厚、疏松肥沃、排水良好的沙质土壤中生长较好，低洼积水处不宜种植。喜半干半湿。不耐阴，栽植地可选择避风向阳处。喜温暖环境，在江淮流域可露地越冬。

5. 繁殖与栽培：播种繁殖时，当果实变为暗黄色成熟后采摘，风干贮藏，翌年的 3～4 月剖开果实，取出种子，随即播下；也可在果实成熟后，随采随取随播，或将种子沙藏过冬，翌年春播。播种方法可用盆播、苗床播种。嫁接繁殖时，以二三年木瓜实生苗做砧木，取优良品种的 1 年结果枝做接穗，在春季进行枝接。压条繁殖时，对于植株中上部的枝条可采用空中压条的方法，等生根后，切离母体，单独栽种；对于灌木状丛生植株，可在生长期把下部的枝条下拉并固定在地面，然后埋土压实，秋季落叶后切离母株栽种。定植时为保证中老龄树移植成功，一般移植时间要控制在 10 月下旬至 3 月上旬这段时间内。

6. 应用：木瓜果实翠绿，具白色果粉，盛夏果实阳面呈桃红色，入秋渐转为黄绿至黄色，散发出优雅的清香，是园林绿化的优良树种。公园、庭院、校园、广场等道路两侧可栽植木瓜树，亭亭玉立，花果繁茂，灿若云锦，清香四溢，效果甚佳。木瓜也可作为独特的孤植观赏树或三五成丛地点缀于园林小品或园林绿地中，也可培育成独干或多干的乔灌木作片林或庭院点缀。

四十三、槲　　树

1. 学名：*Quercus dentata Thunb.*

2. 科属：壳斗科，栎属

3. 形态特征：落叶乔木，高达 25m；小枝粗壮，有灰黄色星状柔毛。叶倒卵形至倒卵状楔形，先端钝，基部耳形，有时楔形，边缘有 4～10 对波状裂片，幼时有毛，老时仅下面有灰色柔毛和星状毛，侧脉 4～10 对；叶柄极短。壳斗杯形，包围坚果 1/2；苞片狭披针形，反卷，红棕色；坚果卵形至宽卵形，无毛。花期 4～5 月，果期 9～10 月（见彩图 134）。

4. 生态习性：槲树为强阳性树种，喜光、耐旱、抗瘠薄，适宜生长于排水良好的沙质壤土，在石灰性土、盐碱地及低湿涝洼处生长不良。深根性树种，萌芽、萌蘖能力强，寿命长，有较强的抗风、抗火和抗烟尘能力，但其生长速度较为缓慢。

5. 繁殖与栽培：槲树常采用种子实生苗繁殖。种子采集时，可选择干形较直、树冠圆满、生长健壮无病虫的树作为母树采种，也可等种子成熟后落地捡拾，种子采收处理后贮藏。4 月中旬，湿藏的种子已发芽，即可播种，播种后半个月左右种芽开始出土。当年 10 月初苗木主梢高度能达到 0.3～0.4m。槲树播种苗主根发达，但须根很少。为多发生须根，应在第二年春把上年播种长出的小苗掘出，剪断1/4~1/3长度的主根，再在垄上按0.6m×1.2m的株行距栽植，栽后浇足水，确保成活。

6. 应用：树干挺直，叶片宽大，树冠广展，寿命较长，叶片入秋呈橙黄色且经久不落，可孤植、片植或与其他树种混植，季相色彩极其丰富。

四十四、台湾相思

1. 学名：*Acacia confusa Merr.*

2. 科属：豆科，金合欢属

3. 形态特征：常绿乔木，高达16m；小枝无刺。幼苗具羽状复叶，后小叶退化，叶柄变为叶状，狭披针形，长6~10cm。平行脉数条，全缘。头状花序，绒球形，黄色；4~6月开花。荚果扁平，带状（见彩图135）。

4. 生态习性：喜光，喜暖热气候，很不耐寒，耐干燥瘠薄的土壤；深根性，抗风力强，萌芽性强，生长较快。

5. 繁殖与栽培：相思树一般采用的是有性繁殖，它的种子表面有一层坚硬的蜡质层，播种前一定要作特殊处理。用来点播种子的营养杯中的营养土一般黄心土占50%、火烧土占35%、有机肥占10%、过磷酸钙或钙镁磷占5%。每个营养杯中只能点播一粒种子，大约在一个星期左右种子就会破土而出，等到幼苗长到15~25cm高时就可以出圃造林了。台湾相思主干略乏通直，且分枝很多，故应注意整形修枝，以养成通直主干。

6. 应用：台湾相思树冠婆娑，叶形奇异，花黄色，繁多，盛花期一片金黄色。适宜园林布置、道路绿化，同时本树种生长迅速，抗逆性强，为荒山绿化的先锋树种，又可作防风林带、水土保持及防火林带用。

四十五、小 叶 榕

1. 学名：*Ficus microcarpa L. f. var. pusillifolia*

2. 科属：榕科，榕属

3. 形态特征：乔木，高15~20m；树皮深灰色，有皮孔；小枝粗壮，无毛。叶狭椭圆形，全缘，先端短尖至渐尖，基部楔形，两面光滑无毛，干后灰绿色，基生侧脉短，侧脉4~8对，小脉在表面明显；叶柄短；托叶披针形，无毛。榕果成对腋生或3~4个簇生于无叶小枝叶腋，球形；雄花、瘿花、雌花同生于一榕果内壁。花果期3~6月（见彩图136）。

4. 生态习性：喜光，亦耐阴。喜暖热多雨的气候及酸性土壤，耐水湿。生长快，寿命长。

5. 繁殖与栽培：小叶榕通常用扦插和高压繁殖。小叶榕扦插一般于春末夏初及秋季气温较高时进行。扦插时选择1~2年生木质化枝条，剪取5~15cm作为插条；将插条1/3~1/2插入已备好的河沙或珍珠岩培成的插床中，保持插床湿润，并注意喷雾。高压繁殖时，一般选择两年生枝条，先在枝条上做环状剥皮；稍晾干后再将潮湿苔藓、泥炭土等包在伤口，并用塑料薄膜包扎上下两端；经1~2个月，生根完好后剪下枝条上盆种植。露地移植需带土球，植后要及时浇水，直到成活。

6. 应用：小叶榕生长繁茂、枝条柔软、可塑性强，经过人工定向栽植和修剪，可以营造出千姿百态的景观。小叶榕的造型，常见的有圆柱式，表现出其雄伟典雅；有牌灯式，常在街道花坛或分车绿化带中，根据需要修剪成高度适中的牌灯形状，显得端庄秀丽；而蘑菇形和圆球形，则常见于公园道路旁或点缀于草坪中。它在园林造型应用上空间广阔，能够很快营造良好的视觉景观效果。

四十六、粗 榧

1. **学名**：*Cephalotaxus sinensis*（*Rehder et E. H. Wilson*）*H. L. Li*
2. **科属**：三尖杉科，三尖杉属
3. **形态特征**：小乔木或灌木，高达 10m。叶长 2~4cm，先端突尖，基部圆形，背面有 2 条白粉带。雄花序球的梗短，仅 3mm。花期 3~4 月，种子 8~10 月成熟（见彩图 137）。
4. **生态习性**：阴性树种，较喜温暖，较耐寒，喜温凉、湿润气候，喜生于富含有机质的土壤中，抗虫害能力很强。生长缓慢，有较强的萌芽力，耐修剪，不耐移植。
5. **繁殖与栽培**：可进行播种、嫁接、扦插繁殖，但多以播种、扦插为主。播种繁殖时，粗榧种子 10 月下旬成熟后，及时采收。4 月中旬，土层完全解冻，开沟条状点播，然后覆土 2cm 左右，播完后立即浇水，以促进种子与土壤的紧密接触，利于种子的整齐萌发。扦插繁殖时，粗榧的扦插一般在 7 月中旬进行，此时正处于雨季，光热条件好，粗榧的延长生长正处于缓慢时期，嫩枝达到半木质化，扦插最易生根。扦插后立即喷透定根水，并在苗床上搭设遮阴网。
6. **应用**：粗榧是常绿针叶树种，树冠整齐，针叶粗硬，有较高的观赏价值。在园林中粗榧通常多与他树配置，作基础种植、孤植、丛植、林植等；粗榧有很强的耐阴性，也可植于草坪边缘或大乔木下作林下栽植材料；萌芽性强，耐修剪，利用幼树进行修剪造型，作盆栽或孤植造景，老树可制作成盆景观赏；叶粗硬，排列整齐，宜作鲜切花叶材用。此外，粗榧对烟害的抗性较强，适合用于工矿区绿化。

四十七、茶 条 槭

1. **学名**：*Acer ginnala Maxim.*
2. **科属**：槭树科，槭属
3. **形态特征**：落叶小乔木，高达 6~9m，常成灌木状。叶卵状椭圆形，常 3 裂，中裂特大，基部心形或近圆形，缘有不规则重锯齿，背脉常具长毛，叶柄及主脉常带紫红色。花序圆锥状。果翅不开展。花期 5~6 月。果熟期 9 月（见彩图 138）。
4. **生态习性**：阳性树种，耐阴蔽，耐寒，喜湿润土壤，但耐干燥瘠薄，抗病力强，适应性强。常生于海拔 800m 以下的向阳山坡、河岸或湿草地，散生或形成丛林，在半阳坡或半阴坡杂木林缘也常见。深根性，萌蘖性强。
5. **繁殖与栽培**：种子繁殖。每年 9 月份至次年 3 月份均可采种，果实不脱落。果实采收后，摊开晾干，搓去果翅，经风选，去除杂物后即可得到长条形果粒，生产上称为种子，装袋置于冷室贮藏。春播前 10d 左右施肥和耙地，然后作床，采用床面条播方法。种子播后 15d 左右即能发芽出土，1 年生苗木也可根据需要再留床生长 1~2 年，苗木在留床生长期间，要追施 2 次氮肥，适时除草和松土。
6. **应用**：本种树干直，花有清香，夏季果翅红色美丽，秋叶又很易变成鲜红色，翅果成熟前也红艳可爱，是良好的庭园观赏树种，也可栽作绿篱及小型行道树、屏风、丛植、群植，且较其他槭树耐阴。萌蘖力强，可盆栽。

四十八、冷　　杉

1. 学名：*Abies fabri（Mast.）Craib*

2. 科属：松科，冷杉属

3. 形态特征：树高达 40m；小枝淡褐色至灰黄色，沟槽内疏生短毛或无毛。叶端微凹或钝，长 1.5～3cm，边缘略反卷，叶内树脂道边生。球果苞鳞微露出，尖头通常向外反曲。花期 5 月，球果 10 月成熟（见彩图 139）。

4. 生态习性：喜冷凉、湿润的气候及酸性土壤，耐阴性强；浅根性，生长较慢。

5. 繁殖与栽培：播种繁殖。10 月果熟后采种，风选后装入袋中，放在通风干燥处贮藏。春季 3～4 月份采用条播或撒播，播后覆土，并搭塑料拱棚保温、保湿。20 天后发芽出土。苗木封顶休眠期，应搭盖塑料棚，防寒保温，利于安全越冬。冷杉在育苗过程中，应每隔 3～4 年移植或断根一次，促使根系发育。冷杉在小苗期间生长缓慢，移栽时要多带原生土。

6. 应用：冷杉的树干端直，树冠圆锥形或尖塔形，枝叶茂密，四季常青，作园林树种时，宜丛植、群植用，易形成庄严肃穆的气氛，也可培育作为圣诞树。

四十九、柏　　木

1. 学名：*Cupressus funebris Endl.*

2. 科属：柏科，柏木属

3. 形态特征：常绿乔木；小枝细长，下垂，扁平，排成一平面。叶鳞形，交互对生，先端尖；小枝上下之叶的背面有纵腺体，两侧之叶折覆着上下之叶的下部；两面均为绿色。雌雄同株，球花单生于小枝顶端。球果翌年夏季成熟，球形，熟时褐色；种鳞 4 对，木质，楯形；种子长约 3mm，两侧具窄翅（见彩图 140）。

4. 生态习性：柏木喜温暖湿润的气候条件。对土壤适应性广，中性、微酸性及钙质土上均能生长。耐干旱瘠薄，也稍耐水湿，特别是在上层浅薄的钙质紫色土和石灰土上也能正常生长。需有充分的上方光照方能生长，但能耐侧方阴蔽。主根浅细，侧根发达。耐寒性较强，少有冻害发生。

5. 繁殖与栽培：播种繁殖，选择 20～40 年生的健壮树木作为采种母树。果实成熟后，在种鳞微开裂时采集，采后将球果曝晒 2～3d 即可脱粒，净种后，可盛入木箱等容器内贮藏。以春播为主，也可秋播。采用条播方式。苗木出土后根据各生育期特点，采取相应的抚育管护措施。

6. 应用：柏木四季常青，树形美，综合特点是树冠浓密秀丽，材质细密，适应性强，能在微碱性或石灰岩山地上生长，是这类土壤中宜林荒山绿化、疏林改造的先锋树种。柏木寿命长，是群众喜爱的传统栽培树种，自古以来就是重要的风景绿化树种。柏木用于林相改造、景区美化与生态环境建设，将会收到很好的效果。

五十、杉　　木

1. 学名：*Cunninghamia lanceolata（Lamb.）Hook.*

2. 科属：杉科，杉木属

3. 形态特征：常绿乔木，高 30～35m；树冠圆锥形。叶线状披针形，长 3～6cm，硬革质，边缘有极细锯齿，螺旋状着生，在侧枝上常扭成二列状。球果苞鳞大，果鳞小而膜质。花期4月，球果10月下旬成熟（见彩图141）。

4. 生态习性： 杉木为亚热带树种，较喜光。喜温暖湿润、多雾静风的气候环境，不耐严寒及湿热，怕风，怕旱。怕盐碱，对土壤的要求比一般树种要高，喜肥沃、深厚、湿润、排水良好的酸性土壤。浅根性，生长快。

5. 繁殖与栽培： 播种繁殖。杉木一般在3～4月开花，10月下旬～11月上旬种球由青绿色转为黄褐色时即可采收。2月份进行播种，采用撒播。当年苗高可达40cm以上，地径0.5cm左右，翌春可出圃造林。苗木培育时，采用育壮苗、挖大穴、全面整地或带状整地、林粮间作等措施，可取得显著成效。

6. 应用： 杉木主干端直，适合列植于道旁，在山谷、溪边、村缘群植，亦可在建筑物附近成丛点缀或山岩、亭台之后片植。

五十一、月　桂

1. 学名： *Laurus nobilis L.*

2. 科属： 樟科，月桂属

3. 形态特征： 常绿小乔木，高达12m；小枝绿色。叶互生，革质，矩圆形，长5～11cm，宽1.3～3.5cm，边缘成波状，两面无毛，具羽状脉，侧脉10～13对；叶柄长5～8mm，紫色。雌雄异株；伞形花序腋生，总花梗长5mm，无毛，花梗长2mm，被疏柔毛；花黄色，花被片4，倒卵形；雄蕊通常12，花药2室，内向瓣裂。果实椭圆状球形，熟时暗紫色（见彩图142）。

4. 生态习性： 喜光，稍耐阴。喜温暖湿润气候，也耐短期低温（-8℃）。宜深厚、肥沃、排水良好的壤土或沙壤土。不耐盐碱。怕涝。

5. 繁殖与栽培： 月桂的繁殖方法主要以扦插繁殖为主，也可播种、分株。扦插繁殖时，硬枝插在春季3月份进行。选取前一年秋梢作插穗，7～8cm长，插壤用沙或蛭石，插后搭塑料拱棚封闭，并遮阴，经常保湿，成活率60%左右。嫩枝带叶插，用自动喷雾全光插床，在生长季节亦可进行。6～7月露地畦插时，插深4～6cm，浇足水后，遮阴保湿，只早晚稍见阳光，40d左右可生根，成活率90%以上，冬季用塑料拱棚防寒，第二年分栽。播种繁殖时，9月采种，带果皮阴干后沙藏，播前用50℃温水浸种2min，再冷水浸24h，取出晾干，可促使种子提早发芽。春季播种，条播行距15cm。覆土厚2cm，上盖草，5月份发芽出土，及时搭棚遮阴，阴雨天进行间苗，留强去弱，株距不可过大，利于相互庇荫，当年苗高可达10cm左右。春季3～4月可带土球移栽。分株繁殖时，在春秋两季进行，春季分株后要遮阴保湿，秋季分株要防寒保温。

6. 应用： 月桂四季常青，树姿优美，有浓郁香气，适于在庭院、建筑物前栽植，尤为美观。住宅前院用作绿墙分隔空间，隐蔽遮挡，效果也好。

五十二、油　茶

1. 学名： *Camellia oleifera Abel.*

2. 科属： 茶科，山茶属

3. 形态特征： 灌木或小乔木，高达7m；小枝微有毛。叶革质，椭圆形，长3.5～9cm，宽1.8～4.2cm，上面无毛或中脉有硬毛，下面中脉基部有少数毛或无毛；叶柄长4～7mm，有毛。花白色，顶生，单生或并生；花瓣5～7，分离，长2.5～4.5cm，倒卵形至披针形；雄蕊多数，外轮花丝仅基部合生；子房密生白色丝状绒毛，花柱顶端3短裂。蒴果顶端有或无长柔毛，直径1.8～2.2cm，果瓣厚木质，2～3裂；种子背圆腹扁，长至2.5cm（见彩图143）。

4. 生态习性：油茶喜温暖，怕寒冷，要求年平均气温16～18℃，花期平均气温为12～13℃。对土壤要求不甚严格，一般适宜土层深厚的酸性土，而不适于石块多和土质坚硬的地方。

5. 繁殖与栽培：油茶以种子或插条繁殖。播种育苗时，油茶的播种育苗工作在冬季和春季都可以进行，比较适宜采用条播的方式。在播种前做好苗床并施足基肥，然后在播种后覆盖一层细肥土并在其上盖上一层薄草，以便保持土壤的湿润，使种子尽快发芽、出土。当种子发芽出土后，需要在阴天或者是傍晚的时候揭开薄草，并及时进行除草和松土工作。扦插育苗时，虽说油茶可以在春季、秋季以及夏季进行扦插，但是最好是进行夏插。采穗比较适合在清晨进行，应该选择已经木质化、叶片完整、腋芽饱满且没有病虫害的枝条，然后将其截成长度约4cm且带有一叶一芽的插穗。在进行扦插前，为了促进生根需要用ABT生根粉对其进行处理；在扦插时，要保证插穗直立、叶面朝上，且株距为5cm，行距为15cm；在扦插完成后需要浇透水，并注意搭棚遮阴。

6. 应用：叶常绿，花色纯白，能形成素淡恬静的气氛，可在园林中丛植或作花篱用；在大面积的风景区还可以结合风致与生产进行栽培；又为防火带的优良树种。油茶是一个抗污染能力极强的树种，对二氧化硫抗性强，抗氟和吸氯能力也很强。

第四章

花灌木

<<<<<

花灌木是以观花为主的灌木类植物。其造型多样，能营造出五彩景色，被视为园林景观的重要组成部分。"牡丹殊绝委春风，露菊萧疏怨晚丛。何似此花荣艳足，四时常放浅深红。""谁言造物无偏处，独遣春光住此中。叶里深藏云外碧，枝头长借日边红。"称赞的就是在园林中常被用作花灌木的月季。花灌木是绿化城市、美化庭院、香化环境、净化空气的重要植物材料，其观赏价值由树木的形状，枝、叶的颜色，花朵、果实的形状和颜色以及香气等因素构成。花灌木的应用应满足园林绿地的性质和功能要求，符合园林艺术的规律，与设计布局相协调，符合季节变化和色、香、形的统一。

花灌木在配植应用的方式上是多种多样的，可以独植、丛植、对植、列植或修剪整形成棚架用树种。花灌木在园林中不但能独立成景，而且可与各种地形及设施相配合而产生烘托、对比、陪衬等作用，例如植于坡面、路旁、道路转角、座椅周旁、岩石旁，或与建筑相配作基础种植用，或配植于湖边、岛边形成水中倒影。花灌木又可依其特色布置成各类专类园，可依花色的不同配植成具有各种色调的景区，亦可依开花季节的异同配植成各季花园，又可集各种香花于一堂布置成各种芳香园，总之花灌木是观花树木中名副其实的宠儿。花灌木作为一种园林设计手法被大量应用于园林绿地，它体现的不仅是植物的自然美、个体美，而且通过人工修剪造型的办法，体现了植物的修剪美、群体美。

根据花灌木花的颜色可分为红色花系、黄色花系、紫色花系、白色花系，根据花期可分为早春开花的树种、仲春开花的树种、夏花树种、秋花树种。花灌木果实的观赏价值也很高，绿树丛中果实累累，红的、黄的、白的、玲珑剔透，既美观又可爱。

栽培养护上，主要应根据不同种类的习性，本着能充分发挥其观赏效果、满足设计意图的原则来进行水、肥管理和修剪整形、越冬、过夏，以及更新复壮、防治病虫害等工作。

一、榆 叶 梅

1. 学名：*Prunus triloba Lindl.*

2. 科属：蔷薇科，梅属

3. 形态特征：落叶灌木，高 3～5m；小枝细，无毛或幼时稍有柔毛。叶椭圆形至倒卵形，长 3～5cm，先端尖或有时 3 浅裂，基部阔楔形，缘具粗重锯齿，两面多少有毛。花 1～2 朵，粉红色，径 2～3cm；萼筒钟状，萼片卵形，有齿，核果球形，径 1～1.5cm，红色，花期 4 月，先于叶或与叶同放；果 7 月成熟（见彩图 144）。

4. 生态习性： 喜光，稍耐阴，耐寒，能在－35℃下越冬。对土壤要求不严，以中性至微碱性而肥沃的土壤为佳。根系发达，耐旱力强。不耐涝。抗病力强。生于低至中海拔的坡地或沟旁乔、灌木林下或林缘。

5. 繁殖与栽培： 繁殖用嫁接法或播种法，砧木用山桃、杏或榆叶梅实生苗，芽接或枝接均可。为了养成乔木状单干观赏树，可用方块芽接法在山桃干上高接。栽植宜在早春进行，花后应短剪。榆叶梅栽培管理简易。

6. 应用： 榆叶梅其叶像榆树，其花像梅花，所以得名"榆叶梅"。榆叶梅枝叶茂密，花繁色艳，是中国北方园林、街道、路边等重要的绿化观花灌木树种。其植物有较强的抗盐碱能，适宜种植在公园的草地、路边或庭园中的角落、水池等地。如果将榆叶梅种植在常绿树周围或种植于假山等地，其视觉效果更理想。与其他花色的植物搭配种植，在春秋季花盛开的时候，花形、花色均极美观，各色花争相斗艳，景色宜人，是不可多得的园林绿化植物。

二、紫　穗　槐

1. 学名： *Amorpha fruticosa L.*

2. 科属： 豆科，紫穗槐属

3. 形态特征： 落叶灌木，高达 2～4m。常丛生；小枝密生柔毛。芽常叠生。羽状复叶互生，长椭圆形，长 2～4cm，先端圆或微凹，有芒尖。蝶形花花瓣退化仅剩旗瓣，暗紫色；顶生穗状花序。荚果短小，仅具一粒种子（见彩图 145）。

4. 生态习性： 喜光，适应性强，能耐盐碱、水湿、干旱和瘠土；根系发达，具根瘤，能改良土壤；病虫害少，有一定的抗烟及抗污染能力。

5. 繁殖与栽培： 可用种子繁殖、扦插繁殖和压根繁殖。播种繁殖应适时采种，紫穗槐种子在 10 月成熟采摘。采收后，放在阳光下摊晒，除去杂物，每日翻拌几次，5～6d 晒干后，即把干净的种子装袋贮藏。播种前，必须进行种子处理，经过处理，春播时带皮的种子可提早出土 10d 左右。播前下过透雨时最好，等 2～3d 播种。播种时间根据气候条件决定：北方以土壤解冻后进行为宜；南方宜在一月中下旬播种。播种方法采用条播。播种覆土 1～1.5cm，播后 8～10d 出苗。紫穗槐插穗含有大量养分，扦插成活率很高。穗条应选择强壮为佳，老枝条或嫩枝条成活率低。应剪取 15cm 长，插入土中 7～8cm，株距 8～10cm，行距 20～25cm，每天要浇水，保持土壤湿润，并要搭好遮阴的棚，约一周后即有新根生长，又见芽苞萌动状，这说明插条成活了。压根繁殖时，在春季选择较粗壮的根进行压根育苗。紫穗槐根发芽力强，遇土疏松湿润，富有腐殖质，便可生新根长新芽。因此，只要稍培土促其生根萌芽，压根即为苗木新株。

6. 应用： 紫穗槐较强的生命力可以有效抑制杂草的生长，用于公路边坡绿化，不仅可以降低雨水对边坡的冲刷强度，保护路肩、边坡，而且在一定程度上降低了养路成本。若在陡坡和高填方路段进行栽植，对减少水土流失、保护公路边坡、美化环境、减少污染等更是有着明显的效果。

三、金　银　木

1. 学名： *Lonicera maackii (Rupr.) Maxim.*

2. 科属： 忍冬科，忍冬属

3. 形态特征：落叶灌木或小乔木，高可达 6m；小枝髓黑褐色，后变中空。叶卵状椭圆形或卵状披针形，两面疏生柔毛。花成对腋生，总梗长 12mm，苞片线形；花冠二唇形，白色，后变为黄色。长约 2cm，下唇瓣长为花冠筒的 2~3 倍。浆果熟时暗红色。花期（4）5~6 月；9~10 月果熟（见彩图 146）。

4. 生态习性：性喜强光，每天接受日光直射不宜少于 4h，稍耐旱，但在微潮偏干的环境中生长良好。金银木喜温暖的环境，亦较耐寒，在中国北方绝大多数地区可露地越冬。环境通风良好有助于植株的光合作用顺利进行。

5. 繁殖与栽培：金银木有播种和扦插两种繁殖方法。春季可以播种繁殖，夏季可以采用当年生半木质化枝条进行嫩枝扦插，也可以秋季选取一年生健壮饱满的枝条进行硬枝扦插。播种繁殖时，每年 10~11 月种子充分成熟后采集，3 月中下旬，种子开始萌动的即可播种。苗床开沟条播，盖农膜保墒增地温。播后 20~30d 可出苗，出苗后揭去农膜并及时间苗。当苗高 4~5cm 时定苗，苗距 10~15cm。扦插繁殖时，一般多用秋末硬枝扦插，用小拱棚或阳畦保湿保温。10~11 月树木已落叶 1/3 以上时取当年生壮枝，剪成长 10cm 左右的插条，插深为插条的 3/4，插后浇一次透水。一般封冻前能生根，翌年 3~4 月份萌芽抽枝，当年苗高达 50cm 以上。也可在 6 月中下旬进行嫩枝扦插，管理得当，成活率也较高。金银木每年都会长出较多新枝，因此应该将部分老枝剪去，以起到整形修剪、更新枝条的作用，如此处理也有助于生产出品质优良的金银木插条。若培养成乔木状树形，应移苗后选一壮枝短截定干，其余枝条疏除，以后下部萌生的侧枝、萌蘖要及时摘心，控其生长，促主干生长。

6. 应用：金银木花果并美，具有较高的观赏价值。春末夏初层层开花，金银相映，远望整个植株如同一个美丽的大花球。花朵清雅芳香，引来蜂飞蝶绕，因而金银木又是优良的蜜源树种。金秋时节，对对红果挂满枝条，煞是惹人喜爱，也为鸟儿提供了美食。在园林中，常将金银木丛植于草坪、山坡、林缘、路边或点缀于建筑周围，观花赏果两相宜。金银木树势旺盛，枝叶丰满，初夏开花有芳香，秋季红果缀满枝头，是良好的观赏灌木。

四、紫　　荆

1. 学名：*Cercis chinensis Bunge*

2. 科属：豆科，紫荆属

3. 形态特征：落叶灌木或小乔木，高 2~4m。单叶互生，心形，长 5~13cm，全缘（叶缘有增厚的透明边），光滑无毛；叶柄顶端膨大。花假蝶形，紫红色，5~8 朵簇生于老枝及茎干上；4 月叶前开花。荚果腹缝具窄翅（见彩图 147）。

4. 生态习性：产于黄河流域及其以南各地。喜光，喜湿润肥沃的土壤，耐干旱瘠薄。忌水湿，有一定的耐寒能力；萌芽性强。

5. 繁殖与栽培：用播种、分株、扦插、压条等法繁殖，而以播种为主。播前将种子进行 80d 左右的层积处理；春播后出芽很快。亦可在播前用温水浸种 1 昼夜，播后约 1 个月可出芽。在华北一年生幼苗应覆土防寒过冬，第二年冬仍需适当保护。实生苗一般 3 年后可以开花。移栽一般在春季芽萌动前或秋季落叶后，需适当带土球，以保证成活。

6. 应用：春日繁花簇生于枝间，满树紫红，鲜艳夺目，为良好的庭园观花树种，华北各地普遍栽培。紫荆宜栽于庭院、草坪、岩石及建筑物前，用于小区的园林绿化，具有较好的观赏效果。

五、杜　　鹃

1. 学名：*Rhododendron simsii Planch.*

2. 科属：杜鹃花科，杜鹃花属

3. 形态特征：落叶灌木，高2m左右，分枝多；枝条细而直，有亮棕色或褐色扁平糙伏毛。叶纸质，卵形、椭圆状卵形或倒卵形，春叶较短，夏叶较长，长3～5cm，宽2～3cm，顶端锐尖，基部楔形，上面有疏糙伏毛，下面的毛较密；叶柄长3～5mm，密生糙伏毛。花2～6朵簇生于枝顶；花萼长4mm，5深裂，有密糙伏毛和睫毛；花冠蔷薇色、鲜红色或深红色，宽漏斗状，长4～5cm，裂片5，上方1～3裂片里面有深红色斑点；雄蕊10，花丝中部以下有微毛；子房有密糙伏毛；10室，花柱无毛。蒴果卵圆形，长达8mm，有密糙毛（见彩图148）。

4. 生态习性：杜鹃喜欢酸性土壤，在钙质土中生长得不好甚至不生长。杜鹃性喜凉爽、湿润、通风的半阴环境，既怕酷热又怕严寒，生长适温为12～25℃。忌烈日暴晒，适宜在光照强度不大的散射光下生长，光照过强，嫩叶易被灼伤，新叶老叶焦边，严重时会导致植株死亡。

5. 繁殖与栽培：杜鹃的繁殖，可以用扦插、嫁接、压条、分株、播种五种方法，其中以扦插法最为普遍，繁殖量最大，压条成苗最快，嫁接繁殖最复杂，只有扦插不易成活的品种才用嫁接，播种主要用培育品种。扦插繁殖应用最广，优点是操作简便、成活率高、生长迅速、性状稳定。采用扦插繁殖，扦插的时间在春季（5月）和秋季（10月）最好，这时气温在20～25℃之间，最适宜扦插。扦插时，选用当年生半木质化发育健壮的枝梢作插穗，用刀带节取6～10cm，切口要求平滑整齐，剪除下部叶片，只留顶端3～4片小叶。插前，应在前一天用喷壶将盆内培养土喷潮，但不可喷得过多，到第二天正好湿润，最适合扦插，插的深度为3～4cm。插时，先用筷子在土中钻个洞，再将插穗插入，用手将土压实，使盆土与插穗充分接触，然后浇一次透水。插好后，花盆最好用塑料袋罩上，袋口用带子扎好，需要浇水时再打开，浇实后重新扎好。压条繁殖时，一般采用高枝压条。杜鹃压条常在4～5月间进行。嫁接繁殖时，可一砧接多穗、多品种，生长快，株形好，成活率高。播种繁殖时，一般种子的成熟期从每年的10月至翌年1月，当果皮由青转黄至褐色时，果的顶端裂开，种子开始散落，此时要随时采收。如果有温室条件，随采随播发芽率高。一般播种时间为3～4月份，采用盆播，播种后第二年春季出花房，放在荫棚下养护。

6. 应用：杜鹃枝繁叶茂，绮丽多姿，萌发力强，耐修剪，根桩奇特，是优良的盆景材料。园林中最宜在林缘、溪边、池畔及岩石旁成丛成片栽植，也可于疏林下散植。杜鹃也是花篱的良好材料，还可经修剪培育成各种形态。杜鹃专类园极具特色。在花季中绽放时杜鹃总是给人热闹而喧腾的感觉，而不是花季时，深绿色的叶片也很适合栽种在庭园中作为矮墙或屏障。

六、猬　　实

1. 学名：*Kolkwitzia amabilis Graebn.*

2. 科属：忍冬科，猬实属

3. 形态特征：落叶灌木，高达3m；干皮薄片状剥裂；小枝幼时疏生长毛。单叶对生，卵形至卵状椭圆形，长3～7cm，基部圆形，先端渐尖，缘疏生浅齿或近全缘，两面有毛；

叶柄短。花成对，两花萼筒紧贴，密生硬毛；花冠钟状，粉红色，喉部黄色，长 1.5～2.5cm，端 5 裂，雄蕊 4；顶生伞房状聚伞花序；5 月初开花。瘦果状核果卵形，2 个合生（有时 1 个不发育），密生针刺，形似刺猬，故名（见彩图 149）。

4. 生态习性：喜温暖湿润和光照充足的环境，耐干旱，有一定的耐寒性，在北京能露地栽培。

5. 繁殖与栽培：播种、扦插、分株、压条繁殖。播种应在 9 月采收成熟果实，取种子用湿沙层积贮藏越冬，春播后发芽整齐。扦插可在春季选取粗壮的休眠枝，或在 6～7 月间用半木质化嫩枝，露地苗床扦插，容易生根成活。分株于春、秋两季均可，秋季分株后假植到春天栽植，易于成活。

6. 应用：猬实植株紧凑，树干丛生，株丛姿态优美，开花期正值初夏百花凋谢之时，故更为可贵。其花序紧凑、花密色艳，盛开时繁花似锦、满树粉红，给人以清新、兴旺的感觉，可广泛用于长江以北多种场合的绿化和美化。夏秋全树挂满形如刺猬的小果，作为观果花卉，亦属别致，是初夏北方重要的花灌木之一。猬实于园林中群植、孤植、丛植均美。既可作为孤植树栽植于房前屋后、庭院角隅，也可三三两两呈组状栽植于草坪、山石旁、水池边或坡地，使造景观更加贴近自然，还可以与乔木、绿篱等一起配植于道路两侧、花带等形成一个多变的、多层次的立体造形，既增加了绿化层次，又丰富了园林景色。

七、夹 竹 桃

1. 学名：*Nerium indicum Mill.*

2. 科属：夹竹桃科，夹竹桃属

3. 形态特征：常绿灌木，高达 5m。3 叶轮生，狭披针形，长 11～15cm，全缘而略反卷，侧脉平行，硬革质。花冠通常为粉红色，漏斗形，径 2.5～5cm，裂片 5，倒卵形并向右扭旋；喉部有鳞片状副花冠，顶端流苏状；顶生聚伞花序；夏季开花，有时有香气。蓇葖果细长，长 10～18cm（见彩图 150）。

4. 生态习性：喜光，喜温暖湿润的气候，不耐寒，忌水渍，耐一定程度的空气干燥。适生于排水良好、肥沃的中性土壤，微酸、微碱性土也能适应。

5. 繁殖与栽培：扦插繁殖为主，也可分株和压条。扦插在春季和夏季都可进行。插条基部浸入清水 10d 左右，保持浸水新鲜，插后提前生根，成活率也高。具体做法是，春季剪取的 1～2 年生枝条，截成 15～20cm 的茎段，20 根左右捆成一束，浸于清水中，入水深为茎段的 1/3，每 1～2d 换同温度的水一次，温度控制在 20～25℃，待发现浸水部位发生不定根时即可扦插。扦插时应在插壤中用竹筷打洞，以免损伤不定根。由于夹竹桃老茎基部的萌蘖能力很强，常抽生出大量嫩枝，可充分利用这些枝条进行夏季嫩枝扦插。选用半木质化程度插条，保留顶部 3 片小叶，插于基质中，注意及时遮阳和水分管理，成活率也很高。压条繁殖时，先将压埋部分刻伤或作环割，埋入土中，2 个月左右即可剪离母体，来年带土移栽。

6. 应用：夹竹桃的叶片如柳似竹，红花灼灼，胜似桃花，花冠粉红至深红或白色，有特殊香气，花期为 6～10 月，是有名的观赏花卉。花集中长在枝条的顶端，它们聚集在一起好似一把张开的伞。夹竹桃有抗烟雾、抗灰尘、抗毒物和净化空气、保护环境的能力。夹竹桃的叶片对二氧化硫、二氧化碳、氟化氢、氯气等对人体有害的气体有较强的抵抗作用。夹竹桃即使全身落满了灰尘，仍能旺盛生长，被人们称为"环保卫士"。

八、山　　茶

1. 学名：*Camellia japonica L.*

2. 科属：茶科，山茶属

3. 形态特征：灌木或小乔木，高至15m。叶倒卵形或椭圆形，长5～10.5cm，宽2.5～6cm，短钝渐尖，基部楔形，有细锯齿，叶干后带黄色；叶柄长8～15mm。花单生或对生于叶腋或枝顶，大红色，花瓣5～6个，栽培品种有白、淡红等色，且多重瓣，顶端有凹缺；花丝无毛；子房无毛，花柱顶端3裂。蒴果近球形，直径2.2～3.2cm（见彩图151）。

4. 生态习性：喜半阴，喜温暖湿润的气候；有一定的耐寒能力，在青岛和西安小气候良好处可露地栽培；喜肥沃湿润而排水良好的酸性土壤，在整个生长发育过程中需要较多水分，水分不足会引起落花、落蕾、萎蔫等现象；对海潮风有一定的抗性。

5. 繁殖与栽培：常用繁殖方法有扦插、嫁接、播种。扦插繁殖以6月中旬和8月底左右最为适宜。选树冠外部组织充实、叶片完整、叶芽饱满的当年生半熟枝为插条，长8～10cm，先端留2片叶。剪取时，基部尽可能带一点老枝，插后易形成愈伤组织，发根快。插条清晨剪下，要随剪随插，插入基质3cm左右，扦插时要求叶片互相交接，插后用手指按实。以浅插为好，这样透气，愈合生根快。插床需遮阴，每天喷雾叶面，保持湿润，温度维持在20～25℃，插后约3周开始愈合，6周后生根。当根长3～4cm时移栽上盆。扦插时使用0.4%～0.5%的吲哚丁酸溶液浸蘸插条基部2～5s，有明显促进生根的效果。嫁接繁殖，常用于扦插生根困难或繁殖材料少的品种。以5～6月、新梢已半木质化时进行嫁接成活率最高，接活后萌芽抽梢快。砧木以油茶为主，10月采种，冬季沙藏，翌年4月上旬播种，待苗长至4～5cm，即可用于嫁接。采用嫩枝劈接法，用刀片将芽砧的胚芽部分割除，在胚轴横切面的中心，沿髓心向上纵劈一刀，然后取山茶接穗一节，也将节下基部削成正楔形，立即将削好的接穗插入砧木裂口的底部，对准两边的形成层，用棉线缚扎，套上清洁的塑料口袋。约40d后去除口袋，60d左右才能萌芽抽梢。播种繁殖适用于单瓣或半重瓣品种。种子10月中旬成熟，即可播种。以浅播为好，用蛭石作基质，覆盖6mm，室温21℃，每晚照光10h，能促进种子萌发，播后15d开始萌发，30d内苗高达到8cm，幼苗具2～3片叶时移栽。

6. 应用：山茶花，枝叶繁茂，四季常青，开花于冬末春初万花凋谢之时，尤为难得。古往今来，很多诗人写下了赞美山茶花的诗句。郭沫若先生曾用"茶花一树早桃红，白朵彤云啸傲中"的诗句赞美山茶花盛开的景况。山茶花耐阴，配置于疏林边缘，生长最好；假山旁植可构成山石小景；亭台附近散点三五株，格外雅致；若辟以山茶园，花时艳丽如锦；庭院中可于院墙一角散植几株，自然潇洒；如选杜鹃、玉兰相配置，则花时红白相间，争奇斗艳；森林公园也可于林缘路旁散植或群植一些性健品种，花时可为山林生色不少。

九、红花檵木

1. 学名：*Loropetalum chinense（R. Br.）Oliver var. rubrum Yieh*

2. 科属：金缕梅科，檵木属

3. 形态特征：常绿灌木或小乔木。树皮暗灰或浅灰褐色，多分枝。嫩枝红褐色，密被星状毛。叶革质互生，卵圆形或椭圆形，长2～5cm，先端短尖，基部圆而偏斜，不对称，两面均有星状毛，全缘，暗红色。4～5月开花，花期长，约30～40d，国庆节能再次开花。

花 3～8 朵簇生在总梗上呈顶生头状花序，紫红色（见彩图 152）。

4. 生态习性：喜光，稍耐阴，但阴时叶色容易变绿。适应性强，耐旱。喜温暖，耐寒冷。萌芽力和发枝力强，耐修剪。耐瘠薄，但适宜在肥沃、湿润的微酸性土壤中生长。

5. 繁殖与栽培：常用的繁殖方法有嫁接繁殖、扦插繁殖和播种繁殖。嫁接繁殖时，主要用切接和芽接 2 种方法。嫁接于 2～10 月均可进行，切接以春季发芽前进行为好，芽接则宜在 9～10 月。扦插繁殖 3～9 月均可进行，选用疏松的黄土为扦插基质，确保扦插基质通气透水和较高的空气湿度，保持温暖但避免阳光直射，同时注意扦插环境通风透气。红花檵木插条在温暖湿润条件下，20～25d 形成红色愈合体，1 个月后即长出 0.1cm 粗、1～6cm 长的新根 3～9 条。嫩枝扦插于 5～8 月，采用当年生半木质化枝条，剪成 7～10cm 长带踵的插穗，插入土中 1/3；插床基质可用珍珠岩或用 2 份河沙、6 份黄土或山泥混合。插后搭棚遮阴，适时喷水，保持土壤湿润，30～40d 即可生根。播种繁殖时，春夏播种，红花檵木种子发芽率高，播种后 25d 左右发芽，1 年能长到 6～20cm 高，抽发 3～6 个枝。红花檵木实生苗新根呈红色、肉质，前期必须精细管理，直到根系木质化并变褐色时，方可粗放管理。有性繁殖因其苗期长，生长慢，且有白花檵木苗出现（返祖现象），一般不用于苗木生产，而用于红花檵木育种研究。一般在 10 月采收种子，11 月份冬播或将种子密封干藏至翌春播种，种子用沙子擦破种皮后条播于半沙土苗床，播后 25d 左右发芽，发芽率较低。1 年生苗高可达 6～20cm，抽发 3～6 个枝。2 年后可出圃定植。

6. 应用：红花檵木枝繁叶茂，姿态优美，耐修剪，耐蟠扎，可用于绿篱，也可用于制作树桩盆景，花开时节，满树红花，极为壮观。红花檵木为常绿植物，新叶鲜红色，不同株系成熟时叶色、花色各不相同，叶片大小也有不同，在园林应用中主要考虑叶色及叶的大小两方面因素带来的不同效果。红花檵木生态适应性强，耐修剪，易造型，广泛用于色篱、模纹花坛、灌木球、彩叶小乔木、桩景造型、盆景等城市绿化美化。

十、天目琼花

1. 学名：*Viburnum opulus L. var. calvescens (Rehd.) Hara*

2. 科属：忍冬科，荚蒾属

3. 形态特征：落叶灌木，高 2～3m。小枝、叶柄和总花梗均无毛。树皮暗灰褐色，有纵条及软木条层；小枝褐色至赤褐色，具明显条棱。叶浓绿色，单叶对生；卵形至阔卵圆形，通常浅 3 裂，基部圆形或截形，具掌状 3 出脉，裂片微向外开展，中裂长于侧裂，先端均渐尖或突尖，边缘具不整齐的大齿；叶柄粗壮，无毛，近端处有腺点。伞形聚伞花序顶生，紧密多花，由 6～8 小伞房花序组成，能孕花在中央，外围有不孕的辐射花，总柄粗壮；花冠杯状，辐状开展，乳白色，5 裂；花药紫色；不孕性花白色，深 5 裂。核果球形，鲜红色，有臭味经久不落。种子圆形，扁平。花期 5～6 月。果期 8～9 月（见彩图 153）。

4. 生态习性：喜光又耐阴；耐寒，多生于夏凉湿润多雾的灌丛中；对土壤要求不严，微酸性及中性土都能生长。

5. 繁殖与栽培：多用播种繁殖。引种时对空气相对湿度、半阴条件要求明显，幼苗须遮阴，成年苗植于林缘，生长发育正常。根系发达，移植容易成活。

6. 应用：天目琼花清香，叶绿、花白、果红，是美丽的春季观花、秋季赏果灌木，各地园林中常见栽培。植于草地、林缘均适宜；其又耐阴，是种植于建筑物北面的好树种。

十一、胡 颓 子

1. 学名：*Elaeagnus pungens Thunb.*

2. 科属：胡颓子科，胡颓子属

3. 形态特征：常绿直立灌木，高 3～4m，具刺，刺顶生或腋生，有时较短，深褐色；幼枝微扁棱形，密被锈色鳞片，老枝鳞片脱落，黑色，具光泽。叶革质，椭圆形或阔椭圆形，稀矩圆形，两端钝形或基部圆形，边缘微反卷或皱波状；叶柄深褐色。花白色或淡白色，下垂，密被鳞片，1～3 花生于叶腋锈色短小枝上；萼筒圆筒形或漏斗状圆筒形，在子房上骤收缩，裂片三角形或矩圆状三角形，顶端渐尖；雄蕊的花丝极短，花药矩圆形；花柱直立，超过雄蕊。果实椭圆形，幼时被褐色鳞片，成熟时红色。花期 9～12 月，果期次年 4～6 月（见彩图 154）。

4. 生态习性：抗寒力比较强，在华北南部可露地越冬，能忍耐零下 8℃左右的绝对低温，生长适温为 24～34℃，耐高温酷暑。在原产地虽生长在山坡上的疏林下面及阴湿山谷中，但不怕阳光暴晒，也具有较强的耐阴力。对土壤要求不严，在中性、酸性和石灰质土壤上均能生长，耐干旱和瘠薄，不耐水湿。

5. 繁殖与栽培：多用播种繁殖和扦插繁殖。播种繁殖时，每年 5 月中下旬将果实采下后堆积起来，经过一段时间的成熟自己腐烂，再将种子淘洗干净立即播种。种子发芽率只有 50% 左右，因此应适当加大播种量，采用开沟条播法，行距 15～20cm，覆土厚 1.5cm，播后盖草保墒。播种后已进入夏季，气温较高，一个多月即可全部出齐，应立即搭棚遮阴，当年追肥 2 次，翌年早春分苗移栽，再培养 1～2 年即可出圃。扦插时，扦插多在 4 月上旬进行，剪充实的 1～2 年生枝条做插穗，截成 12～15cm 长一段，保留 1～2 枚叶片，入土深 5～7cm。如在露地苗床扦插需搭棚遮阴，盆插时应放在荫棚下养护，2 个月左右生根，可继续在露地苗床培养大苗，也可上盆培养。移植以春季 3 月最适宜。

6. 应用：株形自然，红果下垂，适于草地丛植，也用于林缘、树群外围作自然式绿篱。

十二、美 人 梅

1. 学名：*Prunus blireana cv. Meiren*

2. 科属：蔷薇科，李属

3. 形态特征：落叶小乔木或灌木，法国引进。枝直上或斜伸，生长势旺盛，小枝细长紫红色，叶似杏叶互生，广卵形至卵形，先端渐尖，基部广楔形，叶柄长 1～1.5cm，叶缘有细锯齿，叶被生有短柔毛，花色浅紫，重瓣花，先于叶开放，萼筒宽钟状，萼片 5 枚，近圆形至扁圆，花瓣 15～17 枚，小瓣 5～6 枚，花梗 1.5cm，雄蕊多数，自然花期自 3 月 18 日第一朵花开以后，逐次自上而下陆续开放至 4 月中旬（见彩图 155）。

4. 生态习性：美人梅抗寒性强。属阳性树种，在阳光充足的地方生长健壮，开花繁茂。抗旱性较强，喜空气湿度大，不耐水涝。对土壤要求不严，以微酸性的黏壤土（pH 值为 6 左右）为好。不耐空气污染，对氟化物、二氧化硫和汽车尾气等比较敏感。

5. 繁殖与栽培：采用嫁接、压条的方法繁殖。嫁接时，在晚秋落叶后或早春萌芽前进行嫁接，砧木可采用桃或杏及梅实生苗。接穗宜先用美人梅树上 1～2 年生无病虫害的健壮枝条，短截成有 3～5 个饱满芽作接穗。嫁接进程中要求嫁接刀锋利并且用力均匀，使切面光滑。嫁接动作要迅速。嫁接后嫁接部位近地时可用土埋住，防止水分散失。接穗或芽成活后及时除去薄膜和覆土，以利于形成层的愈合及新芽的成长。对于砧木要及时剪砧和抹芽，使养分集中供给接穗生长。压条时，一般10月中下旬扦插较易生根。采条一般选生长健壮的树冠上部或外围枝条，插后注意防寒防风。

6. 应用：美人梅是重要的园林观花观叶树种。早春，花先于叶开放，猩红色的花朵布满全树，绚丽夺目，妩媚可爱。可孤植、片植或与绿色观叶植物相互搭配植于庭院或园路旁。观赏价值高，用途广，美人梅其亮红的叶色和紫红的枝条是其他梅花品种中少见的，可供一年四季观赏。其用途很广，既可布置庭院、开辟专园、作梅园、梅溪等大片栽植，又可作盆栽，制作盆景供各大宾馆、饭店摆花，节日摆花，还可作切花等其他装饰用。

十三、贴梗海棠

1. 学名： *Chaenomeles speciosa* （*Sweet*） *Nakai*

2. 科属：蔷薇科，木瓜属

3. 形态特征：落叶灌木或小乔木，高可达7m，无枝刺；小枝圆柱形，紫红色，幼时被淡黄色绒毛；树皮片状脱落，落后痕迹显著。叶片椭圆形或椭圆状长圆形，先端急尖，基部楔形或近圆形；叶柄粗壮，被黄白色绒毛；托叶膜质，椭圆状披针形，边缘具腺齿，沿叶脉被柔毛。花单生于短枝端；花梗粗短，无毛；萼筒外面无毛；萼裂片三角状披针形，先端长渐尖，边缘具稀疏腺齿；花瓣倒卵形，淡红色；雄蕊长约5mm；花柱长约6mm，被柔毛。梨果长椭圆体形，深黄色，有芳香，具短果梗。花期4月，果期9～10月（见彩图156）。

4. 生态习性：温带树种。适应性强，喜光，也耐半阴，耐寒，耐旱。对土壤要求不严，在肥沃、排水良好的黏土、壤土中均可正常生长，忌低洼和盐碱地。

5. 繁殖与栽培：一般用扦插、压条和播种法繁殖。扦插繁殖法，可采发育较好的1～2年生枝条，将其剪为2～3cm长的插条，并在每条留2～3个节，一般在春季发芽前或秋季落叶后扦插，在春季可大面积扦插。按行距30cm在整好的苗床上开深2～3cm的沟，以10cm株距于沟内斜插后进行填土压实，再实施浇水和盖草，确保土壤湿润，等到枝条生长出新叶和新根，即可除盖草。压条繁殖法一般在春、秋两季于老树周围挖穴，再把生长于其根部的枝条弯曲下来，压入其中，而在土里埋下中间部分，只在穴外留住枝梢。为了促其生根发芽，用刀在靠近老树的枝条基部把皮割开一个缺口，等其生根后就切断枝条，带着根进行移栽。移栽的时候，要选好地块再挖树穴，要让栽树的深浅基本与苗木原生根痕保持一致，以便根系能够舒展在穴内，等栽好再把定根水浇足。一般春、秋季为最佳移栽时间。种子繁殖法一般在10月下旬开始秋播，选取成熟的鲜木瓜种子，把外皮稍晾干后播种，播后出苗不能在当年而在翌年春季。也可以把春季作为播种时间，采收种子后以湿沙储藏到下一年的2～3月再进行播种，播种之前应将事先选好的地深翻3cm，将杂物、杂草抖净后，开沟播种，播完种后，接着覆土、耧平并压实。出苗应在播后待地温10℃左右之时。在冬季可以挖出苗，移栽要在冬季没有下雪的天气或翌年春季2月。

6. 应用：公园、庭院、校园、广场等道路两侧可栽植贴梗海棠树，亭亭玉立，花果繁茂，灿若云锦，清香四溢，效果甚佳。贴梗海棠作为独特孤植观赏树或三五成丛的点缀于园林小品或园林绿地中，也可培育成独干或多干的乔灌木作片林或庭院点缀；春季观花夏秋赏果，淡雅俏秀，多姿多彩，使人百看不厌，取悦其中。贴梗海棠可制作多种造型的盆景，被称为盆景中的十八学士之一。贴梗海棠盆景可置于厅堂、花台、门廊角隅、休闲场地，可与建筑合理搭配，使庭园胜景倍添风采，被点缀得更加幽雅清秀。

十四、牡　　丹

1. 学名：*Paeonia suffruticosa Andr.*

2. 科属：芍药科，芍药属

3. 形态特征：落叶灌木，高达 2m。二回三出复叶互生，小叶卵形，3～5 裂，背有白粉，无毛。花大，径 12～30cm，单生枝端；心皮有毛，并全被革质花盘所包；单瓣或重瓣，颜色有白、粉红、深红、紫红、黄、豆绿等色；花期为 4 月下旬至 5 月上旬。聚合蓇葖果，密生黄褐色毛；9 月果熟（见彩图 157）。

4. 生态习性：性喜温暖、凉爽、干燥、阳光充足的环境。喜阳光，也耐半阴，耐寒，耐干旱，耐弱碱，忌积水，怕热，怕烈日直射。适宜在疏松、深厚、肥沃、地势高燥、排水良好的中性沙壤土中生长。酸性或黏重土壤中生长不良。

5. 繁殖与栽培：牡丹繁殖方法有分株、嫁接、播种等，但以分株及嫁接居多，播种方法多用于培育新品种。分株具体方法为：将生长繁茂的大株牡丹整株掘起，从根系纹理交接处分开。每株所分子株多少以原株大小而定，大者多分，小者可少分。一般每 3～4 枝为一子株，且有较完整的根系，再以硫黄粉少许和泥，将根上的伤口涂抹、擦匀，即可另行栽植。分株繁殖的时间是在每年的秋分到霜降期间，适时进行为好。牡丹的嫁接繁殖，依所用砧木的不同分为两种，一种是野生牡丹；一种是用芍药根。常用的牡丹嫁接方法主要有嵌接法、腹接法和芽接法三种。嵌接法嫁接的时间一般是每年的 9 月下旬至 10 月上旬为最佳时间。其砧木是用直径 2～3cm、长 10～15cm 的粗壮而无病虫害的芍药根。腹接法是高接换头改良品种的方法，它是利用劣种牡丹或 8～10 年生的药用牡丹植株上的众多枝条，嫁接成不同色泽的优良品种。嫁接时间为 7 月上旬至 8 月中旬。芽接法在 5～7 月间进行，嫁接时以晴天为好，其方法有贴皮法和换芽法两种。播种繁殖，是以种子繁衍后代或选育新品种，是一种有性繁殖方法。

6. 应用：牡丹色、姿、香、韵俱佳，花大色艳，花姿绰约，韵压群芳，故有"国色天香"的美称，更被赏花者评为"花中之王"，而从诗句"倾国姿容别，多开富贵家，临轩一赏后，轻薄万千花"中可见其评价。在园林中常作专类花园及供重点美化用。又可植于花台、花池观赏，亦可行自然式孤植或从植于岩旁、草坪边缘或配置于庭院。此外，亦可盆栽作室内观赏或作切花瓶插用。

十五、月　　季

1. 学名：*Rosa chinensis Jacq.*

2. 科属：蔷薇科，蔷薇属

3. 形态特征：矮小直立灌木；小枝有粗壮而略带钩状的皮刺，有时无刺。羽状复叶，小叶 3～5，少数 7，宽卵形或卵状矩圆形，先端渐尖，基部宽楔形或近圆形，边缘有锐锯齿，两面无毛；叶柄和叶轴散生皮刺和短腺毛；托叶大部附生于叶柄上，边缘有腺毛。花常数朵聚生；花梗长，少数短，散生短腺毛；花红色或玫瑰色，直径约 5cm，微香；萼裂片卵形，羽状分裂，边缘有腺毛。蔷薇果卵圆形或梨形，长 1.5～2cm，红色（见彩图 158）。

4. 生态习性：月季对气候、土壤的要求虽不严格，但以疏松、肥沃、富含有机质、微酸性、排水良好的壤土较为适宜，性喜温暖、日照充足、空气流通的环境。大多数品种最适温度白天为 15～26℃，晚上为 10～15℃。

5. 繁殖与栽培：通常用嫁接法和扦插法繁殖，也可用播种法繁殖。嫁接法嫁接常用野蔷薇作砧木，分为芽接和枝接两种。芽接成活率较高，一般于 8～9 月进行，嫁接部位要尽量靠近地面，具体方法是：在砧木茎枝的一侧用芽接刀于皮部做"T"形切口，然后从月季的当年生长发育良好的枝条中部选取接芽。将接芽插入"T"形切口后，用塑料袋扎缚，并适当遮阴，这样经过两周左右即可愈合。扦插法一般在早春或晚秋月季休眠时，剪取成熟的带 3～4 个芽的枝条进行扦插。如果嫩枝扦插，要适当遮阴，并保持苗床湿润。扦插后一般30d 即可生根，成活率 70%～80%。扦插时若用生根粉蘸枝，成活率更高。播种法即春季播种繁殖，可穴播，也可沟播，通常在 4 月上中旬即可发芽出苗。移植时间分春植和秋植两种，一般在秋末落叶后或初春树液流动前进行。

6. 应用：月季花在园林绿化中有着不可或缺的价值，月季是南北园林中使用次数最多的一种花卉。月季花是春季主要的观赏花卉，其花期长，观赏价值高，价格低廉，受到各地园林的喜爱，可用于园林布置花坛、花境、庭院花材，可制作月季盆景，作切花、花篮、花束等。月季因其攀援生长的特性，主要用于垂直绿化，美花环境中具有独特的作用。如能构成赏心悦目的廊道和花柱，做成各种拱形、网格形、框架式架子供月季攀附，再经过适当的修剪整形，可装饰建筑物，成为联系建筑物与园林的巧妙"纽带"。

十六、野 蔷 薇

1. 学名：*Rosa multiflora Thunb.*

2. 科属：蔷薇科，蔷薇属

3. 形态特征：落叶灌木，高 1～2m；枝细长，上升或蔓生，有皮刺。羽状复叶；小叶5～9，倒卵状圆形至矩圆形，先端急尖或稍钝，基部宽楔形或圆形，边缘具锐锯齿，有柔毛；叶柄和叶轴常有腺毛；托叶大部附着于叶柄上，先端裂片成披针形，边缘篦齿状分裂并有腺毛。伞房花序圆锥状，花多数；花梗有腺毛和柔毛；花白色，芳香；花柱伸出花托口外，结合成柱状，几与雄蕊等长，无毛。蔷薇果球形至卵形，直径约 6mm，褐红色（见彩图 159）。

4. 生态习性：野蔷薇性强健，喜光，耐半阴，耐寒，对土壤要求不严，在黏重土中也可正常生长。耐瘠薄，忌低洼积水。以肥沃、疏松的微酸性土壤最好。喜光的植物在阳光比较充分的环境中，才能正常生长或生长良好，而在阴蔽环境中，生长不正常甚至死亡。

5. 繁殖与栽培：常用分株和扦插法繁殖，春季、初夏和早秋均可进行。也可播种，可秋播或沙藏后春播，播后 1～2 个月发芽。分株即是将植物的根、茎基部长出的小分枝与母株相连的地方切断，然后分别栽植，使之长成独立的新植株的繁殖方法。此法简单易行，成活快，园艺上广泛应用。扦插也称插条，是一种培育植物的常用繁殖方法。可以剪取某些植物的茎、叶、根、芽等（在园艺上称插穗），或插入土中、沙中，或浸泡在水中，等到生根后就可栽种，使之成为独立的新植株。为了保证扦插的成活，必须注意以下几个关键性的问题：要选择生长健壮没有病虫害的枝条作插穗；一般植物的扦插以保持 20～25℃生根最快；扦插后要切实注意使扦插基质保持湿润状态，但也不可使之过湿，否则引起腐烂。

6. 应用：疏条纤枝，横斜披展，叶茂花繁，色香四溢，是良好的春季观花树种，适用于花架、长廊、粉墙、门侧、假山石壁的垂直绿化，对有毒气体的抗性强。也可用于基础种植，河坡悬垂，还可植于围墙旁，引其攀附。

十七、玫　　瑰

1. 学名： *Rosa rugosa Thunb.*

2. 科属： 蔷薇科，蔷薇属

3. 形态特征： 直立灌木，高约2m；枝干粗壮，有皮刺和刺毛，小枝密生绒毛。羽状复叶；小叶5～9，椭圆形或椭圆状倒卵形，边缘有钝锯齿，质厚，上面光亮，多皱，无毛，下面苍白色，有柔毛及腺体；叶柄和叶轴有绒毛及疏生小皮刺和刺毛；托叶大部附着于叶柄上。花单生或3～6朵聚生；花紫红色至白色，芳香。蔷薇果扁球形，红色，平滑，具宿存萼裂片（见彩图160）。

4. 生态习性： 玫瑰喜阳光充足，耐寒、耐旱，喜排水良好、疏松肥沃的壤土或轻壤土，在黏壤土中生长不良，开花不佳。宜栽植在通风良好、离墙壁较远的地方，以防日光反射，灼伤花苞，影响开花。冬季入室，放于向阳处。适宜生长温度12～28℃，可耐−20℃的低温。

5. 繁殖与栽培： 玫瑰繁殖方法较多，一般以扦插、分株为主。扦插时，带踵嫩枝插，即在早春选新萌发的枝，用利刀在其茎部带少许木质削下，用生长激素处理后插入扦插床或小盆中。半木质化枝扦插是在6～9月，选择玫瑰花朵初谢的枝条，剪去花柄，削平其下部，以2～3节为一段，切除下面的一枚叶片，再剪去条留叶片的大部，用生长刺激素处理后插于扦插床或小盆中。硬枝扦插，是将越冬前剪下的一年生充实枝条，2～3节为一段，每10枝成一捆，在低温温室内挖一个30cm的坑将插条倒埋在湿润沙土中，顶部覆土5～10cm（要保持不干），第二年早春，将插穗插入插床。硬枝水插法，选带1～2片叶的半木质化枝或硬枝，用利刀将基部削平，插入盛水容器中，枝条浸入水中1/2，放在15～20℃且能见到阳光的地方，使其长出根来。在促根期间，容器内的水每隔2～3天要更换一次，等枝上新根的表皮变为浅黄或淡褐色时，即可取出细心栽入营养袋中培养。分株繁殖时，一般可将玫瑰适当深栽或根部培土，促使各分枝茎部长新根。结合换盆，可将长新根的侧枝切开，另成一新植株。

6. 应用： 玫瑰根茎软，无法做成鲜切花，且玫瑰花瓣只有三轮，因此用玫瑰和月季杂交而来的五轮花瓣的现代月季作为市场的鲜切花"玫瑰"，它是中国传统的十大名花之一，也是世界四大切花之一，素有"花中皇后"之美称。玫瑰是城市绿化和园林的理想花木，适用于花篱，也是街道庭院园林绿化、花径花坛及百花园材料，也可修剪造型，点缀广场、草地、堤岸、花池。花期玫瑰可分泌植物杀菌素，杀死空气中大量的病原菌，有益于人们身体健康。

十八、黄　刺　玫

1. 学名： *Rosa xanthina Lindl.*

2. 科属： 蔷薇科，蔷薇属

3. 形态特征： 灌木，高1～3m；小枝褐色，幼时微生柔毛，有硬皮刺。单数羽状复叶，小叶片7～13，宽卵形或近圆形，少数椭圆形，先端钝，基部近圆形，边缘有钝锯齿，下面幼时微生柔毛；叶柄和叶轴有疏柔毛及疏生小皮刺；托叶大部分附着于叶柄上。花单生，黄色，无苞片；花梗无毛；萼裂片披针形，全缘，宿存；花瓣重瓣或单瓣，倒卵形。蔷薇果近球形，红褐色（见彩图 161）。

4. 生态习性：喜光，稍耐阴，耐寒力强。对土壤要求不严，耐干旱和瘠薄，在盐碱土中也能生长，以疏松、肥沃的土地为佳。不耐水涝。少病虫害。

5. 繁殖与栽培：黄刺玫的繁殖主要用分株法。因黄刺玫分蘖力强，重瓣种又一般不结果，分株繁殖方法简单、迅速，成活率又高。对单瓣种也可用播种法繁殖。扦插繁殖时，因黄刺玫多在北方栽培应用，春季温度低，多采用嫩枝扦插，北方于 6 月上中旬选择当年生半木质化枝条进行扦插，方法同季春插法。压条繁殖时，在早春萌芽前、大地解冻后进行，分株时先将枝条重剪，连根挖起，用利刀将根劈开即可定植，定植后需加强肥水管理。栽植黄刺玫一般在 3 月下旬至 4 月初，需带土球栽植。

6. 应用：春天开金黄色花朵，而且花期较长，实为北方园林春景添色不少。宜于草坪、林缘、路边丛植，可作保持水土及园林绿化树种。

十九、荚　　蒾

1. 学名：*Viburnum dilatatum Thunb.*

2. 科属：忍冬科，荚蒾属

3. 形态特征：灌木，高达 3m。叶宽倒卵形至椭圆形，顶端渐尖至骤尖，边有牙齿，上面疏生柔毛，下面近基部两侧有少数腺体和无数细小腺点，脉上常生柔毛或星状毛；侧脉 6～7 对，伸达齿端；叶柄长 1～1.5cm。花序复伞形状；萼筒长约 1mm，有毛至仅具腺点；花冠白色，辐状，长约 2.5mm，无毛至生疏毛；雄蕊 5，长于花冠。核果红色，椭圆状卵形（见彩图 162）。

4. 生态习性：喜光照，耐寒性好，喜疏松肥沃、湿润、富含有机质的土壤。生于山坡或山谷疏林下、林缘及山脚灌丛中，海拔 100～1000m。

5. 繁殖与栽培：荚蒾用播种繁殖。秋冬采种，种子具休眠期，用湿沙层积以通过后熟作用及打破休眠后，于翌年春播种，栽培容易，可裸根移栽，但应适当剪枝。

6. 应用：荚蒾枝叶稠密，树冠球形；叶形美观，入秋变为红色；开花时节，纷纷白花布满枝头；果熟时，累累红果，令人赏心悦目。如此集叶花果为一树，实为观赏佳木，是制作盆景的良好素材。

二十、云南黄素馨

1. 学名：*Jasminum mesnyi Hance*

2. 科属：木犀科，素馨属

3. 形态特征：半常绿灌木，高达 3～4.5m；枝绿色，细长拱形。三出复叶对生，叶面光滑。花黄色，较迎春花大，径 3.5～4cm，花冠 6 裂或成半重瓣，单生于具总苞状单叶的小枝端；4 月开花，花期延续很久（见彩图 163）。

4. 生态习性：喜光，稍耐阴。喜温暖，略耐寒，气温低于 -12℃ 时会产生落叶，同时嫩梢受冻，但翌年尚能正常生长。对土壤的要求不严，耐干旱、瘠薄，但在土层深厚肥沃及排水良好的土壤中生长良好。萌蘖力强。

5. 繁殖与栽培：繁殖多用扦插、压条、分株法。只要注意浇水，极易成活。其枝端着地易生根，在雨水多的季节，最好能用棍棒挑动着地的枝条几次，不让它接触湿土生根，影响株丛整齐。为得到独干直立树形，可用竹竿扶持幼树，使其直立向上生长，并摘去基部的芽，待长到所需高度时，摘去顶芽，使形成下垂的拱形树冠。

6. 应用：云南黄素馨枝叶垂悬，树姿婀娜，春季黄花绿叶相衬，宜栽于水边驳岸或土墙的边缘，或栽于路边林缘；温室盆栽常编扎成各种形状观赏。

二十一、华北绣线菊

1. 学名： *Spiraea fritschiana Schneid.*

2. 科属：蔷薇科，绣线菊属

3. 形态特征：灌木，高 1～2m；小枝具明显棱角，紫褐色至浅褐色，幼时无毛或具稀疏短柔毛。叶片卵形、椭圆卵形或椭圆矩圆形，先端急尖或渐尖，基部宽楔形，边缘具不整齐的重锯齿或单锯齿，上面无毛，下面具短柔毛，叶柄长 2～5mm。复伞房花序顶生于当年生枝上，无毛，花白色。蓇葖果无毛或仅沿腹缝有短柔毛（见彩图 164）。

4. 生态习性：喜光也稍耐阴，抗寒，抗旱，喜温暖湿润的气候和深厚肥沃的土壤。萌蘖力和萌芽力均强，耐修剪。

5. 繁殖与栽培：播种、分株、扦插均可。华北绣线菊采用落水条播播种，播后覆盖地膜并进行常规浇水、除草、施肥等管理。夏季遮阴防止苗木日灼伤害，保证苗木正常生长。秋季增施磷钾肥，增强其抗寒性。11月上旬灌足防冻水使苗木顺利过冬，并防止来年早春土壤干旱枯梢现象。

6. 应用：园林绿化常孤植、丛植于草坪、角隅、路旁、岩石园及用作基础栽植，耐修剪，可修剪成球，也可用作绿篱、花篱、花境栽植。适宜做盆景栽植，亦可用作切花。

二十二、麻叶绣线菊

1. 学名： *Spiraea cantoniensis Lour.*

2. 科属：蔷薇科，绣线菊属

3. 形态特征：灌木，高达 1.5m；小枝拱形弯曲，无毛。叶片菱状披针形至菱状矩圆形，先端急尖，基部楔形，边缘自近中部以上具缺刻状锯齿，两面无毛，具羽状叶脉；叶柄长 4～7mm，无毛。伞形花序，具多数花朵；花梗长 8～14mm，无毛；花白色；萼筒钟状，外面无毛，裂片三角形或卵状三角形；花瓣近圆形或倒卵形；雄蕊 20～28，稍短于花瓣或几与花瓣等长。蓇葖果直立开张，无毛（见彩图 165）。

4. 生态习性：性喜温暖和阳光充足的环境。稍耐寒、耐阴，较耐干旱，忌湿涝。分蘖力强。生长适温 15～24℃，冬季能耐−5℃低温。土壤以肥沃、疏松和排水良好的沙壤土为宜。

5. 繁殖与栽培：常以播种、扦插和分株繁殖。播种法可春播或秋播。种子采后沙藏过冬，翌年春季 3～4 月播种，播后 25～30d 发芽。扦插在梅雨季节进行。剪取半木质化枝条，长 8～10cm，上端留 2～3 片叶，插入沙床，插后 25～30d 生根。分株在早春结合移栽进行，将母株的旁生萌蘖苗切开，适当截短后分栽。定植苗木应在落叶期进行，一般需带土栽植。生长期施肥 1～2 次。花后进行轻度修剪，适当剪除过密枝条。树势较差的植株，可在休眠期进行重剪更新，并增施肥料。

6. 应用：花繁密，盛开时枝条全被细小的白花覆盖，形似一条条拱形玉带，洁白可爱，叶清丽。可成片配置于草坪、路边、斜坡、池畔，也可单株或数株点缀花坛。

二十三、粉花绣线菊

1. 学名：*Spiraea japonica L. f.*

2. 科属：蔷薇科，绣线菊

3. 形态特征：直立灌木，高达 1.5m；枝条细长，开展，小枝近圆柱形，无毛或幼时被短柔毛。叶片卵形至卵状椭圆形，先端急尖至短渐尖，基部楔形，边缘有缺刻状重锯齿或单锯齿。复伞房花序生于当年生的直立新枝顶端，花朵密集，密被短柔毛。花瓣卵形至圆形，先端通常圆钝，粉红色；花盘圆环形；蓇葖果半开张。花期 6～7 月，果期 8～9 月（见彩图 166）。

4. 生态习性：喜光，阳光充足则开花量大，耐半阴；耐寒性强，能耐－10℃低温，喜四季分明的温带气候，在无明显四季交替的亚热带、热带地区生长不良；耐瘠薄，不耐湿，在湿润、肥沃、富含有机质的土壤中生长茂盛，生长季节需水分较多，但不耐积水，也有一定的耐干旱能力。

5. 繁殖与栽培：分株、扦插或播种繁殖。分株繁殖时，一般 2～3 月结合移植，从母株上分离萌蘗条，适当修剪后分栽，也可以在分株前培肥土，促使母株多发萌蘗，第 2 年再掘起分栽。扦插繁殖时理论上粉花绣线菊的嫩枝和硬枝都可以扦插，但嫩枝的扦插效果要明显优于硬枝，所以大多情况下，选取嫩枝扦插。为提高其利用价值，应提倡观花之后再行扦插繁殖。生根后逐渐撤去塑料膜和遮阴网，进行炼苗，第 2 年春天移栽。播种繁殖时，秋天种子成熟后，采摘、晒干、脱粒、贮藏，翌年春天将种子取出进行播盆，因其种子细小，播种繁殖需细心照顾。播前先将盆土洇透水，然后均匀地撒上种子，覆一层过筛细土，以后注意保湿，约 1 个月时间出苗。播种苗行距 50～60cm，南北行向为宜，覆土 2～3cm。另外，由于播种苗易患立枯病，因此，发病前喷波尔多液进行防治。

6. 应用：可作花坛、花境，或植于草坪及园路角隅等处构成夏日佳景，亦可作基础种植。粉花绣线菊花色妖艳，甚为醒目，且花期正值少花的春末夏初，可成片配置于草坪、路边、花坛、花径，或丛植于庭园一隅，亦可作绿篱，盛开时宛若锦带。利用粉花绣线菊繁密艳丽的花序、多彩的叶色可与山石、水体、喷泉、雕塑相配置，运用统一与变化、节奏与韵律、对比与协调等美学原则，起到点缀或映衬作用，组成风格各异的园林景观。

二十四、琼　　花

1. 学名：*Viburnum macrocephalum Fort. f. keteleeri （Carr.） Rehd.*

2. 科属：忍冬科，荚蒾属

3. 形态特征：灌木，高达 4m；幼枝被垢屑状星状毛，老枝灰黑色，冬芽无鳞片。叶卵形、椭圆形至卵状矩圆形，顶端钝或略尖，边有细齿，下面疏生星状毛，侧脉 5～6 对。花序直径 10～12cm，第一级辐枝 4～5 条，有白色、大型不孕的边花；萼筒无毛；花冠辐状；雄蕊 5，着生于近花冠筒基部，稍长于花冠。核果椭圆形，先红后黑（见彩图 167）。

4. 生态习性：喜光，略耐阴，喜温暖湿润的气候，较耐寒，宜在肥沃、湿润、排水良好的土壤中生长。长势旺盛，萌芽力、萌蘗力均强，种子有隔年发芽的习性。

5. 繁殖与栽培：常用播种繁殖和嫁接繁殖。种子繁殖时，11 月采种，堆放后熟，将种子洗净，用低温层积至翌年春播种，覆土需略厚，上面再盖草。当年 6 月有一部分发芽出土，这时可揭草遮阳，留床 2 年可换床分栽，4～5 年可供移栽用于庭园美化。嫁接繁殖时，琼花实生苗一般要 7～8 年方能开花，而若用成年琼花有花芽的枝条嫁接，成活后第一年就能开花。嫁接方法是：在 3 月初（芽萌动前），取能开花的母树枝条（通常为树冠中上部的外围枝条），剪下长约 5cm 的一段为接穗，留顶芽者较理想，一般用高接法，嫁接后置于遮阴处。待接穗的芽发出叶片后，再直接放在阳光下。琼花的主干与分枝之间存在着生长相关性，当侧枝高接后，应剪去主干的顶端，以加快接穗的成活与成长，使之早日进入盛花期。琼花移栽容易成活，应在早春萌动前进行，以半阴环境为佳，成活后注意肥水管理。主枝易萌发徒长枝，扰乱树形，花后可适当修枝，夏季剪去徒长枝先端，以整株形，花后应施肥一次，以利生长。

6. 应用： 琼花枝条广展，树冠呈球形，树姿优美，树形潇洒别致。琼花的美更在它那与众不同的花形，其花大如玉盆，由八朵五瓣大花围成一周，环绕着中间那颗白色的珍珠似的小花，簇拥着一团蝴蝶似的花蕊，微风吹拂之下，轻轻摇曳，宛若蝴蝶戏珠，又似八仙起舞，仙姿绰约，引人入胜。最宜孤植于草坪及空旷地，使其四面开展，体现其个体美；如群体一片，花开之时即有白云翻滚之效，十分壮观；栽于园路两侧，使其拱形枝条形成花廊，人们漫步于其花下，顿觉心旷神怡；配植于庭中堂前、墙下窗前，也极相宜。

二十五、红 瑞 木

1. 学名： *Swida alba Opiz*

2. 科属： 山茱萸科，梾木属

3. 形态特征： 落叶灌木，高 3m；枝血红色，无毛，常被白粉，髓部很宽，白色。叶对生，卵形至椭圆形，侧脉 5～6 对；叶柄长 1～2cm。伞房状聚伞花序顶生；花小，黄白色；花瓣卵状舌形；雄蕊 4；花盘垫状；子房近于倒卵形，疏被贴伏的短柔毛。核果斜卵圆形，花柱宿存，成熟时白色或稍带蓝紫色（见彩图 168）。

4. 生态习性： 红瑞木喜欢潮湿温暖的生长环境，适宜的生长温度是 22～30℃，光照充足。红瑞木喜肥，在排水通畅、养分充足的环境中，生长速度非常快。夏季应注意排水，冬季在北方有些地区容易受冻害。

5. 繁殖与栽培： 用播种、扦插和压条法繁殖。播种时，种子应沙藏后春播。扦插可选一年生枝，秋冬沙藏后于翌年 3 月～4 月扦插。压条可在 5 月将枝条环割后埋入土中，生根后在翌春与母株割离分栽。以下具体介绍扦插繁殖方法。扦插前应做好准备工作，根据当地气候条件，在枝条上的芽完全鼓起之前的 3 月下旬至 4 月上旬采集为好，因为这一时期树液刚开始流动，枝条上不仅有充足的水分，而且从植物的生物学特性来看，是枝条上吐绿的新芽里内源生根激素开始形成的时期。采完枝条后，立即剪条，剪条长度依据每个插条上保存 3 个芽为准。剪好的条，每 50 个条要下齐上不齐地捆好后，在清水深度 5～6cm 的平底容器内水解处理 3 昼夜。选择有遮阴的平坦地上铺 6～8cm 湿沙后，把插条按 75°的斜角倒置，上盖湿沙 5～6cm。根据沙子的干湿情况，每天浇水 2～3 次，这样延续 20～30d 后起出来扦插，由于插条底部朝上温度高容易形成愈伤组织，梢部朝下温度低不易发芽，达到倒插催根的目的。在建好棚、盖好遮阴网、做好床、浇透水的条件下，才能把倒插催根 20～30d 的插条起出来进行顺插。

6. 应用： 红端木秋叶鲜红，小果洁白，落叶后枝干红艳如珊瑚，是少有的观茎植物，也是良好的切枝材料。园林中多丛植于草坪上或与常绿乔木相间种植，得红绿相映之效果。

二十六、锦 带 花

1. 学名：*Weigela florida*（*Bunge*）*A. DC.*

2. 科属：忍冬科，锦带花属

3. 形态特征：落叶灌木，高达3m；小枝具两行柔毛。叶椭圆形或卵状椭圆形，长5～10cm，缘有锯齿，表面无毛或仅中脉有毛，背面脉上显具柔毛。花冠玫瑰红色，漏斗形，端5裂；花萼5裂，下半部合生，近无毛；通常3～4朵成聚伞花序；4～5(6)月开花。蒴果柱状；种子无翅（见彩图169）。

4. 生态习性：喜光，耐阴，耐寒；对土壤要求不严，能耐瘠薄土壤，但以深厚、湿润而腐殖质丰富的土壤生长最好，怕水涝。萌芽力强，生长迅速。

5. 繁殖与栽培：常用扦插、分株、压条法繁殖，为选育新品种可采用播种繁殖。锦带花的变异类型应采用扦插法育苗，种子繁殖难以保持变异后的性状。分株繁殖在早春和秋冬进行，多在春季萌动前后结合移栽进行，将整株挖出，分成数丛，另行栽种即可。压条繁殖是在生长季节将其压入土壤中，进行压条繁殖，通常在花后选下部枝条压，下部枝条容易呈匍匐状，节处很容易生根成活。播种时，采种可于9～10月采收，采收后，将蒴果晾干、搓碎、风选去杂后即可得到纯净的种子。种子直播或于播前1周，用冷水浸种2～3h，捞出放于室内，用湿布包着催芽后播种，效果更好。播种在4月上中旬进行，播后应用洇灌的方法浇水，不可用喷壶向土面喷水，以免将种子冲出土面，播后15d左右出苗。锦带花适应性强，分蘖旺，容易栽培。由于锦带花的生长期较长，入冬前顶端的小枝往往生长不充实，越冬时很容易干枯。因此，每年的春季萌动前应将植株顶部的干枯枝以及其他的老弱枝、病虫枝剪掉，并剪短长枝。

6. 应用：锦带花的花期正值春花凋零、夏花不多之际，花色艳丽而繁多，故为东北、华北地区重要的观花灌木之一，其枝叶茂密，花色艳丽，花期可长达两个多月，在园林应用上是华北地区主要的早春花灌木。适宜于庭院墙隅、湖畔群植；也可在树丛林缘作篱笆、丛植配植；亦可点缀于假山、坡地。锦带花对氯化氢抗性强，是良好的抗污染树种。花枝可供瓶插。

二十七、海 州 常 山

1. 学名：*Clerodendrum trichotomum Thunb.*

2. 科属：马鞭草科，大青属

3. 形态特征：落叶灌木或小乔木，高3～6(8)m；幼枝有柔毛。单叶对生，有臭味，卵形至广卵形，长5～15cm，全缘或疏生波状齿，基部截形或广楔形，背面有柔毛。花冠白色或带粉红色，花冠筒细长，花萼紫红色，5深裂，雄蕊长而外露；聚伞花序生于枝端叶腋；7～8月开花。核果蓝紫色，并托以红色大形宿存萼片，经冬不落（见彩图170）。

4. 生态习性：海州常山喜阳光，较耐寒、耐旱，稍耐阴；也喜湿润土壤，能耐瘠薄土壤，但不耐积水；适应性强，栽培管理容易。北京在小气候条件好的地方能露地越冬。

5. 繁殖与栽培：海州常山以播种、扦插、分株等方法进行繁殖。实生苗须3～5年后方可开花，而分株当年便能开花。为了保持海州常山旺盛生长，将植株栽于土壤深厚、光照条件好的环境下；栽植土壤须增施有机肥，并在生长初期保持灌水，保证成活。每年为促进植株萌芽强，扩大株丛，须增施追肥，促进其旺盛生长。枝条萌芽力强，于生长早期剪去主干或摘去顶芽，促进侧枝萌生。在生长旺盛，花蕾未形成前，通过修剪保持株形圆满。秋季不要施肥，以增加植株的抗寒能力，有利于越冬。

6. 应用： 花期长，花后有鲜红的宿存萼片，再配以蓝果，很是悦目，是美丽的观花观果树种，常用于园林栽培，水边栽植也很适宜。

二十八、小叶丁香

1. 学名： *Syringa pubescens Turcz. submicrophylla* （*Diels*）*M. C. Chang & X. L. Chen*

2. 科属： 木樨科，丁香属

3. 形态特征： 灌木，高1～4m；树皮灰褐色。小枝带四棱形，无毛，疏生皮孔。叶片卵形、椭圆状卵形、菱状卵形或卵圆形。先端锐尖至渐尖或钝，基部宽楔形至圆形；叶柄长0.5～2cm，细弱，无毛或被柔毛。圆锥花序直立，通常由侧芽抽生，稀顶生；花序轴与花梗略带紫红色，无毛；花序轴明显四棱形；花梗短；花萼长1.5～2mm，截形或萼齿锐尖、渐尖或钝；花冠紫色，盛开时呈淡紫色，后渐近白色，花冠管细弱，近圆柱形，裂片展开或反折，长圆形或卵形，先端略呈兜状而具喙；花药紫色。果通常为长椭圆形。花期5～6月，果期6～8月（见彩图171）。

4. 生态习性： 喜充足阳光，也耐半阴。适应性较强，耐寒、耐旱、耐瘠薄，病虫害较少。以排水良好、疏松的中性土壤为宜，忌酸性土。忌积涝、湿热。

5. 繁殖与栽培： 栽培容易，管理粗放，可用播种、扦插、嫁接、压条和分株等法繁殖。播种于春、秋两季进行，播种前将种子在0～7℃的条件下沙藏1～2个月，播种半个月内即可出苗。扦插于花后1个月，选当年生半木质化健壮枝条作插穗。嫁接于6月下旬至7月中旬进行，可用芽接或枝接，砧木多用欧洲丁香或小叶女贞。

6. 应用： 小叶丁香的叶子比普通丁香小，枝干也较低，枝条柔细，树姿秀丽，花色鲜艳，且一年两度开花，解决了夏秋无花的问题，为园林中优良的花灌木。适于种在庭园、居住区、医院、学校、幼儿园或其他园林、风景区。可孤植、丛植或在路边、草坪、角隅、林缘成片栽植，也可与其他乔灌木尤其是常绿树种配植。

二十九、紫 丁 香

1. 学名： *Syringa oblata Lindl.*

2. 科属： 木樨科，丁香属

3. 形态特征： 落叶灌木或小乔木，高达4～5m；小枝较粗壮，无毛。单叶对生，广卵形，宽通常大于长，宽5～10cm，先端渐尖，基部近心形，全缘，两面无毛。花冠堇紫色，花筒细长，长1～1.2cm，裂片开展，花药着生于花冠筒中部或中上部；成密集圆锥花序；4～5月开花。蒴果长卵形，顶端尖。种子有翅（见彩图172）。

4. 生态习性： 喜光，稍耐阴，阴处或半阴处生长衰弱，开花稀少。喜温暖、湿润，有一定的耐寒性和较强的耐旱力。对土壤的要求不严，耐瘠薄，喜肥沃、排水良好的土壤，忌在低洼地种植，积水会引起病害，直至全株死亡。

5. 繁殖与栽培： 可采用播种、扦插、嫁接、分株、压条繁殖。播种苗不易保持原有性状，但常有新的花色出现；种子须经层积，翌春播种。夏季用嫩枝扦插，成活率很高。嫁接为主要的繁殖方法，华北以小叶女贞作砧木，行靠接、枝接、芽接均可；华东偏南地区，实生苗生长不良，高接于女贞上使其适应。播种繁殖时可于春、秋两季在室内盆播或露地畦播。北方以春播为佳，于 3 月下旬进行冷室盆播，若露地春播，可于 3 月下旬至 4 月初进行。扦插可于花后 1 个月，选当年生半木质化健壮枝条作插穗，插后用塑料薄膜覆盖，1 个月后即可生根。扦插也可在秋、冬季取木质化枝条作插穗，一般露地埋藏，翌春扦插。嫁接可用芽接或枝接，砧木多用欧洲丁香或小叶女贞。华北地区芽接一般在 6 月下旬至 7 月中旬进行。接穗选择当年生健壮枝上的饱满休眠芽，以不带木质部的盾状芽接法，接到离地面 5～10cm 高的砧木干上。

6. 应用： 园林中可植于建筑物的南向窗前，开花时，清香入室，沁人肺腑。紫丁香是中国特有的名贵花木，已有 1000 多年的栽培历史。植株丰满秀丽，枝叶茂密，且具独特的芳香，广泛栽植于庭园、机关、厂矿、居民区等地。常丛植于建筑前、茶室凉亭周围；散植于园路两旁、草坪之中；与其他种类丁香配植成专类园，形成青枝绿叶、花开不绝的景区，效果极佳；也可盆栽或作切花等用。

三十、暴马丁香

1. 学名： *Syringa reticulata var. amurensis*（*Ruprecht*）*P. S. Green* & *M. C. Chang*

2. 科属： 木樨科，丁香属

3. 形态特征： 落叶灌木或小乔木，高达 8m；枝上皮孔显著，小枝较细。叶卵圆形，长 5～10cm，基部近圆形或亚心形，叶面网脉明显凹陷，而在背面显著隆起，背面通常无毛。花白色，花冠筒甚短，雄蕊长为花冠裂片的 2 倍，或略长于裂片；圆锥花序大而疏散，长 12～18cm；5 月底至 6 月开花。蒴果长 1～1.3cm，先端钝或尖（见彩图 173）。

4. 生态习性： 喜光，喜温暖、湿润及阳光充足。稍耐阴，阴处或半阴处生长衰弱，开花稀少。具有一定的耐寒性和较强的耐旱力。对土壤的要求不严，耐瘠薄，喜肥沃、排水良好的土壤，忌在低洼地种植，积水会引起病害，直至全株死亡。

5. 繁殖与栽培： 一般用播种繁殖。在暴马丁香天然林内，选择树干高大、树冠圆满的暴马丁香作为采种母树，果实采集过晚易遭虫害，故宜适时采种。采种时可用手枝剪将果穗剪下，摊晒在通风向阳处，底下铺上塑料布，经常翻动，促使果实裂开，种子自然脱落，除去果皮及果梗，风选后即可得到纯净种子。播种前需对种子进行处理。将种子用 40～45℃温水浸泡，再用凉水浸 2d 后用 0.5% 的高锰酸钾浸 20～40min，在 15～20℃下沙藏 25～30d 后进行播种。露地直播在 10 月下旬～5 月上旬，选肥沃湿润、排水良好的地块作苗圃，深翻 30cm，施腐熟的有机肥，耙细搂平后作床。撒播或条播均可，每平方米播种量 30g，覆土 1.5cm。覆土后浇透水，用草帘覆盖床面。第 1 年出苗少，第 2 年出苗多且整齐，当苗高 10cm 时，间苗并除草松土。第 5 年苗木出圃定植，可做绿化、观赏树。

6. 应用： 暴马丁香花序大，花期长，树姿美观，花香浓郁，花芬芳袭人，为著名的观赏花木之一，在中国园林中亦占有重要位置。植株丰满秀丽，枝叶茂密，且具独特的芳香，广泛栽植于庭园、机关、厂矿、居民区等地。与其他种类丁香配植成专类园，形成青枝绿叶、花开不绝的景区，效果极佳；也可盆栽或作切花等用。

三十一、连　翘

1. 学名： *Forsythia suspensa*（*Thunb.*）*Vahl*

2. 科属： 木樨科，连翘属

3. 形态特征： 落叶灌木，高达 3m；枝细长并开展呈拱形，节间中空，节部有隔板，皮孔多而显著。单叶，卵形或卵状椭圆形，长 3~10cm，缘有齿，有少数的叶 3 裂或裂成 3 小叶状。花亮黄色，雄蕊常短于雌蕊；花单生或簇生，3~4 月叶前开放（见彩图 174）。

4. 生态习性：连翘喜光，有一定程度的耐阴性；喜温暖、湿润的气候，也很耐寒；耐干旱瘠薄，怕涝；不择土壤，在中性、微酸或碱性土壤均能正常生长。连翘根系发达，虽主根不太显著，但其侧根都较粗而长，须根众多，广泛伸展于主根周围，大大增强了吸收和固土能力；连翘耐寒力强，经抗寒锻炼后，可耐受-50℃低温，其惊人的耐寒性，使其成为北方园林绿化的佼佼者；连翘萌发力强、发丛快，可很快扩大其分布面。因此，连翘生命力和适应性都非常强。

5. 繁殖与栽培：连翘较易成活，栽培管理技术简单，既可播种育苗，也可扦插、分株、压条繁殖，一般以扦插繁殖为主。扦插繁殖是选 1~2 年生嫩枝，南方在春季、北方在夏季扦插，培育 2~3 年后春季定植；种子繁殖是于 3~4 月将种子撒播，半月左右出苗，经 3~4 年后开花结实；分株是在秋季落叶后、春季萌芽前将母株旁的幼苗带土挖出栽种；压条是在春季将植株下垂枝条压埋入土中，翌年春剪离母株定植。每年花后应剪除枯枝、弱枝及过密、过老枝条，同时注意根际施肥。

6. 应用：连翘萌发力强，树冠盖度增加较快，能有效地防止雨滴击溅地面，减少侵蚀，具有良好的水土保持作用，是国家推荐的退耕还林优良生态树种和黄土高原防治水土流失的最佳经济作物。连翘树姿优美、生长旺盛。早春先于叶开花，且花期长、花量多，盛开时满枝金黄，芬芳四溢，令人赏心悦目，是早春优良的观花灌木，可以做成花篱、花丛、花坛等，在绿化美化城市方面应用广泛，是观光农业和现代园林难得的优良树种。

三十二、金 钟 花

1. 学名：*Forsythia viridissima Lindl.*

2. 科属：木樨科，连翘属

3. 形态特征：落叶灌木，高 1.5~3m；枝直立性较强，绿色，枝髓片状，节部纵剖面无隔板。叶长椭圆形，长 5~10cm，全为单叶，不裂，基部楔形，中下部全缘，中部或中上部最宽，表面深绿色。花金黄色，裂片较狭长；春天叶前开花（见彩图 175）。

4. 生态习性：喜光照，又耐半阴；还耐热、耐寒、耐旱、耐湿；在温暖湿润、被风面阳处，生长良好。在黄河以南地区夏季不需遮阴，冬季无需入室。对土壤要求不严，盆栽要求疏松肥沃、排水良好的沙质土。

5. 繁殖与栽培：采用扦插、压条、分株、播种繁殖，以扦插为主。硬枝或嫩枝扦插均可，于节处剪下，插后易于生根。盆栽每半月施 1 次稀薄液肥，孕蕾期增施 1~2 次磷钾肥，可使花大色艳。地植于冬春开沟施 1 次有机肥即可。每年花后剪去枯枝、弱枝、过密枝、短截徒长枝，使之通风透光，保持优美株形。只要注意改善栽培条件，加强科学管理，一般不会发生病虫害。

6. 应用：金钟花先叶而花，金黄灿烂，可丛植于草坪、墙隅、路边、树缘、院内庭前等处。可丛植，也可片植，是春季良好的观花植物。

三十三、迎 春 花

1. 学名：*Jasminum nudiflorum Lindl.*

2. 科属：木樨科，素馨属

3. 形态特征：落叶灌木，高达 2～3（5）m；小枝细长拱形，绿色，4 棱。三出复叶对生，小叶卵状椭圆形，长 1～3cm，表面有基部突起的短刺毛。花黄色，单生，花冠通常 6 裂；早春叶前开花（见彩图 176）。

4. 生态习性：喜光，稍耐阴，略耐寒，怕涝，在华北地区均可露地越冬，要求温暖而湿润的气候，疏松肥沃和排水良好的沙质土，在酸性土中生长旺盛，碱性土中生长不良。根部萌发力强。枝条着地部分极易生根。

5. 繁殖与栽培：以扦插为主，也可用压条、分株繁殖。扦插：春、夏、秋三季均可进行，剪取半木质化的枝条 12～15cm 长，插入沙土中，保持湿润，约 15d 生根。压条：将较长的枝条浅埋于沙土中，不必刻伤，40～50d 后生根，翌年春季与母株分离移栽。分株：可在春季芽萌动时进行。春季移植时地上枝干截除一部分，需带宿土。也可干插，即在整好的苗床内扦插后灌透水。在生长过程中，注意土壤不能积水和过分干旱，开花前后适当施肥 2～3 次。秋、冬季应修剪整形，保持株新花多。迎春在 1 年生枝条上形成花芽，第二年冬末至春季开花，因此在每年花谢后应对所有花枝短剪，促使长出更多的侧枝，增加着花量，同时加强肥水管理。

6. 应用：迎春枝条披垂，冬末至早春先花后叶，花色金黄，叶丛翠绿。在园林绿化中宜配置在湖边、溪畔、桥头、墙隅，或在草坪、林缘、坡地，房屋周围也可栽植，可供早春观花。迎春的绿化效果突出，体现速度快，在各地都有广泛使用。栽植当年即有良好的效果，在山东、北京、天津、安徽等地都有使用，迎春作为花坛观赏灌木的案例，江苏沭阳更是迎春的首选产地。

三十四、棣 棠 花

1. 学名：*Kerria japonica*（L.）DC.

2. 科属：蔷薇科，棣棠花属

3. 形态特征：落叶丛生灌木，高达 2m；小枝绿色光滑。单叶互生，卵状椭圆形，长 3～8cm，先端长尖，基部近圆形，缘有重锯齿，常浅裂，背面微被柔毛。花单生于侧枝端，金黄色，径 3～4.5cm，萼、瓣各为 5；4～5 月开花。瘦果 5～8，离生，萼宿存（见彩图 177）。

4. 生态习性：喜温暖湿润和半阴环境，耐寒性较差，对土壤要求不严，以肥沃、疏松的沙壤土生长最好。

5. 繁殖与栽培：以分株、扦插和播种法繁殖。分株：繁殖方法以分株繁殖为主，母株不必挖出。在早春和晚秋进行，用刀或铲直接在土中从母株上分割各带 1～2 枝干的新株取出移栽，留在土中的母株第二年再分株。重瓣棣棠适合采用分株繁殖法。扦插：以早春扦插为宜，硬材扦插（3 月份）用未发芽的一年生枝。梅雨季节，6 月份左右用嫩枝扦插，选当年生粗壮枝，插在褐色土、熟土或沙土中，如果插在露地要遮阴，防止干燥。播种：播种繁殖方法只在大量繁殖单瓣原种时采用。种子采收后需经过 5℃低温沙藏 1～2 个月，翌春播种。播后盖细土，覆草，出苗后搭棚遮阴。

6. 应用：棣棠花枝叶翠绿细柔，金花满树，别具风姿，可栽在墙隅及管道旁，有遮蔽之效。宜作花篱、花径，群植于常绿树丛之前、古木之旁、山石缝隙之中或于池畔、水边、溪流及湖沼沿岸成片栽种，均甚相宜。若配植于疏林草地或山坡林下，则尤为雅致，野趣盎然，盆栽观赏也可。

三十五、大花醉鱼草

1. 学名： *Buddleja colvilei J. D. Hooker et Thomson*

2. 科属： 醉鱼草科，醉鱼草属

3. 形态特征： 灌木或小乔木，高2～6m。枝条近圆柱形。叶对生，叶片纸质，长圆形或椭圆状披针形，顶端渐尖，基部圆、宽楔形至楔形；侧脉每边15～20条；叶柄较短或几无柄。花较大，多朵组成腋上生和顶生的宽圆锥状聚伞花序；花萼钟状，花萼裂片卵状三角形；花冠紫红色或深红色，花冠管圆筒状钟形；雄蕊着生于花冠管喉部，花丝短，花药长圆形；雌蕊长18～22mm，子房卵形，花柱丝状，柱头头状，绿色。蒴果椭圆状；种子长圆形。花期6～9月，果期9～11月（见彩图178）。

4. 生态习性： 性强健，喜温暖湿润的气候及肥沃而排水良好的土壤，不耐水湿。

5. 繁殖与栽培： 大花醉鱼草种粒细小，不易在圃地播种育苗。一般采用组织培养、温室内播种育苗和扦插繁殖育苗，生产上采用嫩枝扦插育苗，生根率高达90％以上，育苗周期短，一般25d左右可生根。秋季应注意控制水肥，促进枝条的木质化，增强植株的越冬抗寒能力。

6. 应用： 大花醉鱼草抗干旱能力强，花期长，从4月到12月一直开花不断，花色丰富鲜艳。大花醉鱼草是一种引自于比利时的多年生优良花灌木，是园林道路绿化的新优品种，不管群植还是散植，均能形成较好的自然式景观。

三十六、树 锦 鸡 儿

1. 学名： *Caragana arborescens lam.*

2. 科属： 豆科，锦鸡属

3. 形态特征： 高大灌木或小乔木；高2～5m，少有达6～7m。树皮平滑有光泽，绿灰色。托叶三角状披针形，脱落，长枝上的托叶有时宿存并硬化成粗壮的针刺；小叶8～14，羽状排列、卵形、宽椭圆形至长椭圆形，先端圆，有细尖，基部圆形或宽楔形，近无毛。花1朵或偶有2朵生于一花梗上；花梗单生或簇生，近上部有关节；花萼圆筒状；花冠黄色；子房近无毛。荚果条形，无毛（见彩图179）。

4. 生态习性： 性喜光、强健、耐寒。耐干旱贫瘠，对土壤要求不严，在轻度盐碱土中能正常生长，忌积水，长期积水易导致苗木死亡。

5. 繁殖与栽培： 用种子繁殖。树锦鸡儿的种子多早8月份初成熟，当果实变为深黄色时应及时采收。第二年3月中旬用45℃温水浸泡48h后可进行播种，两年后可进行移栽。树锦鸡儿在春秋两季均可移栽。

6. 应用： 庭园观赏及绿化用。为中国北方的水土保持和固沙造林树种，是城乡绿化中常用的花灌木，可孤植、丛植，也可作绿篱材料。

三十七、红花锦鸡儿

1. 学名： *Caragana rosea Turcz. ex Maxim.*

2. 科属： 豆科，锦鸡属

3. 形态特征： 落叶灌木，高达1～2m；小枝细长，有棱；长枝上托叶刺宿存，叶轴刺

脱落或宿存。羽状复叶互生，小叶 4，呈掌状排列，楔状倒卵形，长 1~2.5cm，先端圆或微凹，具短刺尖，背面无毛。花单生，橙黄带红色，谢时变为紫红色，旗瓣狭长，萼筒常带紫色；5~6 月开花（见彩图 180）。

4. 生态习性： 喜光，耐寒，耐干旱瘠薄。它萌芽和萌蘖力均强，根系发达，具有根瘤菌。其不择土壤，但以肥沃、排水良好的沙质壤土为宜。

5. 繁殖与栽培： 可用播种法繁殖；本种易生吸枝可自行繁衍成片。播种繁殖时，秋季果实成熟后，及时采收，暴晒几天，种壳开裂后取出种子。秋天就可以播种，但也可以将种子贮藏起来，待次年春天再播种。红花锦鸡儿春秋季栽培均可，但华北地区秋末冬初比早春好。

6. 应用： 红花锦鸡儿枝繁叶茂，花冠蝶形，黄色带红，形似金雀，花、叶、枝可供观赏，园林中可丛植于草地或配植于坡地、山石旁，或作地被植物，也可作山野地被水土保持植物。

三十八、大花溲疏

1. 学名： *Deutzia grandiflora Bunge*

2. 科属： 虎耳草科，溲疏属

3. 形态特征： 落叶灌木，高达 2~3m。叶卵形或卵状椭圆形，长 2~5cm，基部圆形，表面粗糙，背面密被灰白色星状毛，缘有芒状小齿。花白色，较大，花丝上部两侧有钩状尖齿；1~3 朵聚伞状花序；花期早，4 月中下旬叶前开放（见彩图 181）。

4. 生态习性： 多生于丘陵或低山坡灌丛中，较溲疏耐寒。喜光，稍耐阴，耐寒，耐旱，对土壤要求不严。忌低洼积水。

5. 繁殖与栽培： 采用扦插、播种、压条、分株法繁殖。扦插：大花溲疏扦插极易成活，在 6 月和 7 月用软材扦插，半月即可生根；也可在春季萌芽前用硬材扦插，成活率均可达 90%。播种：大花溲疏于前一年 10~11 月采种，晒干脱粒后密封干藏，翌年春播。采用撒播或条播的方式，条距 12~15cm，每亩用种量约 0.25kg。覆土以不见种子为度，播后盖草，待幼苗出土后揭草搭棚遮阳。幼苗生长缓慢，1 年生苗高约 20cm，需留圃培养 3~4 年方可出圃定植。大花溲疏在园林中可粗放管理。因小枝寿命较短，故经数年后应将植株重剪更新，这样可以促使其生长旺盛而开花多。移植宜在落叶期进行。栽后每年冬季或早春应修剪枯枝，花谢后残花序要及时剪除。

6. 应用： 大花溲疏花朵洁白素雅，开花量大，是优良的园林观赏树种，也是适合北京及华北地区栽植的优良乡土花卉树种。可植于草坪、路边、山坡及林缘，也可作花篱或岩石园种植材料，花枝可瓶插观赏。

三十九、腊　　梅

1. 学名： *Chimonanthus praecox*（*L.*）*Link*

2. 科属： 腊梅科，腊梅属

3. 形态特征： 落叶灌木，高达 3m；芽具多数覆瓦状的鳞片。叶对生，近革质，椭圆状卵形至卵状披针形，先端渐尖，基部圆形或宽楔形。花芳香，直径约 2.5cm；外部花被片卵状椭圆形，黄色，内部的较短，有紫色条纹；雄蕊 5~6；心皮多数，分离，着生于一空壶形的花托内；花托随果实的发育而增大，成熟时椭圆形，呈蒴果状，半木质化。瘦果具 1 种子（见彩图 182）。

4. 生态习性：腊梅性喜阳光，能耐阴、耐寒、耐旱，忌渍水。怕风，较耐寒，在不低于−15℃时能安全越冬，北京以南地区可露地栽培，花期遇−10℃低温，花朵受冻害。好生于土层深厚、肥沃、疏松、排水良好的微酸性沙质壤土上，在盐碱地上生长不良。耐旱性较强，怕涝，故不宜在低洼地栽培。树体生长势强，分枝旺盛，根茎部易生萌蘖。

5. 繁殖与栽培：腊梅繁殖一般以嫁接为主，分株、播种、扦插、压条也可。嫁接以切接为主，也可采用靠接和芽接。切接多在 3～4 月进行，当叶芽萌动有麦粒大小时嫁接最易成活。接后约一个月，即可扒开封土检查成活。靠接繁殖多在 5 月份前后进行，砧木多用数年生腊梅实生苗。先把砧木苗上盆培养成活，把它们搬至用作接穗的母枝附近，选择母枝上和砧木苗粗细相当的枝条，在适当部位削成梭形切口，长 3～5cm，深达木质部。削口要平展，砧木和接穗的削口长短和大小要一致，然后把它们靠在一起，使四周的形成层相互对齐，用塑料带自下而上紧密绑扎在一起。芽接繁殖宜在 5 月下旬至 6 月下旬为好，腊梅芽接须选用第一年生长枝上的隐芽，其成活率高于当年生枝条上的新芽，可采取"V"字形嫁接法。当嫁接成活的接穗长出 6 片叶片左右时及时摘心，促其增粗、萌发侧枝，形成树冠和开花枝。

6. 应用：腊梅在百花凋零的隆冬绽蕾，斗寒傲霜，表现了中华民族永不屈服的性格，给人以精神的启迪，美的享受。它利于庭院栽植，又适作古桩盆景和插花与造型艺术，是冬季赏花的理想名贵花木。它更广泛地应用于城乡园林建设。腊梅园林配置的形式有以下几种：片状栽植，形成腊梅花林，是人们游玩散心、健身之地；主景配置，以腊梅作主景，配以南天竹或其他常绿花卉，构成黄花红果相映成趣、风韵别致的景观；漏窗透景，腊梅配以火棘、翠竹、南天竹等，通过漏窗半掩半露之景，显得可爱。

四十、木 芙 蓉

1. 学名：*Hibiscus mutabilis* L.

2. 科属：锦葵科，木槿属

3. 形态特征：落叶灌木或小乔木，高 2～5m；茎具星状毛及短柔毛。叶卵圆状心形，常 5～7 裂，裂片三角形，边缘钝齿，两面均具星状毛，主脉 7～11 条。花单生于枝端叶腋，近端有节；小苞片 8，条形；萼钟形，5 裂；花冠白色或淡红色，后变为深红色，直径 8cm。蒴果扁球形，被黄色刚毛及绵毛，果瓣 5；种子多数，肾形（见彩图 183）。

4. 生态习性：木芙蓉喜温暖湿润和阳光充足的环境，稍耐半阴，有一定的耐寒性。对土壤要求不严，但在肥沃、湿润、排水良好的沙质土壤中生长最好。

5. 繁殖与栽培：木芙蓉的繁殖可采用扦插、压条、分株等方法。扦插多在秋末冬初进行，也可在春季的 3 月至 4 月剪取枝条扦插，插穗宜选取一年生健壮而充实的枝条，每段长 10～15cm，插于沙土中 1/2 左右，在北方地区应罩上塑料薄膜保温保湿，约 1 个月左右可生根。压条在 6～7 月进行，将植株外围的枝条弯曲，压入土中，由于生根容易，不必刻伤，约 1 个月后生根，两个月后与母株分离，连根掘起，上盆在温室或地窖内越冬，翌年春天栽种。分株 2 月至 3 月进行，将植株的根挖出后分开，采用湿土干栽的方法，栽后压实，5 天后浇一次透水。当年生长很快，到 10 月就能开花。木芙蓉的日常管理较为粗放，天旱时应注意浇水，春季萌芽期需多施肥水，花期前后应追施少量的磷、钾肥。木芙蓉长势强健，萌枝力强，枝条多而乱，应及时修剪、抹芽。

6. 应用：木芙蓉在四季中具有不同的形态，主要表现在春季梢头嫩绿，一派生机盎然的景象；夏季绿叶成荫，浓荫覆地，可消除炎热带来清凉；秋季拒霜宜霜，花团锦簇，形色兼备；冬季褪去树叶，尽显扶疏枝干，寂静中孕育新的生机，一年四季，各有风姿和妙趣。由于花大而色丽，中国自古以来多在庭园栽植，可孤植、丛植于墙边、路旁、厅前等处。特别适合配植于水滨，开花时波光花影，相映益妍，分外妖娆，所以《长物志》云："芙蓉宜植池岸，临水为佳"，因此有"照水芙蓉"之称。此外，植于庭院、坡地、路边、林缘及建筑前，或栽作花篱，都很合适，在寒冷的北方也可盆栽观赏。

四十一、含 笑 花

1. 学名：*Michelia figo*（*Lour.*）*Spreng.*

2. 科属：木兰科，含笑属

3. 形态特征：常绿灌木，高 2～3（5）m；小枝及叶柄密生褐色绒毛。叶较小，椭圆状倒卵形，长 4～10cm，革质。花被片 6，肉质，淡乳黄色，边缘带紫晕，具浓烈的香蕉香气；雌蕊群无毛；花梗较细长；4～6 月开花（见彩图 184）。

4. 生态习性：含笑为暖地木本花灌木，不甚耐寒，长江以南背风向阳处能露地越冬。不耐干燥瘠薄，但也怕积水，要求排水良好、肥沃的微酸性壤土，中性土壤也能适应。性喜半阴，在弱阴下最利生长，忌强烈阳光直射，夏季要注意遮阴。

5. 繁殖与栽培：含笑花可用扦插、圈枝繁殖，也可用嫁接法繁殖。扦插宜于 7 月下旬至 9 月上旬进行，可取犹未发出新芽但留有 3～8 片叶子的木质化枝条或顶芽约 15cm，于插穗基部黏附发根素插置于沙质土壤上，另予适当遮阴及保持环境湿润，2～3 个月即可生根，再于翌春移植。圈枝繁殖 4 月份选取发育良好、组织充实健壮的 2 年生枝条，在枝条的适当部位做宽 0.5cm 的环剥，深达木质部，用湿润苔藓植物敷于环剥部位，用塑料膜包在外面，上下扎紧，约 2 个月生根。待新根充分发育后，剪下上盆栽培，栽培后要浇透水。较不常用的嫁接法，宜在 5～6 月间实施，常是以木兰作为砧木，成活之后可快速生长。根部肥厚多肉的含笑花不耐移植，若实在必须进行移植时宜多带土球，而植株的修剪、整型则是以越冬之前为宜。

6. 应用：以盆栽为主，庭园造景次之。在园艺用途上主要是栽植 2～3m 的小型含笑花灌木，作为庭园中可供观赏又散发香气的植物，当花苞膨大而外苞行将裂解脱落时，所采摘下的含笑花气味最为香浓。

四十二、结 香

1. 学名：*Edgeworthia chrysantha Lindl.*

2. 科属：瑞香科，结香属

3. 形态特征：落叶灌木，高 1～2m；枝粗壮而柔软（可打结），常三叉分枝，枝上叶痕甚隆起。单叶互生，常集生于枝端，椭圆状倒披针形，长 8～16cm，全缘。花黄色，花被筒状，端 4 裂，外密被银白色毛，芳香；成下垂的头状花序，腋生于枝端；3～4 月叶前开花（见彩图 185）。

4. 生态习性：喜生于阴湿肥沃地，喜爱温暖并耐寒。结香系温带树种，喜温暖气候，但亦能耐 -20℃ 以内的冷冻，在北京以南可在室外越冬，只是冬季在 -20～-10℃ 的地方，花期要推迟至 3～4 月，在冬季低于 -20℃ 的地方，只宜盆植。

5. 繁殖与栽培：分株、扦插均易成活。分株可结合换盆填土，将其母株根须部萌生的子株带根切下另栽即可。扦插可于地温 15℃ 以上时，选健壮的一年生枝条的中、下部，剪成 15cm 左右的插穗，插入土中 1/3～1/2，浇水置于阴处，常喷水保温，50d 左右可生根，翌春分栽定植即可。结香栽培十分容易，无需特殊管理，每当老枝衰老之时，及时修剪更新。移植在冬春季节进行，一般可裸根移植，成丛大苗宜带泥球。移栽或翻盆换土宜在花谢之后、新叶未展开之前，带土球，以免影响来年开花。

6. 应用：结香树冠球形，枝叶美丽，宜栽在庭园或盆栽观赏。结香姿态优雅，柔枝可打结，常整成各种形状，十分惹人喜爱，适植于庭前、路旁、水边、石间、墙隅，北方多盆栽观赏。

四十三、栀 子 花

1. 学名：*Gardenia jasminoides Ellis*

2. 科属：茜草科，栀子属

3. 形态特征：常绿灌木，高达 1.8m。单叶对生或 3 叶轮生，倒卵状长椭圆形，长 7～13cm，全缘，无毛，革质而有光泽。花冠白色，高脚碟状，径达 7.5cm，端常 6 裂，浓香，单生于枝端；6～7（8）月开花。浆果具 5～7 纵棱，顶端有宿存萼片（见彩图 186）。

4. 生态习性：栀子喜温暖、湿润、光照充足且通风良好的环境，但忌强光暴晒，适宜在稍阴蔽处生活，耐半阴，怕积水，较耐寒，在东北、华北、西北只能作温室盆栽花卉。

5. 繁殖与栽培：栀子花一般多采用扦插法和压条法进行繁殖，也可用分株和播种法繁殖，但很少采用。扦插法可分为春插和秋插。春插于 2 月中下旬进行；秋插于 9 月下旬至10 月下旬进行，北方和南方稍有区别，但多以夏秋之间成活率最高。南方还有采用水插法繁殖的，即将插穗插在用苇秆编织的圆盘上，任其漂浮在水面上，使其下部在水中生根，再移植栽培。压条法一般在 4 月清明节前后或梅雨季节进行，4 月份从 3 年生母株上选取 1 年生、长 25～30cm 的健壮枝条进行压条，将其拉到地面，刻伤枝条上的入土部位，再盖上土压实。一般经 20～30d 即可生根，在 6 月生根后可与母株分离，至次春可带土分栽或单株上盆。移植苗木或盆栽以春季为好，在梅雨季节进行，需带土球。生长期保持土壤湿润，花期和盛夏要多浇水。翌年早春修剪整形，并及时剪去枯枝和徒长枝。

6. 应用：栀子花叶色四季常绿，花芳香素雅，绿叶白花，格外清丽可爱，而且又有一定的耐阴和抗有毒气体的能力，故为良好的绿化、美化、香化的材料，可成片丛植或配置于林缘、庭院、院隅、路旁，植作花篱也极适宜，作阳台绿化、盆花、切花或盆景都十分相宜，也可用作街道和厂矿绿化。

四十四、毛 樱 桃

1. 学名：*Cerasus tomentosa（Thunb.）Wall.*

2. 科属：蔷薇科，樱属

3. 形态特征：灌木，稀呈小乔木状。小枝紫褐色或灰褐色，嫩枝密被绒毛到无毛。冬芽卵形，疏被短柔毛或无毛。叶片卵状椭圆形或倒卵状椭圆形，先端急尖或渐尖，基部楔形，边有急尖或粗锐锯齿；托叶线形。花单生或 2 朵簇生，花叶同开，近先叶开放或先叶开放；萼筒管状或杯状，萼片三角卵形，先端圆钝或急尖；花瓣白色或粉红色，倒卵形，先端圆钝；雄蕊 20～25 枚，短于花瓣；花柱伸出与雄蕊近等长或稍长；子房全部被毛或仅顶端或基部被毛。核果近球形，红色；核表面除棱脊两侧有纵沟外，无棱纹。花期 4～5 月，果期 6～9 月（见彩图 187）。

4. 生态习性：性喜光，也很耐阴、耐寒、耐旱，也耐高温，适应性极强，寿命较长。田埂、果园周边均可生长。

5. 繁殖与栽培：一般采用嫁接为主。嫁接方法可采用芽接、劈接等。嫁接时期：4 月上旬可采用带木质部芽接、皮下劈接，6 月中下旬采用芽接，8 月上旬采用木质部芽接。栽植前挖深 0.5m、直径 0.5～0.6m 的定植坑，表土与底土分别于两边放置。将苗木根部置于坑中，回填表土埋根，边埋边提动苗木，使根系与土壤充分接触，再填表土，用脚踏实，并及时灌水，栽后 5～7d 浇缓苗水，连续 1～2 次即可。毛樱桃耐阴喜光，多采用丛状自然形，幼树期可任其自然生长，进入结果期后，对生长旺盛、枝条密挤的大植株疏除过密枝、细弱枝、病虫枝、重叠枝，使其均匀分布，树势衰弱及时回缩更新，老枝干从基部疏除更新，促进枝干生长、维持植株健壮。

6. 应用：毛樱桃树形优美，花朵娇小，果实艳丽，是集观花、观果、观型为一体的园林观赏植物。在公园、庭院、小区等处可采用孤植的形式栽植，亦可与其他花卉、观赏草、小灌木等组合配置，营造出层次丰富、色彩鲜艳、活泼自然的园林景观。在公园、广场中与花卉、灌木、乔木组合配置形成复层植物群落景观，可增添田园韵味。在庭院、小区、别墅中，毛樱桃可以采用多株组合或与其他植株组合栽植，达到点景效果，起到画龙点睛的作用。但要注意点到为止即可，不要过多使用，以免整体景观出现凌乱的现象。观赏毛樱桃品种的花、叶、果、型均可观赏，具有鲜明、质朴的自然韵味，既能为园林增加独特的美感和田园趣味，又符合人们回归自然的心理需求，且管理简便，抗逆性、抗病性强，需求养护水平较低，可极大地促进节约型园林的发展。对建设节约、环保型园林具有积极的意义，因此，具有十分广阔的发展前景和空间。

四十五、金 丝 桃

1. 学名：*Hypericum monogynum L.*

2. 科属：藤黄科，金丝桃属

3. 形态特征：灌木，高 0.5～1.3m，丛状或通常有疏生的开张枝条。茎红色，幼时具 2（4）纵线棱及两侧压扁，很快为圆柱形；皮层橙褐色。叶对生；叶片倒披针形或椭圆形至长圆形，先端锐尖至圆形，通常具细小尖突，基部楔形至圆形。花序具 1～15 朵花，自茎端第 1 节生出，为疏松的近伞房状，有时亦自茎端 1～3 节生出，稀有 1～2 对次生分枝；苞片小，线状披针形，早落。花瓣金黄色至柠檬黄色，无红晕，开张，三角状倒卵形。雄蕊 5 束，每束有雄蕊 25～35 枚，与花瓣几等长，花药黄至暗橙色。蒴果宽卵珠形。种子深红褐色，圆柱形。花期 5～8 月，果期 8～9 月（见彩图 188）。

4. 生态习性：此花原产于我国中部及南部地区，常野生于湿润溪边或半阴的山坡下，喜爱温暖湿润气候，喜光，略耐阴，耐寒，对土壤要求不严，除黏重土壤外，在一般的土壤中均能较好地生长。

5. 繁殖与栽培：金丝桃的繁殖常用分株、扦插和播种法繁殖。分株宜于 2～3 月进行，极易成活。扦插多在梅雨季节进行。播种宜在春季 3 月下旬至 4 月上旬进行。因种子细小，覆土宜薄，以不见种子为度，否则出苗困难。播后要保持湿润，3 周左右可以发芽，苗高 5～10cm 时可以分栽，翌年能开花。扦插夏季用嫩枝带踵扦插效果最好，也可在早春或晚秋进行硬枝扦插。一般在梅雨季节行嫩枝扦插。将一年生粗壮的嫩枝剪成 10～15cm 长的插条，顶端留 2 片叶子，其余均应修剪掉。介质宜用清洁的细河沙或蛭石珍珠岩混合配制

（1：1），然后插入苗床，扦插深度以插穗插入土中1/2为准。插后遮阴，保持湿润，第二年即可移栽。

6. 应用：金丝桃花叶秀丽，花冠如桃花，雄蕊金黄色，细长如金丝绚丽可爱。如将它配植于玉兰、桃花、海棠、丁香等春花树下，可延长景观；若种植于假山旁边，则柔条袅娜，桠枝旁出，花开烂漫，别饶奇趣。金丝桃也常作花径两侧的丛植，花时一片金黄，鲜明夺目，妍丽异常。叶子很美丽，长江以南冬夏常青，是南方庭院中常见的观赏花木，植于庭院假山旁及路旁，或点缀于草坪。华北多盆栽观赏，也可作切花材料。

四十六、茶　　梅

1. 学名：*Camellia sasanqua Thunb.*

2. 科属：茶科，山茶属

3. 形态特征：常绿灌木或小乔木，高可达12m，树冠球形或扁圆形。树皮灰白色。嫩枝有粗毛，芽鳞表面有倒生柔毛。叶互生，椭圆形至长圆卵形，先端短尖，边缘有细锯齿，革质，叶面具光泽，中脉上略有毛，侧脉不明显。花多白色和红色，略芳香。蒴果球形，稍被毛。花重瓣或半重瓣，花色除有红、白、粉红等色外，还有很多奇异的变色及红、白镶边等。茶梅花芳香，花期长，可自10月下旬开至来年4月（见彩图189）。

4. 生态习性：茶梅性喜阴湿，以半阴半阳最为适宜。夏日强光可能会灼伤其叶和芽，导致叶卷脱落。但它又需要有适当的光照，才能开花繁茂鲜艳。茶梅喜温暖湿润的气候、适生于肥沃疏松、排水良好的酸性沙质土壤中，碱性土和黏土不适宜种植茶梅。宜生长在富含腐殖质、湿润的微酸性土壤，pH值以5.5～6为宜。较耐寒，但盆栽一般以不低于−2℃为好，最适温度为18～25℃。抗性较强，病虫害少。

5. 繁殖与栽培：茶梅可用扦插、嫁接、压条和播种等方法繁殖，一般多用扦插繁殖。扦插在5月进行，插穗选用5年以上母株上的健壮枝，基部带踵，剪去下部多余的叶片，保留2～3片叶即可。也可切取单芽短穗作插穗，随剪随插。插床要遮阴，经20～30d可生根，早晚逐步透光，幼苗第二年可移植或上盆。由于新植茶梅早春经受不住寒风日晒，应把它放置在室外避风、温暖、半阴处；如室外寒冷，应置于室内有散射光照处，随着气温的回升，才可把盆逐渐置于室外。盆栽宜选择质地疏松、肥沃、排水畅通、微酸性的培养土。适当浇水是新植茶梅成活的关键，浇水宜保持盆土湿润而又不使之过湿，浇水要见干见湿，浇则浇透，切忌浇拦腰水。

6. 应用：茶梅作为一种优良的花灌木，在园林绿化中有广阔的发展前景。树形优美、花叶茂盛的茶梅品种，可于庭院和草坪中孤植或对植；较低矮的茶梅可与其他花灌木配置花坛、花境，或作配景材料，植于林缘、角落、墙基等处作点缀装饰；茶梅姿态丰盈，花朵瑰丽，着花量多，适宜修剪，亦可作基础种植及常绿篱垣材料，开花时可为花篱，落花后又可为绿篱；还可利用自然丘陵地，在有一定阴蔽的疏林中建立茶梅专类园，既可充分显示其特色，又能较好地保存种质资源。茶梅也可盆栽，摆放于书房、会场、厅堂、门边、窗台等处，倍添雅趣和异彩。

四十七、鸡　蛋　花

1. 学名：*Plumeria rubra L. cv. Acutifolia*

2. 科属：夹竹桃科，鸡蛋花属

3. 形态特征：小乔木，高达 5m，枝条肥厚肉质，全株有乳汁。叶互生，厚纸质，矩圆状椭圆形或矩圆状倒卵形，长 20～40cm，宽 7～11cm，常聚集于枝上部。聚伞花序顶生；花萼 5 裂；花冠白色黄心，裂片狭倒卵形，向左覆盖，比花冠筒长一倍；雄蕊 5 枚，生于花冠筒基部。膏葖果双生；种子矩圆形，扁平，顶端具矩圆形膜质翅（见彩图 190）。

4. 生态习性：鸡蛋花是阳性树种，性喜高温、湿润和阳光充足的环境，但也能在半阴的环境下生长，只是阴蔽环境下枝条徒长，开花少或长叶不开花；而黄花鸡蛋花在阴蔽湿润的环境下，枝条上会长出气生根。适宜鸡蛋花栽植的土壤以深厚肥沃、通透良好、富含有机质的酸性沙壤土为佳，这样生长的植株健壮，花量大，花色鲜艳。土壤瘠薄时鸡蛋花生长发育不良，花形小，花色暗淡。鸡蛋花耐干旱，忌涝渍，抗逆性好。但是，干旱不利于植株发育，严重时生长不良；渍水则容易造成根系腐烂。鸡蛋花耐寒性差，最适宜生长的温度为 20～26℃，越冬期间长时间低于 8℃易受冷害。在中国北回归线以南的广大城镇，露地栽培一般可安全越冬；华中、华北地区只宜盆栽，冬季入温室越冬。

5. 繁殖与栽培：鸡蛋花枝条扦插容易成活，主要通过扦插繁殖。培养露地绿化的大规格苗木，应选用规格大些的粗壮枝条作插穗；苗期适当摘去侧芽，以培育较高的大苗主干。若把鸡蛋花苗培育成矮化树或用于盆栽开花，即不必抹芽。也可用嫁接繁殖，鸡蛋花的嫁接因砧木和接穗之间的亲和力较强操作比较容易，成活率很高。嫁接部位的大小与芽条相一致，采取枝条切接法嫁接。在砧木和枝条上分别削出斜切口，斜度 20°～25°，所削的两个切口大小吻合，以利于砧穗的绑扎固定。用纱布把砧木及芽条的乳汁轻轻拭干净，然后把芽条和砧木的切口对接；若砧穗大小不一样，芽条要对准其中一边的皮层；用塑料薄膜绑带包扎固定。若是在树干上没有枝条抽生的地方补接，采取腹接法。芽条的切口角度可适当大些；砧木在需要补接的部位按芽条切口的大小和形状，挖成一个近似三角形的斜切口，露出的形成层与芽条的皮层基本吻合后轻轻拭去乳汁，把芽条插上，然后用薄膜绑带绑好固定，并且在芽条与大砧木之间的上部夹角部位用薄膜封住，以防止雨水从接口上部往里渗。

6. 应用：鸡蛋花具有极高的观赏价值。整株树显得婆娑匀称、自然美观。成龄鸡蛋花的多年老树干，自然形成的形状苍劲挺拔，很有气势；其树冠如盖，满树绿色，自然长成圆头状。鸡蛋花开花时，优雅别致，满树繁花，花叶相衬，流光溢彩。鸡蛋花还有一个很大的特点，就是花开后的香气清香淡雅，且花落后数天也能保持香味。因此，在园林绿化中，鸡蛋花同时具备绿化、美化、香化等多种效果。在园林布局中可进行孤植、丛植、临水点缀等多种配置使用，深受人们喜爱，已成为中国南方绿化中不可或缺的优良树种，在中国华南地区的广东、广西、云南等地被广泛应用于公园、庭院、绿带、草坪等的绿化、美化。而在中国的北方，鸡蛋花大都是用于盆栽观赏。

四十八、文　冠　果

1. 学名：*Xanthoceras sorbifolium Bunge*

2. 科属：无患子科，文冠果属

3. 形态特征：落叶灌木或小乔木，高 2～5m；小枝粗壮，褐红色，无毛，顶芽和侧芽有覆瓦状排列的芽鳞。叶连柄长 15～30cm；小叶 4～8 对，膜质或纸质，披针形或近卵形，两侧稍不对称，顶端渐尖，基部楔形，边缘有锐利锯齿，顶生小叶通常 3 深裂。花序先叶抽出或与叶同时抽出，两性花的花序顶生，雄花序腋生，直立，总花梗短，基部常有残存芽鳞；萼片两面被灰色绒毛；花瓣白色，基部紫红色或黄色；雄蕊长约 1.5cm，花丝无毛；子房被灰色绒毛。蒴果；种子黑色而有光泽。花期春季，果期秋初（见彩图191）。

4. 生态习性：文冠果喜阳，耐半阴，对土壤适应性很强，耐瘠薄、耐盐碱，抗寒能力强；抗旱能力极强，在年降雨量仅150mm的地区也有散生树木，但文冠果不耐涝、怕风，在排水不好的低洼地区、重盐碱地和未固定沙地不宜栽植。对土壤要求不严，适应性很强。

5. 繁殖与栽培：主要用播种法繁殖，分株、压条和根插也可。种子繁殖，果实成熟后，随即播种，次春发芽。若将种子沙藏，次春播种前15d，在室外背风向阳处，另挖斜底坑，将沙藏种子移至坑内，倾斜面向太阳，罩以塑料薄膜，利用阳光进行高温催芽，当种子20％咧嘴时播种。也可在播种前1星期用45℃温水浸种，自然冷却后2～3d捞出，装入筐篓或蒲包，盖上湿布，放在20～50℃的温室催芽，当种子2/3咧嘴时播种，一般4月中下旬进行，条播或点播，种脐要平放，覆土2～15cm。根插繁殖，利用春季起苗时的残根，剪成10～15cm长的根段，按行株距30cm×10(～15)cm插于苗床，顶端低于土面2～3cm，灌透水。有些灌木形植株，易生根蘖苗，可进行分株繁殖。

6. 应用：成龄文冠果根系发达，既扎得深，又分布广；根的皮层占91％，就像根的外面包着很厚的一层海绵一样，能充分吸收和贮存水分，是防风固沙、小流域治理和荒漠化治理的优良树种。在国家林业局2006～2015年的能源林建设规划当中文冠果已成为三北地区的首选树种。文冠果花美、叶奇、果香，具有极高的观赏价值，是园林绿化的珍贵资源，可于公园、庭园、绿地孤植或群植，也是行道树的首选。

四十九、羊 蹄 甲

1. 学名： *Bauhinia purpurea L.*

2. 科属：豆科，羊蹄甲属

3. 形态特征：常绿乔木，高10～12m。叶近圆形（长略大于宽），长5～12cm，叶端2裂，深达1/3～1/2。花大，花瓣倒披针形，玫瑰红色，有时白色，发育雄蕊3～4；伞房花序；10月开花（见彩图192）。

4. 生态习性：喜阳光和温暖、潮湿的环境，不耐寒。我国华南各地可露地栽培，其他地区均作盆栽，冬季移入室内。

5. 繁殖与栽培：可采用播种或压条繁殖。播种繁殖时，9～10月收集种子，埋于干沙中置阴凉处越冬。3月下旬到4月上旬播种，播前进行种子处理，这样才做到苗齐苗壮。4片真叶时可移植于苗圃中，畦地以疏松肥沃的壤土为好；为便于管理，栽植实行宽窄行。幼苗期不耐寒，冬季需用塑料拱棚保护越冬。压条繁殖在生长季节都可进行，以春季3～4月较好。空中压条法可选1～2年生枝条，用利刀刻伤并环剥树皮1.5cm左右，露出木质部，将生根粉液涂在刻伤部位上方3cm左右，待干后用筒状塑料袋套在刻伤处，装满疏松园土，浇水后两头扎紧即可。一月后检查，如土过干可补水保湿，生根后剪下另植。

6. 应用：羊蹄甲树冠开展，枝叶低垂，花大而美丽，秋冬时开放，叶片形如牛羊的蹄甲，是个很有特色的树种。在广州等华南城市常作行道树及庭园风景树，北方可于温室栽培供观赏。

五十、吊 钟 花

1. 学名： *Enkianthus quinqueflorus Lour.*

2. 科属：柳叶菜科，倒挂金钟属

3. 形态特征：半灌木或小灌木，株高 30～150cm，茎近光滑，枝细长稍下垂，常带粉红或紫红色，老枝木质化明显。叶对生或三叶轮生，卵形至卵状披针形，边缘具疏齿，花单生于枝上部叶腋，具长梗而下垂。萼筒长圆形，萼片 4 裂，翻卷。花瓣 4 枚，自萼筒伸出，常抱合状或略开展，也有半重瓣。萼筒状，特别发达，4 裂，质厚；雄蕊 8，伸出于花瓣之外，花瓣有红、白、紫色等，花萼也有红、白之分。花期 4～7 月。浆果（见彩图 193）。

4. 生态习性：喜凉爽湿润环境，怕高温和强光，忌酷暑闷热及雨淋日晒。喜肥沃、疏松的微酸性土壤，且宜富含腐殖质、排水良好。冬季要求温暖湿润、阳光充足、空气流通；夏季要求干燥、凉爽及半阴条件，并保持一定的空气湿度。夏季温度达 30℃时生长极为缓慢，35℃时大批枯萎死亡。冬季温度宜不低于 5℃，若低于 5℃，则易受冻害。

5. 繁殖与栽培：扦插繁殖为主。除炎热夏季外，全年均可进行，以春插生根最快。春季在 3～5 月，秋季在 8～9 月。选生长健壮的枝条，每段有 2～3 茎节，留上面一对叶片，基部于近节处斜剪，全部浸入 0.1% 高锰酸钾溶液中泡 30s，直立露出叶片，将基部继续泡 30min。取出后用清水刷净，后在清水中养 24～48h 再进行插杆，密度以叶片互不遮盖为宜。扦插苗生根后要及早移植，一般根长不要超过 2cm。先将插穗用素土（50% 园土加50% 河沙配成）栽在小钵中促根系生长，素土对新生嫩根刺激性小，有利成活。栽后浇两遍透水，排紧放在浅盆中，置半阴处养护。因倒挂金钟生长快，开花次数多，故在生长期要掌握薄肥勤施，约每隔十天施一次稀薄饼肥或复合肥料。施肥前盆土要偏干，施肥后用细喷头喷水一次，以免叶面粘上肥水而腐烂。

6. 应用：倒挂金钟花形奇特、花朵秀丽、色彩艳丽、极为雅致，盛开时犹如一个个悬垂倒挂的彩色灯笼。盆栽用于装饰阳台、窗台、书房等，也可吊挂于防盗网、廊架等处观赏。

五十一、红 千 层

1. 学名：*Callistemon rigidus R. Br.*

2. 科属：桃金娘科，红千层属

3. 形态特征：灌木，高 1～2m；树皮暗灰色，不易剥离；幼枝和幼叶有白色柔毛。叶互生，条形，坚硬，无毛，有透明腺点，中脉明显，无柄。穗状花序，生于近枝顶，有多数密生的花，花序轴继续生长成一有叶的正常枝；花红色，无梗；萼筒钟形，外面被小柔毛，基部与子房贴生，裂片 5，脱落；花瓣 5，近圆形，扩展，脱落；雄蕊多数，红色，明显长于花瓣；子房下萼位。蒴果顶部开裂，半球形（见彩图 194）。

4. 生态习性：喜暖热气候，能耐烈日酷暑，不很耐寒、不耐阴，喜肥沃潮湿的酸性土壤，也能耐瘠薄干旱的土壤。生长缓慢，萌芽力强，耐修剪，抗风。在北方只能盆栽于高温温室中。由于极耐旱、耐瘠薄，也可在城镇近郊荒山或森林公园等处栽培。

5. 繁殖与栽培：红千层以播种繁殖为主，也可扦插繁殖。播种法：4 月采成熟果实，将种子与细沙和匀，而后撒播之，稍覆细土保持湿度，约 35d 发芽，适时间苗，苗高约15cm 即带土上盆，选用大盆，以利生长。苗上盆后，苗与苗之间要保持适当距离，并随着苗的长大，适时地调整苗距，以保持植株球形长势。盆要用红砖垫起，防止苗根穿过排水孔而扎入土层，从而失去盆栽的作用。翌年 4 月，苗高 60cm 左右，可脱盆栽到苗床培育，即地栽。地栽苗床用土亦应以沙壤土或轻壤土为佳，目的也是为了起苗时保持土

球完整。植株的株行距，一般可在 120～150cm 之间，经过约 1 年地栽，苗高 120cm 以上，便可出圃移植。扦插法：3 月剪半成熟不开花的侧枝，长 10～12cm，基部稍带 1 年成熟枝，扦插于半沙泥中，搭棚盖荫保持湿度，40d 左右可发根，待根群生长旺盛后即上盆。每年花期过后进行一次修剪和整枝，控制生长高度，维护树形美观，可促使萌发更多新枝开花。

6. 应用： 由于红千层树姿优美，花形奇特，适应性强，观赏价值高，被广泛应用于各类园林绿地中。公园与风景区绿化：它树形优雅，花形秀丽奇特，既可以孤植来展示其个体之美，也适于片植观赏远景，特别是在空旷的草坪中以三五成群的方式栽植，更能突显其景观效果。广场及街边绿地：红千层对水分要求不严，耐干旱瘠薄的土地，适应性强，常用于街边栽植。在配置上可以和其他彩叶花灌木搭配，营造出浓烈的园林景观氛围，也可以搭配落叶乔木，丰富不同的季相效果，给人以视觉上的美感，同时还起到净化空气、减少尘埃、吸收噪声和遮阴的效果。工业园区绿化：由于红千层抗性强，在工业园区内栽植有吸收二氧化硫、氯气、氯化氢等有毒污染和吸收烟尘的作用，因此，也被广泛应用于工业园区绿化。在配置上可以采用列植或群植的形式，或者以红千层为基调树种，配置其他抗性强的小乔木或灌木，疏密得当、虚实相间，营造出一个生态与美学相结合的园区环境。居住区绿化：红千层树体小巧，婀娜多姿，无毒无害，盛夏繁花似锦，凉爽宜人，能满足居民对小区园林审美功能的要求。根据小区的总体布局，因地造景，可以与地被植物、山石、水体等其他园林要素相结合，营造出一片层次分明、充满诗情画意的宜居环境。

五十二、叶 子 花

1. 学名： *Bougainvillea spectabilis Willd.*

2. 科属： 紫茉莉科，叶子花属

3. 形态特征： 常绿攀援灌木，有枝刺；枝叶密生柔毛。单叶互生，卵形或卵状椭圆形，长 5～10cm，全缘。花常 3 朵顶生，各具 1 大形叶状苞片，鲜红色。花期在冬春间（见彩图195）。

4. 生态习性： 性喜温暖、湿润的气候和阳光充足的环境。不耐寒，耐瘠薄，耐干旱，耐盐碱，耐修剪，生长势强，喜水但忌积水。要求充足的光照，长江流域及以北地区均盆栽养护。对土壤要求不严，但在肥沃、疏松、排水好的沙质壤土能旺盛生长。叶子花光照不足会影响其开花，适宜生长湿度为 20～30℃。

5. 繁殖与栽培： 扦插容易成活，也经常采用压条的快速繁殖技术。繁殖技术如下：每年 5 月初至 6 月中旬，都是进行压条的好季节。每次压条 30～35d。在叶子花母株上选择筷子头以上粗细的健壮枝条。选好枝条后，再在估计处于营养钵中心位置的枝条部位，用小刀对枝条进行环切，去掉一圈树皮，深度要达到木质部，露出木质部。然后根据所选枝条的粗细，取一直径为 10～15cm 的黑色软质营养钵，先将营养钵的任意一边从上至下剪开，剪开的长度根据枝条嵌入钵内的高度而定。然后在营养钵的下部周边和底部共剪 5～7 个小孔，作为漏水和观察用。将营养钵套在枝条上，使枝条的环切处位于营养钵上部 1/3 处，并处在营养钵的中心位置，再用木棒扎成三角架将营养钵固定。在原来营养钵的剪开处用细铁丝扎好，再填入干湿适度的泥土，泥土一般以园土拌腐叶土为好。填入泥土时要注意将枝条的下方填实，不留空隙，并将泥土稍为压紧，最后浇水，水要浇透。大约经过 25d，就会发现营养钵下部的两三个小孔内伸出几根嫩嫩的白色根尖，这时，说明压条已经成功，所压枝条的

环切处已经长根。

6. 应用： 叶子花的观赏部位是苞片，其苞片似叶，花于苞片中间，故称之"叶子花"。叶子花树势强健，花形奇特，色彩艳丽，缤纷多彩，花开时节格外鲜艳夺目。特别是冬季室内当姹紫嫣红的苞片开放时，大放异彩，热烈奔放，深受人们喜爱。赞比亚将其定为国花。中国南方常用于庭院绿化，做花篱、棚架植物，均有其独特的风姿。切花造型有其独特的魅力。叶子花具有一定的抗二氧化硫功能，是一种很好的环保绿化植物。

第五章

植篱类

<<<<<

植篱也称为绿篱或树篱，指将树木密植成行，按照一定的规格修剪或不修剪，形成绿色的墙垣。在园林中，植篱主要起分割空间、遮蔽视线、衬托景物、美化环境以及防护作用等。植篱可以做成装饰性图案，作背景植物衬托前景，还可以构成夹景和透景来突出中心节点的景观。植篱的应用，中国早在3000年前即有"折柳樊圃"的记载了，至于"枳棘之篱"更是广见于农村。但是在中国传统的园林中，植篱并未得到发展，而在现代新建的园林中却有嫌之应用过多的趋势。

植篱多选用常绿树种，辅之以落叶树，并应具有以下特点：适应性强，树体低矮，枝叶稠密，萌芽力强，耐修剪，生长较慢，树高合适。但不同的植篱类型对选用的树木有不同的要求，如保护类植篱主要用于住宅、庭院或果园周围，多选用有刺的树种，如马甲子、枸橘、刺柏、火棘、小檗、花椒、枸骨、酸枣、卫矛、刺榆等。境界篱用于庭院周围、路旁等处，如黄杨、大叶黄杨、罗汉松、侧柏、圆柏、小叶女贞、紫杉、紫叶小檗、金叶女贞等。观赏篱主要用于各类庭院中，如茶梅、扶桑、锦鸡儿、榆叶梅、迎春、山茶、黄刺玫、野蔷薇、紫珠、金银木、枸杞等。

根据栽植、修剪高度分为高篱（1~5m）、中篱（0.5~1m）和矮篱（小于0.5m）。因此，罗汉松、珊瑚树、杨桐、柳杉等均可构成高篱，高篱具有防风的效果，珊瑚树篱兼有防火功能；黄杨、小叶女贞、小叶罗汉松、海桐、紫杉等均可构成中篱，常见的花篱和果篱也为中篱；常见的矮篱有六月雪、假连翘、菲白竹等，除作境界篱外，也常用作基础种植材料。

与此同时，许多常绿的植篱树由于枝叶茂密且耐修剪，可经过修剪和攀扎制作成具有立体艺术效果的绿雕塑，用于园林点缀，可以起到锦上添花或画龙点睛的作用。西方多采用修剪的方式，中国除了修剪外，还常用攀扎。另外，对植篱进行栽培养护时注意保持篱面完整勿使下枝空秃，注意修剪时期与树种生长发育的关系以及预防病虫蔓延，避免与周围树种病菌有生活史上的联系。

一、小 叶 黄 杨

1. 学名：*Buxus sinica*（*Rehd. et Wils.*）*Cheng var. parvifolia M. Cheng*

2. 科属：黄杨科，黄杨属

3. 形态特征： 常绿灌木或小乔木。树高 0.5～1m，树干灰白光洁，枝条密生，枝四棱形。叶对生，长 7～10mm，宽 5～7mm，革质，全缘，椭圆或倒卵形，先端圆或微凹，表面亮绿色，背面黄绿色，有短柔毛。花簇生于叶腋或枝端，4～5 月开放，花黄绿色。没有花瓣，有香气。蒴果卵圆形（见彩图 196）。

4. 生态习性： 性喜肥沃湿润的土壤，忌酸性土壤。抗逆性强，耐水肥，抗污染，能吸收空气中的二氧化硫等有毒气体，有耐寒、耐盐碱、抗病虫害等许多特性。

5. 繁殖与栽培： 繁殖方法以扦插和播种为主。扦插繁殖时，于 4 月中旬和 6 月下旬随剪条随扦插。扦插深度为 3～4cm。播种繁殖时，种子采集后放在烈日下曝晒会降低含水量，导致出苗率低。采集后要放在阴凉通风处自然堆放，种果堆放不能超过 1cm，待放到种子开裂后，去除种皮杂质，把种子装入袋中，放在阴凉处备用。育苗地以沙质土为好，播种前要做 80cm 宽、15～20cm 厚的土床，长度视种量多少而定。9 月上中旬播种，播种前种子要用清水浸泡 30h，水量应以浸过种子为宜。在床面上条状开沟，深度 3cm，播前先把种子按对应苗床分成若干份，然后将种子均匀撒入沟内，并轻踩 1 遍土格子，然后覆土 1cm，用木板把床面刮平，再用稻草把苗床覆盖，稻草应对放，厚度 30cm。用喷壶浇 1 次透水，以后每周往稻草上浇 2～3 次透水，浇到 10 月中旬种子生根为止。4 月份为尽快提高地温，应分 2 次进行撤草。由于小叶黄杨播种时密度较大，苗木在越冬时必须起出进行假植，9 月中下旬进苗，并按大小进行分类，每捆 50～100 株假植，10 月中旬进行覆土，以不露叶为宜。第 2 年春季 4 月份起出移植。

6. 应用： 小叶黄杨枝叶茂密，叶光亮、常青，是常用的观叶树种，其不仅是常绿树种，而且抗污染，能吸收空气中的二氧化硫等有毒气体，对大气有净化作用，特别适合于车辆流量较高的公路旁栽植绿化，一般可以长到 1m 多高，郁郁葱葱，煞是好看。在青海开始在室内盆栽，需要时放置在大会主席台两侧，增加绿色气氛。近些年来，在西宁庭院广泛栽培。小叶黄杨因叶片小、枝密、色泽鲜绿，具有耐寒、耐盐碱、抗病虫害等许多特性，多年来为华北城市绿化、绿篱设置等的主要灌木品种。

二、大叶黄杨

1. 学名： *Buxus megistophylla Lévl.*

2. 科属： 黄杨科，黄杨属

3. 形态特征： 常绿灌木或小乔木，高达 8m。叶倒卵状椭圆形，长 3～7cm，缘有钝齿，革质光亮。腋生聚伞花序，花序梗及分枝长而扁；花绿白色，4 基数。蒴果扁球形，粉红色。熟后 4 瓣裂；假种皮橘红色（见彩图 197）。

4. 生态习性： 大叶黄杨喜光，稍耐阴，有一定的耐寒力，在淮河流域可露地自然越冬，华北地区需保护越冬，在东北和西北的大部分地区均作盆栽。对土壤要求不严，在微酸、微碱土壤中均能生长，在肥沃和排水良好的土壤中生长迅速，分枝也多。

5. 繁殖与栽培： 可采用扦插、嫁接、压条繁殖，以扦插繁殖为主，极易成活。硬枝扦插在春、秋两季进行，扦插株行距保持 10cm×30cm，春季在芽将要萌发时采条，随采随插；秋季在 8～10 月进行，随采随插，插穗长 10cm 左右，留上部一对叶片，将其余剪去。插后遮阴，气温逐渐下降后去除遮阴并搭塑料小棚，翌年 4 月份去除塑料棚。夏季扦插可用当年生枝，2 年生枝也可，插穗长度 10cm 左右。园艺变种的繁殖，可用丝棉木作砧木于春季进行靠接。压条宜选用 2 年生或更老的枝条进行，1 年后可与母株分离。苗木移植多在春季 3～4 月进行，大苗需带土球移栽，主要管理工作是修剪整形，经修剪者，其枝条抽生极易，故一年需多次修剪，以维持一定的树形。

6. 应用：大叶黄杨是优良的园林绿化树种，可栽植绿篱及作背景种植材料，也可单株栽植在花境内，将它们整成低矮的巨大球体，相当美观，更适合规则式的对称配植。

三、紫叶小檗

1. 学名：*Berberis thunbergii DC. var. atropurpurea Chenault.*

2. 科属：小檗科，小檗属

3. 形态特征：紫叶小檗为落叶多枝灌木，高 2～3m。叶深紫色或红色，幼枝紫红色，老枝灰褐色或紫褐色，有槽，具刺。叶全缘，菱形或倒卵形，在短枝上簇生。花单生或 2～5 朵成短总状花序，黄色，下垂，花瓣边缘有红色纹晕。浆果红色，宿存。花期 4 月，果熟期 9～10 月（见彩图 198）。

4. 生态习性：紫叶小檗喜凉爽湿润的环境，适应性强，耐寒也耐旱，不耐水涝，喜阳也能耐阴，萌蘖性强，耐修剪，对各种土壤都能适应，在肥沃深厚、排水良好的土壤中生长更佳，但在光稍差或密度过大时部分叶片会返绿。

5. 繁殖与栽培：小檗繁殖主要采用扦插法，也可用分株、播种法。扦插可用硬枝插和嫩枝插两种方法。六七月取半木质化枝条，剪成 10～12cm 长，上端留叶片，插于沙或碎石中，保持湿度在 90％左右，温度 25℃左右，20d 即可生根。秋季结合修剪，选发育充实、生长健壮的枝条作插穗，插于沙或碎石中，第二年春天可移植出棚。紫叶小檗在北方易结实，故常用播种法繁殖。秋季种子采收后，洗尽果肉，阴干，然后选地势高燥处挖坑，将种子与沙按 1∶3 的比例放于坑内贮藏，第二年春季进行播种，这样经过沙藏的种子出苗率高，播种易成功，也可采收后进行秋播。紫叶小檗萌芽力强，生长速度快，植株往往呈丛生状，可进行分株繁殖，分株时间除夏季外，其他季节均可进行。移栽可在春季或秋季进行，裸根或带土坨均可。由于它的萌蘖力强，在早春或生长季节，应对茂密的株丛进行必要的疏剪和短剪，剪去老枝、弱枝等，使萌发枝长出新叶后，有更好的观赏效果。

6. 应用：紫叶小檗色彩耀人，枝细密而有刺。春季开小黄花，入秋则叶色变红，果熟后亦红艳美丽，是良好的观果、观叶和刺篱材料。园林常用于与常绿树种作块面色彩布置，效果较佳，亦可盆栽观赏或剪取果枝瓶插供室内装饰用。紫叶小檗春开黄花，秋缀红果，是叶、花、果俱美的观赏花木，园林常用作花篱或在园路角隅丛植，点缀于池畔、岩石间，也用作大型花坛镶边或剪成球形对称状配植。由于比较耐阴，是乔木下、建筑物阴蔽处栽植的好材料，也可盆栽后放置于室内外。由于本种较耐寒，冬季在门厅、走廊温度较低的地方都能摆放，为许多温室观叶植物所不及。紫叶小檗是园林绿化的重要色叶灌木，常与金叶女贞、大叶黄杨组成色块、色带及模纹花坛。

四、火　棘

1. 学名：*Pyracantha fortuneana （Maxim.） Li*

2. 科属：蔷薇科，火棘属

3. 形态特征：常绿灌木，高达 3m；枝拱形下垂，幼时有锈色柔毛。叶常为倒卵状长椭圆形，长 1.5～6cm，先端圆或微凹，锯齿疏钝，基部渐狭而全缘，两面无毛。花白色，径约 1cm；花期 4～5 月。果红色，径约 5mm（见彩图 199）。

4. 生态习性：喜强光，耐贫瘠，抗干旱，不耐寒；黄河以南露地种植，华北需盆栽，塑料棚或低温温室越冬。对土壤要求不严，而以排水良好、湿润、疏松的中性或微酸性壤土为好。

5. 繁殖与栽培：繁殖方法一般采用种子繁殖和扦插繁殖。①种子繁殖。火棘果实 10 月成熟，可在树上宿存到次年 2 月，采收种子以 10～12 月为宜，采收后及时除去果肉，将种子冲洗干净，晒干备用。火棘以秋播为好，播种前可用万分之二浓度的赤霉素处理种子，在整理好的苗床上按行距 20～30cm，开深 5cm 的长沟，撒播于沟中，覆土 3cm。②扦插繁殖。采 1～2 年生枝，剪成长 12～15cm 的插穗，下端马耳形，在整理好的插床上开深 10cm的小沟，将插穗呈 30°斜角摆放于沟边，穗条间距 10cm，上部露出床面 2～5cm，覆土踏实，扦插时间从 11 月至翌年 3 月均可进行，成活率一般在 90％以上。火棘耐干旱，但春季土壤干燥，可在开花前浇肥 1 次，要灌足。开花期保持土壤偏干，有利坐果，故不要浇水过多。如果花期正值雨季，还要注意挖沟、排水，避免植株因水分过多造成落花。果实成熟收获后，在进入冬季休眠前要灌足越冬水。火棘自然状态下，树冠杂乱而不规整，内膛枝条常因光照不足呈纤细状，结实力差，为促进生长和结果，每年要对徒长枝、细弱枝和过密枝进行修剪，以利通风透光和促进新梢生长。

6. 应用：因其适应性强，耐修剪，喜萌发，作绿篱具有优势。一般城市绿化的土壤较差，建筑垃圾不可能得到很好地清除，火棘在这种较差的环境中生长较好，自然抗逆性强，病虫害也少，只要勤于修剪，当年栽植的绿篱当年便可见效。火棘也适合栽植于护坡之上等。火棘作为球形布置可以采取拼栽、截枝、放枝及修剪整形的手法，错落有致地栽植于草坪之上，点缀于庭园深处，红彤彤的火棘果使人在寒冷的冬天里有一种温暖的感觉。火棘球规则式地布置在道路两旁或中间绿化带，还能起到绿化美化和醒目的作用。火棘用于风景林地的配植，可以体现自然野趣。火棘的果枝也是插花材料，特别是在秋冬两季配置菊花、腊梅等作传统的艺术插花。火棘耐贫瘠、对土壤要求不高、生命力强，其生长的海拔范围在250～2500m。火棘是治理山区石漠化的良好植物。

五、金叶女贞

1. 学名：*Ligustrum×vicaryi Hort.*

2. 科属：木樨科，女贞属

3. 形态特征：落叶灌木，是金边卵叶女贞和欧洲女贞的杂交种。叶片较大叶女贞稍小，单叶对生，椭圆形或卵状椭圆形，长 2～5cm。总状花序，小花白色。核果阔椭圆形，紫黑色。金叶女贞叶色金黄，尤其在春秋两季色泽更加璀璨亮丽。金叶女贞高 1～2m，冠幅1.5～2m（见彩图 200）。

4. 生态习性：适应性强，对土壤要求不严格，对我国长江以南及黄河流域等地的气候条件均能适应，生长良好。性喜光，稍耐阴，耐寒能力较强，不耐高温高湿，在京津地区，在小气候好的楼前避风处，冬季可以保持不落叶。它抗病力强，很少有病虫危害。

5. 繁殖与栽培：金叶女贞一般采用扦插繁殖，采用两年生金叶女贞新梢，最好用木质化部分剪成 15cm 左右的插条，将下部叶片全部去掉，上部留 2～3 片叶即可，上剪口距上芽 1cm 平剪，下剪口在芽背面斜剪成马蹄形。扦插基质用粗沙土，0.5％高锰酸钾液消毒 1d后用来扦插，扦插前先用比插穗稍粗的木棍打孔，插后稍按实，扦插密度以叶片互不接触、分布均匀为宜。用清水喷透后覆塑料膜，用土将半面压严，其余用砖块压紧，以便喷水，再用苇帘遮阴。在生根前每天喷水 2 次，以降温保湿，保持棚内温度 20～30℃，相对湿度在95％以上。每天中午适当通风，夏季为防其腐烂，插后 3 天喷 800 倍多菌灵，10d 后再喷一次。插后 21d 左右两头小通风 2d 后，早晚可揭去塑料膜，中午用苇帘遮阴，注意多喷水，3d 后全部揭去。炼苗 4～5d 后即可在阴天或傍晚时进行移栽，栽后立即浇一次透水，3d 后再浇一次，成活率可达 100%，冬季需扣小拱棚越冬。扦插生根率几乎达 100%，成活率可达 95%。它根系发达，吸收力强，一般园土栽培不必施肥。它萌蘖力强，耐修剪，故在栽培中很容易培养成球。它枝叶茂密，宜栽培成矮绿篱，每年修剪两次就能达到优良观叶的效果。

6. 应用： 金叶女贞在生长季节叶色呈鲜丽的金黄色，可与红叶的紫叶小檗、红花檵木，绿叶的龙柏、黄杨等组成灌木状色块，形成强烈的色彩对比，具有极佳的观赏效果，也可修剪成球形。由于其叶色为金黄色，所以大量应用在园林绿化中，主要用来组成图案和建造绿篱。

六、雀舌黄杨

1. 学名： *Buxus bodinieri Lévl.*

2. 科属： 黄杨科，黄杨属

3. 形态特征： 常绿灌木，高达 4m。叶较狭长，倒披针形或倒卵状长椭圆形，长 2.5～4cm，两面中脉明显凸起。花序腋生，头状；苞片卵形，背面无毛，或有短柔毛。蒴果卵形。花期 2 月，果期 5～8 月（见彩图 201）。

4. 生态习性： 喜温暖湿润和阳光充足的环境，耐干旱和半阴，要求疏松、肥沃和排水良好的沙壤土。弱阳性，耐修剪，较耐寒，抗污染。

5. 繁殖与栽培： 主要用扦插和压条法繁殖。扦插以梅雨季节进行最好，选取嫩枝作插穗，10～12cm 长，插后 40～50d 生根。压条在 3～4 月进行，用二年生枝条压入土中，翌春与母株分离移栽。移植前，地栽应先施足基肥，生长期保持土壤湿润。每月施肥 1 次，并修剪使树姿保持一定的高度和形式。盆栽宜在春、秋季或梅雨季节进行，上盆后要控制肥水，用修剪控制株形。雀舌黄杨盆景主干长势特慢，非常苍劲，但嫩枝条长得较快，节间的增长使叶显得稀疏，株形就会散乱，唯有用"摘心"来控制，才能保证其观赏价值。

6. 应用： 雀舌黄杨植株低矮，枝叶繁茂，叶形别致，四季常青，且耐修剪，可修剪成各种形状，是优良的矮绿篱材料，最适宜布置模纹图案及花坛边缘，是点缀小庭院和入口处的好材料。如任其自然生长，则适宜点缀草地、山石，或与落叶花木配植。也可盆栽或制成盆景观赏。

七、枸 骨

1. 学名： *Ilex pernyi Franch.*

2. 科属： 冬青科，冬青属

3. 形态特征： 常绿灌木或小乔木，高达 8m；小枝有棱角，有短柔毛。叶革质，卵形或卵状披针形，长 1.5～3cm，宽 0.5～1.4cm，顶端急尖，顶刺状，边缘有 1～3 对（常 2 对）大刺齿，上面有光泽；叶柄很短，长约 2mm。雌雄异株，花数 4，花序簇生于二年生小枝叶腋内，每分枝仅具 1 花；雄花花萼直径 2mm，花冠直径 7mm；雌花萼似雄花，花瓣卵形，长 2.5mm。果近球形，直径 7～8mm，红色（见彩图 202）。

4. 生态习性： 喜光，稍耐阴，喜温暖气候及肥沃、湿润而排水良好的微酸性土壤，耐寒性不强，颇能适应城市环境，对有害气体有较强的抗性。生长缓慢，萌蘖力强，耐修剪。

5. 繁殖与栽培： 繁殖主要采用播种、扦插、嫁接法进行。播种繁殖，可于 9～10 月间采下成熟种子，种子要后熟 3 个月才能发芽，用沙层积贮藏，于翌年 3～4 月播种，出苗率较高。扦插繁殖，在梅雨季节进行，从长势强健的植株上剪取插穗，每枝长 12～20cm，留上部叶 3～4 片，每片叶剪去 1/2，然后扦插于盆中。枸骨具彩色斑纹的变种，实生苗会出现返祖现象而叶色变成绿色。出苗前要保湿遮阴。为促进生根，提高插穗的繁殖效果，在扦插前要对插穗进行一定的处理。有条件的话，扦插时采用 ABT2 号生根粉，可大大提高生根率。嫁接繁殖，主要用于叶片具彩色斑纹种类的繁殖，通常于春季萌芽前进行。以枸骨为砧木，采用切接法或芽接法，成活率高。移栽可在春秋两季进行，而以春季 3～4 月份或秋季带土移植较好。因枸骨须根稀少，操作时要特别防止散球，同时要剪去部分枝叶，以减少蒸腾，否则难以成活。

6. 应用： 可孤植于花坛中心或配假山石，丛植于草坪或道路转角处，或在建筑的门庭两旁或路口对植。宜作刺绿篱，兼有防护与观赏效果。枸骨也可盆栽作室内装饰，老桩作盆景，既可观赏自然树形，也可修剪造型。叶、果枝可插花。

八、阔叶十大功劳

1. 学名： *Mahonia bealei*（*Fort.*）*Carr.*

2. 科属： 小檗科，十大功劳属

3. 形态特征： 常绿灌木。树高可达 4m，全株无毛，枝丛生直立。根粗大，黄色。奇数羽状复叶，长 25～40cm，有叶柄；小叶 7～15 片，坚硬革质，侧生小叶无叶柄，卵形或卵状椭圆形，大小不一，长 4～12cm，宽 2.5～4.5cm，侧生小叶基部歪斜，表面深绿色有光泽，背面黄绿色；顶生小叶较大，有柄，先端渐尖，基部宽楔形或近圆形，每边有 2～5刺锯齿，叶缘反卷，上面蓝绿色，下面黄绿色。夏、秋开花，花黄色，有香气，总状花序直立，6～9 个簇生于花顶，萼片 9，排为 3 轮，外轮较小，内轮 3 片较大；花瓣 6；雄蕊 6；子房上位，1 室。花期 4～5 月，9～10 月果实成熟。浆果卵形，暗蓝色，有白粉（见彩图 203）。

4. 生态习性： 性强健，耐阴，喜温暖湿润。生于海拔 500～2000m 的阔叶林、竹林、杉木林及混交林下、林缘、草坡、溪边、路旁或灌丛中。

5. 繁殖与栽培： 阔叶十大功劳可用播种法、分株法和扦插法繁殖。采用播种法繁殖时，秋季采种后即播，发芽适温 20～22℃，播后 30～40d 发芽。播种繁殖可于 5 月至 8 月间采摘果粒变软、果色发紫泛黑的果序，脱下果粒，用细沙拌和搓揉后，漂浮去果皮、果肉及瘪粒，稍加摊晾后，将其条播于松软肥沃的苗床上，行距 15cm，种粒间距 1～2cm，覆土厚度 2～3cm，加盖稻草保湿，15d 内即可发芽出土，也可将其种子贮藏于干净的湿沙中进行催芽，待其种粒裂口露白后，再行开沟播种，则出苗更为整齐一致。苗期应加强遮阴，1 个月后适当给予追肥，当年苗高可达 15～20cm，冬季防寒，翌春进行间苗移栽，留床培育 2～3年，当苗高达 80～100cm 时，即可用于盆栽观赏和园林绿化。如采用扦插繁殖，早春用老枝扦插，5～6 月用嫩枝扦插，秋末冬初用粗秆老茎，插条长 15～20cm，顶端留叶，保持湿润环境，插后 40～50d 生根。如采用分株繁殖，可在 10 月中旬至 11 月中旬或 2 月下旬至 3月下旬进行。移植在春、秋季均可，留宿土或带泥球，养护管理简便，注意修剪枯枝，保持植株整洁。

6. 应用： 阔叶十大功劳四季常绿，树形雅致，枝叶奇特，花色秀丽，开黄色花，果实成熟后呈蓝紫色，叶形秀丽、尖有刺，叶色艳美，可用作园林绿化和室内盆栽观赏。由其

枝叶奇巧、花黄果紫,用于园林绿化点缀显得既别致又富有特色。阔叶十大功劳可栽在房前屋后、白粉墙前,在庭院、园林围墙下作为基础种植,颇为美观。选择粗大的植株进行截干促萌,可形成根、叶、花、果兼美的树桩盆景。在园林中可植为绿篱;可植于果园、菜园的四角作为境界林,盆栽配置于门厅入口处、会议室、招待所、会客厅显得清幽可爱;栽植于池边、山石旁,青翠欲滴,十分典雅;作为切花更为独特。总之,阔叶十大功劳以独特的风采招人观赏,不管是叶、干、植株都能引人注目,外观形态雅致,是观赏花木中的珍贵者。

九、狭叶十大功劳

1. 学名: *Mahonia fortunei (Lindl.) Fedde*

2. 科属: 小檗科,十大功劳属

3. 形态特征: 常绿灌木。株高可达 2m,茎干有节而多棱。叶革质,奇数羽状复叶,每个复叶上着生 5～9 枚小叶,小叶呈长椭圆形或披针形,先端的小叶渐大,或急尖,基部楔形,正面为暗绿色,背面黄绿色,边缘有刺针状锯齿。表面平滑有光泽。十大功劳由多花组成总状花序,着生在茎干顶端的叶腋之间。常 3～5 个花序丛生在一起而组成圆锥状花丛。小花黄色。有短梗,每朵花上有萼片 9 枚,排成 3 轮,状似花瓣。萼片的里面含雄蕊 6 枚,雌蕊 12 枚。果为小浆果,近圆形(见彩图 204)。

4. 生态习性: 耐阴,也较耐寒,喜温暖湿润的气候及肥沃湿润、排水良好的土壤,耐旱,对土壤要求不严,在酸性、中性土壤中均能生长。在干燥的空气中生长不良,对 SO_2 的抵抗能力较弱,对氟化氢的抵抗力也弱。

5. 繁殖与栽培: 繁殖方法有种子繁殖、扦插繁殖、分株繁殖。①种子繁殖。种子采收后,需要湿沙贮藏种子,放在一定的容器中或挖坑处理种子。贮藏到第二年 3～4 月份开始播种。在做好的育苗畦上开成浅沟,把种子均匀播入沟内,进行轻轻覆土。播种后保持土壤湿润,2 周左右的时间即能出苗。②扦插繁殖。露地扦插应在 3 月下旬进行,采冬季落叶的健壮茎秆做插穗,按 15cm 一段截开,插入疏松的沙土中,入土深 10cm,并塔设苇帘遮阴。在北方应在 6～7 月采嫩枝扦插,插条长 10～12cm,保留先端 1 个复叶,将复叶先端的小叶剪掉,只留基部 2 枚小叶并将其剪掉 1/2,用素沙土插入大花床中,入土深 5cm。遮阴养护,立秋后可长出新根,入冬前分苗上盆,然后移入冷室越冬。③分株繁殖。十大功劳的茎秆呈丛状直立向上生长,分枝力弱,扦插繁殖时需截干采条,使母株暂时无法观赏,因此多结合翻盆换土,把整丛植株分开来,上盆栽种,成活后对原有茎干进行短截,促使根系萌发新的根蘖条而形成新的株丛。不需要灌溉和追肥,生长 2～3 年后可进行一次平茬,让它们萌发新茎干和新叶来更新老的株形,如不平茬,老叶黄尖但不能脱落,新叶长不出来,相当难看。

6. 应用: 由于狭叶十大功劳对二氧化硫的抗性较强且它的枝干酷似南天竹,可栽在房屋后,与白粉墙感觉调和,常植于庭院、林缘及草地边缘,或在园林围墙作为基础种植。在园林中可植为绿篱,在果园、菜园的四角作为境界林。还可盆栽放在门厅入口处,如会议室、招待所、会议厅的入口处。

十、石 楠

1. 学名: *Photinia serrulata Lindl.*

2. 科属: 蔷薇科,石楠属

3. 形态特征：常绿灌木或小乔木，高 4～6m，稀可达 12m；小枝褐灰色，无毛。叶革质，长椭圆形、长倒卵形或倒卵状椭圆形，先端尾尖，基部圆形或宽楔形，边缘疏生带腺细锯齿，近基部全缘，无毛；叶柄老时无毛。复伞房花序顶生，总花梗和花梗无毛；花白色。梨果球形，红色或褐紫色（见彩图 205）。

4. 生态习性：喜光稍耐阴，深根性，对土壤要求不严，但以肥沃、湿润、土层深厚、排水良好、微酸性的沙质土壤最为适宜，能耐短期－15℃的低温，喜温暖、湿润气候，在焦作、西安及山东等地能露地越冬。萌芽力强，耐修剪，对烟尘和有毒气体有一定的抗性。

5. 繁殖与栽培：用播种法和扦插法繁殖。播种繁殖，在果实成熟期采种，将果实捣烂漂洗取子晾干，采用层积沙藏至翌年春播。种子与沙的比例为 1∶3。选择土壤肥沃、深厚、松软的地块作为苗床进行露地播种。2 月上旬采用开沟条播，行距 20cm，覆土 2～3cm 厚，略微镇压一下，浇透水后覆草以保持土壤湿润，有利于种子出土。扦插繁殖可在雨季进行，选当年半木质化的嫩枝剪成 10～12cm 长的段，带 1 叶 1 芽，剪去 1/3 叶片。插条采用平切口，切口要平滑，以防止其表皮和木质部撕裂而形成新的创口。扦插株行距为 4cm×6cm，深度为插条的 2/3，应随剪随进行药剂处理随扦插，扦插完毕后立即浇透水并搭好小拱棚，用塑料薄膜覆盖，四周密封，紧贴薄膜再覆盖透光率 50％的遮阴网。也可在早春，采一年生成熟枝条扦插。新移植的石楠一定要注意防寒 2～3 年，入冬后，搭建牢固的防风屏障，在南面向阳处留一开口，接受阳光照射。另外，在地面上覆盖一层稻草或其他覆盖物，以防根部受冻。石楠修剪时，对枝条多而细的植株应强剪，疏除部分枝条；对枝少而粗的植株轻剪，促进多萌发花枝。树冠较小者，短截一年生枝，扩大树冠；树冠较大者，回缩主枝，以侧代主，缓和树势。如石楠生长旺盛，开完花后将长枝剪去，促使叶芽生长。

6. 应用：本种具圆形树冠，叶丛浓密，嫩叶红色，花白色、密生，冬季果实红色，鲜艳瞩目，是常见的栽培树种。石楠枝繁叶茂，枝条能自然发展成圆形树冠，终年常绿。其叶片翠绿色，具光泽，早春幼枝嫩叶为紫红色，枝叶浓密，老叶经过秋季后部分出现赤红色，夏季密生白色花朵，秋后鲜红果实缀满枝头，鲜艳夺目，是一个观赏价值极高的常绿阔叶乔木，作为庭荫树或进行绿篱栽植效果更佳。根据园林绿化布局需要，可修剪成球形或圆锥形等不同的造型。在园林中孤植或基础栽植均可，丛栽使其形成低矮的灌木丛，可与金叶女贞、红叶小檗、扶芳藤、俏黄芦等组成美丽的图案，获得赏心悦目的效果。

十一、海　桐

1. 学名：*Pittosporum tobira*（*Thunb.*）*Ait.*

2. 科属：海桐科，海桐花属

3. 形态特征：小乔木或灌木，高 2～6m；枝条近轮生。叶聚生于枝端，革质，狭倒卵形，顶端圆形或微凹，边缘全缘，无毛或近叶柄处疏生短柔毛。花序近伞形，多少密生短柔毛；花有香气，白色或带淡黄绿色；萼片 5，卵形；花瓣 5；雄蕊 5；子房密生短柔毛。蒴果近球形，果皮木质，种子暗红色（见彩图 206）。

4. 生态习性：对气候的适应性较强，能耐寒冷，亦颇耐暑热。黄河流域以南，可在露地安全越冬。华南可在全光照下安全越夏，以长江流域至南岭以北生长最佳。在黄河以北多作盆栽，置室内防寒越冬。对光照的适应能力亦较强，较耐阴蔽，亦颇耐烈日，但以半阴地生长最佳。喜肥沃湿润的土壤，在干旱贫瘠地生长不良，稍耐干旱，颇耐水湿。萌芽力强，颇耐修剪。

5. 繁殖与栽培：用播种或扦插繁殖。蒴果 10～11 月份成熟，果皮木质，成熟时由青转黄，种子藏于胶质果肉内，假种皮鲜红色，具油脂，有光泽。采集的果实摊放数日，果皮开裂后，敲打出种子，湿水拌草木灰搓擦出假种皮及胶质，冲洗得出净种。果实出种率约为15％。种子千粒重为22～27g，忌日晒，宜混润沙贮藏。翌年3月中旬播种，用条播法，种子发芽率约50％。幼苗生长较慢，实生苗一般需2年生方宜上盆，3～4年生方宜带土团出圃定植。扦插于早春新叶萌动前剪取1～2年生嫩枝，截成每15cm长的一段，插入湿沙床内。稀疏光照，喷雾保湿，约20d发根，1个半月左右移入圃地培育，2～3年生可供上盆或出圃定植。平时管理要注意保持树形，干旱时适当浇水，冬季施1次基肥。

6. 应用：海桐枝叶繁茂，树冠球形，下枝覆地；叶色浓绿而又光泽，经冬不凋，初夏花朵清丽芳香，入秋果实开裂露出红色种子，也颇为美观。通常可作绿篱栽植，也可孤植、丛植于草丛边缘、林缘或门旁，列植在路边。因为有抗海潮及有毒气体的能力，故又为海岸防潮林、防风林及矿区绿化的重要树种，并宜作城市隔噪声和防火林带的下木。在气候温暖的地方，本种是理想的花坛造景树，或造园绿化树种。北方常盆栽观赏，温室过冬。

十二、紫叶矮樱

1. 学名： *Prunus×cistena*

2. 科属：蔷薇科，李属

3. 形态特征：紫叶矮樱为落叶灌木或小乔木，高达2.5m左右，冠幅1.5～2.8m。枝条幼时紫褐色，通常无毛，老枝有皮孔，分布整个枝条。叶长卵形或卵状长椭圆形，长4～8cm，先端渐尖，叶基部广楔形，叶缘有不整齐的细钝齿，叶面红色或紫色，背面色彩更红，新叶顶端鲜紫红色，当年生枝条木质部红色，花单生，中等偏小，淡粉红色，花瓣5片，微香，雄蕊多数，单雌蕊，花期4～5月（见彩图207）。

4. 生态习性：紫叶矮樱是喜光树种，但也耐寒、耐阴。在光照不足处种植，其叶色会泛绿，因此应将其种植于光照充足处。紫叶矮樱对土壤要求不严格，但在肥沃深厚、排水良好的中性或者微酸性沙壤土中生长最好，轻黏土亦可。紫叶矮樱喜湿润环境，忌涝，应种植于高燥之处，宜保持土壤湿润而不积水为好。

5. 繁殖与栽培：繁殖常用扦插法和嫁接法。扦插繁殖，从直径0.3～0.8cm的健壮母枝上剪取枝条，枝条采集后，放在阴凉潮湿处或用湿润材料包好，以免失水，然后将其截成10～12cm的插条，每个插条保留4～6个芽节。在插条上端芽节2cm处平剪，下端紧贴芽背剪成45°斜切口。紫叶矮樱宜在11月下旬至12月上旬扦插，即在叶片完全凋落20d后进行。插深为插条长度的1/3～1/2，插条间距为2.5～3.5cm，扦插后用喷壶将基质浇透水。在扦插后100～120d当种苗的根系达到10～15cm时，即可移栽定植。嫁接繁殖，选择接穗亲和力强的一二年生无病虫害的山桃、山杏苗作为砧木，成活后嫁接紫叶矮樱。紫叶矮樱嫁接主要采用枝接法，以3～4月份紫叶矮樱枝条尚未发芽而树液开始流动时嫁接为宜。削取接穗时须自最下端第1个芽约3cm处剪断，并在芽的两侧向下斜削成鸭嘴状，向上保留3～5个芽，保持接穗长8～10cm，然后在砧木距地面5cm处平剪，并根据接穗的粗细进行劈接或切接，接穗的形成层必须与砧木的形成层紧密对接，最后用塑料条将接口绑扎。整行嫁接完成后，搭小拱棚保湿，以防接穗失水抽条。

6. 应用：在园林绿化中，紫叶矮樱因其枝条萌发力强、叶色亮丽，加之从出芽到落叶均为紫红色，因此既可作为城市彩篱或色块整体栽植，也可单独栽植，是绿化美化城市的最佳树种之一。常见的应用方式有规则式配置和自然式配置。规则式配置，常采用的形式有中心种植、对植、列植、环植等。中心种植：将紫叶矮樱栽植在园林景观设计的中心，如栽植于花坛中心、广场中心等。对植：紫叶矮樱沿轴线两侧进行栽植，目的在于衬托主景，也能形成夹景，增加景观的深远感，如建筑物前、广场入口、大门两侧、石台阶两旁等。列植：沿着一定的轴线关系的栽植形式，体现韵律与节奏的动态变化，主要于建筑物周围、水边种植等。环植：采用环形、半圆形、弧形的栽植形式，目的在于衬托主景，常作背景用，如栽于花坛、雕塑、喷泉的周围。自然式配置，常见的栽植形式有孤植、丛植、群植、林植等。孤植：紫叶矮樱叶色鲜艳，株形圆整，可发挥景观的中心视点或引导视线的作用，可孤植于庭院或草坪中。丛植：紫叶矮樱三五成丛地点缀于园林绿地中。可将紫叶矮樱丛植于浅色系的建筑物前，或以绿色的针叶树种为背景。群植：以紫叶矮樱为主要树种成群成片地种植，构成风景林，独特的叶色和姿态一年四季都很美丽，附以地被，给人以较强的层次感，其美化的效果要远远好于单纯的绿色风景林。林植：可用于城市周围、河流沿岸等，达到丰富城市景观的效果。

十三、金　叶　莸

1. 学名： *Caryopteris clandonensis* ‘*Worcester Gold*’

2. 科属： 马鞭草科，莸属

3. 形态特征： 金叶莸是园林培植品种。落叶灌木类，株高 50～60cm，枝条圆柱形。单叶对生，叶长卵形，叶端尖，基部圆形，边缘有粗齿。叶面光滑，鹅黄色，叶背具银色毛。聚伞花序紧密，腋生于枝条上部，自下而上开放；花萼钟状，二唇形裂，下萼片大而有细条状裂；花冠、雄蕊、雌蕊均为淡蓝色，花紫色，聚伞花序，腋生，蓝紫色，花期在夏末秋初的少花季节（7～9月），可持续 2～3 个月（见彩图 208）。

4. 生态习性： 喜光，也耐半阴、耐旱、耐热、耐寒，在 −20℃ 以上的地区能够安全露地越冬。越是天气干旱，光照强烈，其叶片越是金黄；如长期处于半阴蔽条件下，叶片则呈淡黄绿色。应在雨季少浇水，防止洪涝。在年降雨量 300～400mm、土壤 pH 值为 9、含盐量 0.3% 的条件下能正常生长，较耐瘠薄，在陡坡、多砾石及土壤肥力差的地区仍生长良好。

5. 繁殖与栽培： 金叶莸采用播种或扦插繁殖。以播种繁殖为主，一般于秋季冷凉环境中进行盆播，也可在春末进行软枝扦插或至初夏进行绿枝扦插。金叶莸采用嫩枝扦插结合容器育苗进行培育，可缩短育苗周期。该树种繁殖较容易，贴近地面蔓生的枝条易产生不定根，形成新的植株。常采用半木质化嫩枝扦插繁殖。采用嫩枝扦插结合容器育苗进行培育，当年即可定植，移栽成活率高达 95% 以上，定植栽培后无缓苗现象，生长迅速。金叶莸的萌蘖力强，很少长杂草，易于管理，种植时可适当调整种植密度，以增强植株内部通风透光，降低湿度。金叶莸在早春或生长季节应适当进行修剪，每年只需修剪 2～3 次，使之萌发新枝叶，生长季节愈修剪，叶片的黄色愈加鲜艳，萌发的新叶愈加亮黄美观。

6. 应用： 金叶莸耐旱、耐寒、耐粗放管理，生长季节越修剪，叶片的黄色愈加鲜艳。本种为观叶类，园林用途广，单一造型组团，或与红叶小檗、侧柏、桧柏、小叶黄杨等搭配组团，黄、红、绿色差鲜明，组团效果极佳。特别是在草坪中，流线型大色块组团，亮丽而抢眼，常常成为绿化效果中的点睛之笔。作大面积色块及基础栽培，植于草坪边缘、假山旁、水边、路旁，是一个良好的彩叶树种，是点缀夏秋景色的好材料。种植金叶莸可节约水资源，特别是在雨量较少、土质沙化的干旱地区，更显经济实用、美观新颖。

十四、珍　珠　梅

1. 学名：*Sorbaria sorbifolia（L.）A. Br.*

2. 科属：蔷薇科，珍珠梅属

3. 形态特征：灌木，高达 2m，枝条开展；小枝圆柱形，稍屈曲，无毛或微被短柔毛，初时绿色，老时暗红褐色或暗黄褐色；冬芽卵形，先端圆钝，无毛或顶端微被柔毛，紫褐色，具有数枚互生外露的鳞片。羽状复叶，小叶片 11～17 枚，叶轴微被短柔毛；小叶片对生，披针形至卵状披针形，先端渐尖，稀尾尖，基部近圆形或宽楔形。顶生大型密集圆锥花序；花瓣长圆形或倒卵形，白色；雄蕊 40～50，长于花瓣 1.5～2 倍，生在花盘边缘；心皮 5，无毛或稍具柔毛。蓇葖果长圆形，有顶生弯曲花柱，果梗直立；萼片宿存，反折，稀开展。花期 7～8 月，果期 9 月（见彩图 209）。

4. 生态习性：珍珠梅耐寒，耐半阴，耐修剪，在排水良好的沙质壤土中生长较好。生长快，易萌蘖，是良好的夏季观花植物。

5. 繁殖与栽培：珍珠梅的繁殖以分株法为主，也可扦插、压条和播种。①分株繁殖。珍珠梅在生长过程中，具有易萌发根蘖的特性，可在早春三四月进行分株繁殖。方法是将树龄 5 年以上的母株根部周围的土挖开，从缝隙中间下刀，将分蘖与母株分开，每兜可分出 5～7 株。分株后浇足水，并将植株移入稍阴蔽处，一周后逐渐放在阳光下进行正常的养护。②扦插繁殖。这种方法适合大量繁殖，一年四季均可进行，但以 3 月和 10 月扦插生根最快，成活率高。一般进行露地扦插，要选择健壮植株上的当年生或二年生成熟枝条。扦插时，将插条的 2/3 插入土中，土面只留最上端一二个芽或叶片。插条切口要平，剪成马蹄形，随剪随插，镇压插条基部土壤，浇一次透水，1 个月左右可生根移栽。③压条繁殖。三四月份，将母株外围的枝条直接弯曲压入土中，也可将压入土中的部分进行环割或刻伤，以促进快速生根，待生长新根后与母株分离，春秋植树季节移栽即可。④播种繁殖。大批量繁殖苗木时可采用播种法。种子干藏，翌年春播。花后要及时修剪掉残留花枝、病虫枝和老弱枝，以保持株型整齐，避免养分消耗，促使其生长健壮，花繁叶茂。

6. 应用：珍珠梅以其花色似珍珠而得名。珍珠梅的花、叶清丽，花期很长又值夏季少花季节，在园林应用上是十分受欢迎的观赏树种，可孤植、列植、丛植，效果甚佳。珍珠梅株丛丰满，枝叶清秀，贵在缺花的盛夏开出清雅的白花而且花期很长。尤其是对多种有害细菌具有杀灭或抑制作用，适宜在各类园林绿地中种植。特别是具有耐阴的特性，因而是北方城市高楼大厦及各类建筑物北侧阴面绿化的花灌木树种。

十五、牛　奶　子

1. 学名：*Elaeagnus umbellata Thunb.*

2. 科属：胡颓子科，胡颓子属

3. 形态特征：落叶灌木，高达 4m，通常有刺；小枝黄褐色或带银白色。叶长椭圆形，长 3～7cm，表面幼时有银白色鳞斑，背面银白色或杂有褐色鳞斑。花黄白色，芳香，花被筒部较裂片为长；2～7 朵成腋生伞形花序。果卵圆形或近球形，橙红色。5～6 月开花；9～10 月果熟（见彩图 210）。

4. 生态习性：牛奶子为亚热带和温带地区常见的植物，生长于海拔 20～3000m 的向阳的林缘、灌丛中、荒坡上和沟边。由于环境的变化和影响，因此植物体各部形态、大小、颜色、质地均有不同程度的变化。

5. 繁殖与栽培：多行播种繁殖。每年果熟后将果实采下后堆积起来，经过一段时间的成熟自己腐烂，再将种子淘洗干净立即播种。种子发芽率不高，因此应适当加大播种量，采用开沟条播法，行距 15～20cm，覆土厚 1.5cm，播后盖草保墒。播种后已进入夏季，气温较高，一个多月即可全部出齐，应立即搭棚遮阴，当年追肥 2 次，翌年早春分苗移栽，再培养 1～2 年即可出圃。

6. 应用：牛奶子由于叶色特异，是优良的彩叶新品种，具有观赏价值，可应用在庭院、园林中，作为景点设置。可孤植、片植用作色块、树篱、花境，还可用于公路两旁绿化、盆景、室内植物墙、室外配植庭院花园。牛奶子适应性强，耐寒、耐旱、耐盐碱，可栽种在海岛及沿海山坡、沙滩等许多植物不宜生长的盐碱地，是用于水土保持、防沙造林的先锋树种。

十六、荆　　条

1. 学名：_Vitex negundo L. var. heterophylla（Franch.）Rehd._

2. 科属：马鞭草科，牡荆属

3. 形态特征：落叶灌木，高 1～5m，小枝四棱。叶对生、具长柄，5～7 出掌状复叶，小叶椭圆状卵形，长 2～10cm，先端锐尖，缘具切裂状锯齿或羽状裂，背面灰白色，被柔毛。花组成疏展的圆锥花序，长 12～20cm；花萼钟状，具 5 齿裂，宿存；花冠蓝紫色，二唇形；雄蕊 4，2 强；雄蕊和花柱稍外伸。核果，球形或倒卵形。花期长，6～8 月，果期 7～10 月（见彩图 211）。

4. 生态习性：荆条适应性极强，耐瘠薄、耐干旱、耐严寒，不畏恶劣的自然环境。中国北方地区广为分布，常生于山地阳坡上，形成灌丛，资源极丰富，分布于东北、华北、西北、华中、西南等省区。

5. 繁殖与栽培：人工繁殖可用播种、扦插、压条、分株繁殖等方法。播种繁殖，饱满种子易脱落，采种不宜过晚，当果实呈黄褐色时应立即采集。因荆条种子无胚乳，属深休眠类型，果包对种子发芽起着严重的阻碍作用，因此要采取措施打破休眠。打破种子休眠的技术有两种：一种是采用化学催芽方法，用 200mg/kg 的赤霉素溶液来提高种子发芽率，使其平均发芽率达到 69.3%，比自然萌芽率提高 55.7%。将催芽后的种子及时播种，其生长发育较好，一年生播种苗平均高度达 34cm，该方法应用方便、操作简单、易于大范围推广；另一种是用沙藏法打破休眠，沙藏 60～180d。春季将沙藏种子取出，放于向阳处并盖湿麻袋催芽。于 4 月中下旬播种，播种量每亩 2kg，覆土厚 0.5～1cm，轻镇压，也可大田撒播。分蘖繁殖，荆条适应性强，很少人工育苗，常采用挖取自生根部的分蘖苗分栽。除了以上两种育苗方法外，还可采用扦插育苗和压条育苗。春、秋季均可栽植。

6. 应用：荆条大多生长在不良的环境，其根、茎部隆起成疙瘩，并有疤痕，形态奇异，古朴苍老，这些特点使其成为制作、培育盆景的理想材料。荆条生长快，抗逆性强，覆盖度大，是良好的水土保持植物。荆条是具有多种用途的山区绿化、小流域治理的环境保护树种之一。

十七、紫　　珠

1. 学名：_Callicarpa bodinieri Levl._

2. 科属：马鞭草科，紫珠属

3. 形态特征：落叶灌木，高达 1.5～2m；小枝幼时有绒毛，很快变光滑。叶卵状椭圆形至倒卵形，长 7～15cm，先端急尖，基部楔形，缘有细锯齿，通常两面无毛，背面有金黄色腺点，叶柄长 5～15mm。花淡紫色或近白色，花药顶端孔裂；聚伞花序总柄与叶柄近等长；8 月开花。核果球形，径约 4mm，亮紫色（见彩图 212）。

4. 生态习性：生于海拔 200～2300m 的林中、林缘及灌丛中。喜温、喜湿、怕风、怕旱，适宜气候条件为年平均温度 15～25℃，年降雨量 1000～1800mm，土壤以红黄壤为好，在阴凉的环境中生长较好。紫珠萌发条多，根系极发达，为浅根树种。

5. 繁殖与栽培：播种及扦插均可。播种繁殖，露地播种将采集的果实于翌年 3 月进行层积沙藏，2 个月后大部分萌动。5 月采用落水播种，播后以细网铁筛覆土，上搭遮阳网，每天喷水 1 次，1 周出苗，出苗量很大，每平方米有幼苗 1000 株以上，2 个半月后，苗高 4～5cm 时，趁雨天按 15cm 的株行距移植。扦插繁殖，扦插设施为全光照喷雾扦插苗床，嫩枝插穗长 14cm、粗 3mm，扦插时间为 6 月。1 年生扦插苗平均苗高 20～30cm。2 年生扦插苗平均苗高 60～70cm，60％以上可开花结实。11 月至翌年 3 月下雨前后是栽植紫珠的最佳时期。栽植时要求苗正，深浅适度，踩紧根部土壤。紫珠栽培管理粗放，落果后剪去当年的枝，粗壮的留 1～2 节，每年可以结果。紫珠不耐涝，雨季要注意排水，其余时间保证水分和土壤的适度疏松，几乎没有病虫害，是难得的优良观果植物。

6. 应用：紫珠株形秀丽，花色绚丽，果实色彩鲜艳，珠圆玉润，犹如一颗颗紫色的珍珠，是一种既可观花又能赏果的优良花卉品种，常用于园林绿化或庭院栽种，也可盆栽观赏。其果穗还可剪下瓶插或作切花材料。

十八、九 里 香

1. 学名：*Murraya exotica L. Mant.*

2. 科属：芸香科，九里香属

3. 形态特征：常绿灌木或小乔木，高 3～4m；多分枝，小枝无毛。羽状复叶互生，小叶 5～7，卵形或倒卵形，长 2～8cm，全缘。表面深绿有光泽。花白色；径达 4cm，极芳香；聚伞花序腋生或顶生；花期 7～11 月。浆果朱红色，近球形（见彩图 213）。

4. 生态习性：九里香喜温暖，最适宜生长的温度为 20～32℃，不耐寒。它是阳性树种，宜置于阳光充足、空气流通的地方才能叶茂花繁而香。九里香对土壤要求不严，宜选用含腐殖质丰富、疏松、肥沃的沙质土壤。喜生于沙质土、向阳的地方。常见于离海岸不远的平地、缓坡、小丘的灌木丛中。

5. 繁殖与栽培：繁殖方法可用播种、压条和嫁接法。种子繁殖，采摘饱满成熟的朱红色鲜果，在清水中揉搓，去掉果皮以及浮在水面上的杂质和瘪粒，晾干备用。春、秋均可播种。一般多采用春播，春播为 3～4 月，5 月亦可，气温 16～22℃ 时，播后 25～35 天发芽；秋播以 9～10 月上旬为宜。播种前，选择水肥条件较好的地块做苗圃，深翻，碎土，耙平作畦，畦宽 1～1.2m。条播或撒播均可。条播按行距 30cm，撒播则将种子与细沙混匀，均匀地撒在苗床上，播后覆土 1.2cm，上面盖草，灌水。出苗后及时揭去盖草，当出现 2～3 片真叶时间苗，保留株距 10～15cm。并结合除草，追施人畜粪，苗高 15～20cm 时定植。压条繁殖，在 5～6 月生长期中，采用环状剥皮，包白色薄膜，50d 左右生根，即可下树假植。压条生根容易，须根发达，效果很好。嫁接繁殖，用九里香实生苗作砧木，在生长期中用腹接、切接、小芽接均可。嫁接时应注意，因九里香的皮层特别厚，一定要剥离皮层，现出黄白色的形成层，否则不易成活。

6. 应用： 九里香树姿秀雅，枝干苍劲，四季常青，开花洁白而芳香，朱果耀目，是优良的盆景材料。一年四季均宜观赏，初夏新叶展放时效果最佳。在园林中九里香可植于建筑物的南向窗前，开花时，清香入室，沁人肺腑。也可在园林绿地中丛植、孤植，或植为绿篱，寒地可盆栽观赏。

十九、六　月　雪

1. 学名： *Serissa japonica*（*Thunb.*）*Thunb. Nov. Gen.*

2. 科属： 茜草科，六月雪属

3. 形态特征： 常绿或半常绿小灌木，高约 1m，枝密生。单叶对生或簇生状，狭椭圆形，长 0.7～2cm，全缘。花小，花冠白色或带淡紫色，漏斗状，端 5 裂，长约 1cm，花萼裂片三角形；单生或簇生；花期 6～7 月（见彩图 214）。

4. 生态习性： 畏强光。喜温暖气候，也稍能耐寒、耐旱。喜排水良好、肥沃和湿润疏松的土壤，对环境要求不高，生长力较强。生于河溪边或丘陵的杂木林内。

5. 繁殖与栽培： 常采用扦插法和分株法繁殖，也可用压条法。扦插法全年均可进行，一般是初春季节用硬枝，但在梅雨季节用硬枝、老枝均可，均需搭棚遮阴。插后注意浇水，保持苗床湿润，极易成活。也可用撒插法，利用绿化空地，将土挖松，土团打细，整平。将修下来的 1～2 节（约 3cm）枝条，均匀地撒于事先整好的地面，足踩或用物压紧表土，浇透水即可，以后，隔日喷水一次，10d 后开始生根，萌发枝芽。25d 后开始施第一次稀薄液肥。50d 时，施一次 1∶1000 倍尿素提苗。两个月就可以移栽定植，四个月就可以上盆栽培，同时可以进行初插。一年后，可以形成一只悬根露爪的比较理想的树桩盆景了。做绿篱使用，只要半年就成型。分株宜在萌芽前的春初或停止生长的秋末进行较好。

6. 应用： 六月雪枝叶密集，白花盛开，宛如雪花满树，雅洁可爱，是既可观叶又可观花的优良观赏植物。它是四川、江苏、安徽盆景中的主要树种之一，其叶细小，根系发达，尤其适宜制作微型或提根式盆景。盆景布置于客厅的茶几、书桌或窗台上，则显得非常雅致，是室内美化点缀的佳品。地栽时适宜作花坛境界、花篱和下木，或配植在山石、岩缝间。

二十、马　甲　子

1. 学名： *Paliurus ramosissimus*（*Lour.*）*Poir.*

2. 科属： 鼠李科，马甲子属

3. 形态特征： 落叶灌木。多分枝，高 2～3m；枝有对生托叶刺。单叶互生，卵圆形至卵状椭圆形，长 3～5cm，缘有细圆齿，先端钝或微凹，基部 3 主脉，两面无毛或背脉稍有毛。聚伞花序腋生，密生锈褐色短绒毛。核果周围有不明显三裂的木质狭翅，盘状，径 1～1.8cm，密生褐色短绒毛。花期 5～8 月，果期 9～10 月（见彩图 215）。

4. 生态习性： 马甲子适应性强，病虫害少、耐旱、耐瘠、易种且速生，马甲子抗寒性强，能耐 −15℃的低温。

5. 繁殖与栽培： 采用播种繁殖。播种时间一般 11 月上旬到来年 2 月底晴天播为最好。苗圃应选择有水源的地方，厢面整成 1.2m 宽、沟深 30cm、宽 40cm，每亩施腐熟的粪水 200kg，种子播量 15kg，以条播方式最好。播种前浸种 2～3d，让种子充分吸水，捞出后按种子与锯木屑体积 1：4 的比例充分拌匀，播后铺盖糠壳或稻草，泥温在 12℃ 以上一个月左右出苗，苗高可达 60cm 以上，当年秋冬落叶后或第二年春季发芽之前可以出圃。

6. 应用： 用马甲子作绿篱围护果园等场地，综合效果比用砖、土、竹等作围篱优越：①马甲子适应性强、易种且速生，从育苗定植到篱笆成型仅需 2～3 年，一般株高可达 2m，且病虫害少、耐旱、耐瘠、管理容易。②马甲子为多年生灌木，木质坚硬，针刺密布，围篱效果好，如不加修剪树高可达 4～6m，能作防护林，可防风、防旱、防寒、防禽畜进园。③马甲子抗寒性强，能耐 -15℃ 的低温，不会因冻害而枯死，最适于中国的北方广泛种植。④马甲子与苹果、梨等果树不同科，故而一般没有共生性的病害，如天牛、潜叶蛾等互不传播。⑤马甲子作围篱成本低，植造 1m 篱笆只需要 4～5 株苗，耗资在 3 元以下，成本只有竹篱的 1/4，砖墙的 1%。除此之外，还有大量的马甲子用于高速公路两旁作篱笆之用。

二十一、洒金东瀛珊瑚

1. 学名： *Aucuba japonica Thunb. var. variegata*

2. 科属： 山茱萸科，桃叶珊瑚属

3. 形态特征： 常绿灌木，高可达 3m。丛生，树冠球形。树皮初时绿色，平滑，后转为灰绿色。叶对生，肉革质，矩圆形，缘疏生粗齿牙，两面油绿而富光泽，叶面黄斑累累，酷似洒金。花单性，雌雄异株，为顶生圆锥花序，花紫褐色。核果长圆形（见彩图 216）。

4. 生态习性： 适应性强。性喜温暖阴湿的环境，不甚耐寒，在林下疏松肥沃的微酸性土或中性壤土生长繁茂，在阳光直射而无阴蔽之处，则生长缓慢，发育不良。耐修剪，病虫害极少。且对烟害的抗性很强。

5. 繁殖与栽培： 洒金东瀛珊瑚可采用种子繁殖和扦插繁殖。种子繁殖在 3 月上中旬果实充分呈现红色时采种，可随采随播带果肉的种子，也可除去果肉，用湿沙贮藏种子，待开始发芽时播种。采用条播，行距 8～10cm，株距 3～4cm，覆土 3cm，盖草保湿，秋末冬初出苗。扦插繁殖在春、夏季进行，剪取木质化枝条，长 10～25cm，带叶 4～10 片，实行全枝带叶插，插后注意遮阴，生根率可达 90% 以上。

6. 应用： 洒金东瀛珊瑚树型圆整，枝叶青翠光亮，叶面的金黄色斑块碧黄相间，果实成熟时夹在绿叶丛中鲜红明亮，非常美丽，是园林绿化中叶果双茂的优良树种，又很耐阴，可配植于林缘及疏林内、乔木下、立交桥下、建筑物阴蔽处，若与山茱、茶梅、杜鹃等配植在一起，景观效果极佳。除点缀园景外，还可于树下覆盖性栽种，也可盆栽观叶，枝叶还可以作为切花的陪衬材料。

二十二、棕　　竹

1. 学名： *Rhapis excelsa* （*Thunb.*）*Henry ex Rehd.*

2. 科属： 棕榈科，棕竹属

3. 形态特征： 丛生灌木，高 2～3m；茎圆柱形，有节，直径 2～3cm，上部覆以褐色、网状、粗纤维质的叶鞘。叶掌状，5～10 深裂；裂片条状披针形，长达 30cm，宽 2～5cm，顶端阔，有不规则齿缺，边缘和主脉上有褐色小锐齿，横脉多而明显；叶柄长 8～20cm，稍扁平，横切面呈椭圆形，顶端的小戟突常呈半圆形，被毛或后变为无毛。肉穗花序长达 30cm，多分枝，总苞 2～3 枚，管状，被棕色弯卷绒毛；花雌雄异株，雄花较小，淡黄色，无柄；雌花较大，卵状球形。浆果球形（见彩图 217）。

4. 生态习性：棕竹喜温暖湿润及通风良好的半阴环境，不耐积水，极耐阴，畏烈日，稍耐寒。夏季适宜温度 10～30℃，气温高于 34℃ 时，叶片常会焦边，生长停滞，越冬温度不低于 5℃，但可耐 0℃ 左右低温，最忌寒风霜雪，在一般居室可安全越冬。株形小，生长缓慢，对水肥要求不十分严格。要求疏松肥沃的酸性土壤，不耐瘠薄和盐碱，要求较高的土壤湿度和空气温度。

5. 繁殖与栽培：棕竹可采用播种和分株繁殖。播种繁殖，以疏松透水的土壤为基质，一般用腐叶土与河沙等混合。种子播种前可用温汤浸种（30～35℃温水浸两天）处理，种子开始萌动时再行播种。因其发芽一般不整齐，故播种后覆土宜稍深。一般播后 1～2 个月即可发芽，其发芽率可达 80％ 左右，当幼苗子叶长达 8～10cm 时即可进行移栽。值得注意的是，移栽时须 3～5 株种植一丛，以利成活和生长。分株繁殖，一般常在春季结合换盆时进行，将原来萌蘖多的植丛用利刀分切数丛，分切时尽量少伤根，不伤芽，使每株丛含 8～10 株以上，否则生长缓慢，观赏效果差。分株上盆后置于半阴处，保持湿润，并经常向叶面喷水，以免叶片枯黄。待萌发新枝后再移至向阳处养护，然后进行正常管理。养棕竹要注意做好冬季防寒、夏日遮阳、合理施肥、适当修剪等工作。

6. 应用：棕竹秀丽青翠，叶形优美，株丛饱满，亦可令其拔高，剥去竹鞘纤维，杆如细竹，为优良的富含热带风光的观赏植物。在植物造景时可做下木，常植于建筑的庭院及小天井中，栽于建筑角隅可缓和建筑生硬的线条。盆栽或桶栽供室内布置，适合于放在家里的任何一个角落，营造一种粗犷的家居风格。

二十三、五　加

1. 学名：*Acanthopanax gracilistylus W. W. Smith*

2. 科属：五加科，五加属

3. 形态特征：灌木，有时蔓生状，高 2～3m；枝无刺或在叶柄基部单生扁平的刺。掌状复叶在长枝上互生，在短枝上簇生；小叶 5，稀 3～4，中央一片最大，倒卵形至披针形，长 3～8cm，宽 1～3.5cm，先端尖或短渐尖，基部楔形，边缘有钝细锯齿，两面无毛或沿脉疏生刚毛，下面脉腋有淡棕色毛。伞形花序腋生，或单生于短枝上；花黄绿色；萼边缘有 5 齿；花瓣 5；雄蕊 5；子房下位；花柱丝状，分离，开展。果扁球形，成熟时黑色（见彩图 218）。

4. 生态习性：适应性强，在自然界常生于林缘及路旁。

5. 繁殖与栽培：用种子繁殖。

6. 应用：可丛植于园林中赏其掌状复叶及植丛。

二十四、凤尾丝兰

1. 学名：*Yucca gloriosa L.*

2. 科属：龙舌兰科，丝兰属

3. 形态特征：植株具茎，有时分枝，高达 2.5m。叶剑形硬直，长 40～60（80）cm，宽 5～8（10）cm，顶端硬尖，边缘光滑，老叶边缘有时具疏丝。花下垂，乳白色，端部常带紫晕，长 5～10cm；圆锥花序窄，高 1～1.5（2）m；夏（6月）、秋（9、10月间）两次开花。蒴果不开裂，长 5～6cm（见彩图 219）。

4. 生态习性：喜温暖湿润和阳光充足的环境，性强健，耐瘠薄，耐寒，耐阴，耐旱也较耐湿，对土壤要求不严，对肥料要求不高。喜排水好的沙质壤土，瘠薄多石砾的堆土废地亦能适应。对酸碱度的适应范围较广，除盐碱地外均能生长。喜光照。抗污染，萌芽力强，适应性强，花后顶端停止生长，旁边自叶痕发生侧芽。生长强健，有粗壮的肉质根，茎易产生不定芽，很容易生长萌蘖，扩展植株，更新能力很强。

5. 繁殖与栽培：可采用分株、扦插和播种法繁殖。分株，在春季2～3月根蘖芽露出地面时可进行分栽。分栽时，每个芽上最好能带一些肉根。先挖坑施肥，再将分开的蘖芽埋入其中，埋土不要太深，稍盖顶部即可。也可截取茎端簇生叶的部分，带9～12cm长的一段茎，把叶子摘掉一部分，留7片叶左右，埋入12～15cm深的坑中，埋后浇水。由于凤尾丝兰叶片密生广展，顶端尖锐，起苗时行捆扎，裸根或带宿土均可。扦插在春季或初夏，挖取茎干，剥去叶片，剪成10cm长，若茎干粗可纵切成2～4块，开沟平放，纵切面朝下，盖土5cm，保持湿度，插后20～30d发芽。种子繁殖，需经人工授粉才可实现。人工授粉以5月份为好，授粉后约70d种子成熟，当年9月下旬播种，经一个月出苗，出苗率约40%以上，亦可将种子干藏至春季播种。定植前施足基肥，定植后浇透水，解除捆扎物，放开叶子。养护管理极为简便，只需修剪枯枝残叶，花后及时剪除花梗。生长多年后，茎干过高或倾斜地面，可截干更新。秋季在植株周围挖掘环状沟，施入一些有机肥料。

6. 应用：凤尾丝兰常年浓绿，花、叶皆美，树态奇特，数株成丛，高低不一，叶形如剑，开花时花茎高耸挺立，花色洁白，繁多的白花下垂如铃，姿态优美，花期持久，幽香宜人，是良好的庭园观赏树木，也是良好的鲜切花材料。凤尾丝兰喜阳、耐阴，可置于散射光充足的门厅内观赏。叶色常年浓绿，数株成丛，高低不一，剑形叶射状排列整齐，可种植于花坛中心、岩石或台坡旁边，以及新式建筑物附近。也可利用其叶端尖刺作围篱，或种于围墙、棚栏之下。凤尾丝兰对有害气体抗性强，据测定，凤尾丝兰吸收氟化氢的能力也较强，1kg干叶能吸收氟266mg，对有害气体如SO_2、HCl、HF等都有很强的抗性和吸收能力，可在工矿作美化绿化材料。

第六章

攀缘植物

攀缘植物是茎蔓细长柔软，难以自行直立，但可以借助自身的器官来攀缘他物而伸展于空间的植物，是一类结构寄生性植物。攀缘植物具有很强的可塑性和观赏性，可用于建筑及设施的垂直绿化，或用于各种形式的棚架供休息或装饰用，可攀附灯竿、廊柱，或使之攀缘于施行过防腐措施的高大枯树上形成独赏树的效果，又可悬垂于屋顶、阳台，还可覆盖地面作地被植物用。在具体应用时，应根据绿化的要求，具体考虑植物的习性及种类来进行选择。

自古以来就有利用攀缘植物进行园林造景的先例。"绿树阴浓夏日长，楼台倒影入池塘；水晶帘动微风起，满架蔷薇一院香。""庭中青松四无邻，凌霄百尺依松身；高花风堕赤为盏，老蔓烟湿苍龙鳞。""惊风乱飐芙蓉水，密雨斜侵薜荔墙。"这些优美的诗词，都描绘了由攀缘植物形成的优美园林意境。从富丽堂皇的皇家园林到玲珑雅致的私家园林，都不乏攀缘植物的身影，花廊、花亭和垂花门等均由攀缘植物布置而成，藤萝架、葡萄廊、蔷薇架、木香亭更是古典园林常见的造景形式。

攀缘植物在垂直绿化中配植时，应适地适栽。与其他所有的植物一样，不同的攀缘植物对于不同的生境适应能力也有差异，选择垂直绿化植物材料时，应当充分结合其生态特性、观赏特性和绿化要求等方面，仔细考察植物的攀缘习性和攀缘能力；注重艺术美，在植物搭配时，要考虑色彩体量的均衡协调；关注生态功能，攀缘植物同样具有良好的生态效应。

我国的攀缘植物种类繁多，对垂直绿化的攀缘植物种类而言，现在广泛使用的种类偏少，比较常见的是蔷薇、常春藤、爬山虎、扶芳藤等，野生乡土攀缘植物资源还有待于进一步的利用开发。

此类植物在养护管理上除水肥管理外，对棚架植物主要应诱引枝条使之能均匀分布；对篱垣式整枝的应注意调节各枝的生长势；对吸附及钩搭类植物应注意大风后的整理工作。此外，利用栽培及整形技术，将粗壮性藤本整成灌木状，可形成特殊的景色。

一、台尔曼忍冬

1. **学名**：*Lonicera tellmanniana Spaeth*
2. **科属**：忍冬科，忍冬属
3. **形态特征**：落叶藤本类，落叶性，花橙色。花序下几对叶合生成盘状，单叶对生，叶长椭圆形，长6~10cm。由3~4轮花组成直立的穗状花序，生于侧枝顶端，长10~12cm，每轮6朵花。花冠2唇，具细长筒，花冠筒长5~6cm，3~11月份开花，花期长（见彩图220）。

4. 生态习性：本种是优良的垂直绿化新材料，观花类，攀缘园墙、拱门、篱栅。可在北方园林中推广应用。

5. 繁殖与栽培：播种可在3月下旬至4月上旬间进行，播前需用温水浸泡种子24h，并混沙待1/3以上破口后再播种。扦插繁殖生根率较高，6月中下旬，剪取当年生枝条，剪成10~12cm、带2对芽的插穗。将插穗用ABT生根剂速蘸，按正常扦插方法扦插及管理，也可压条繁殖。

6. 应用：本种是优良的垂直绿化新材料。在现代园林绿化中，台尔曼忍冬因其株形可塑性强，自然株形枝条呈伞骨状辐射延伸，在加强人工管理的条件下，是极好的"植物雕塑材料"。同时，它郁闭效果快，一般一二年即可定型，尤其易在沟岸、立交桥、房基坡面、冲刷沟壁、假山石景及乔、灌小花园林中种植，对空间的填补完善有特殊功能。另外，它的花期很长，花开花落牵延不断，生生灭灭中体现出永恒的美丽；茎蔓延快，叶绿而繁茂，栽培9年的植株蔓长可达6.8m。由于能迅速增大绿地面积，又能防风固沙，减少水土流失，所以既是北方绿化工程的"精兵强将"，又是一种"空中草坪"。

二、南 蛇 藤

1. 学名：_Celastrus orbiculatus Thunb._

2. 科属：卫矛科，南蛇藤属

3. 形态特征：落叶藤木，长达12m。单叶互生，卵圆形或倒卵形，长3~10cm，缘有疏钝齿。花小，单性或杂性。黄绿色，常3朵腋生成聚伞状。蒴果球形，鲜黄色，径7~9mm，熟时3瓣裂；假种皮深红色。花期5~6月，果期7~10月（见彩图221）。

4. 生态习性：一般多野生于山地沟谷及临缘灌木丛中。垂直分布可达海拔1500m。性喜阳耐阴，分布广，抗寒耐旱，对土壤要求不严。栽植于背风向阳、湿润而排水好的肥沃沙质壤土中生长最好，若栽于半阴处，也能生长。

5. 繁殖与栽培：南蛇藤的繁殖可采用压条、分株、播种三种方法。压条在四月或五六月间进行，选用1~2年生的枝条，将枝条部分压弯埋入土中。翌春可掘出定植。分株在3~4月份进行，将母株周围的萌蘖小植株掘出，每丛2~3个枝干，另植它处。播种在3月上旬进行，用温水浸种一天，然后将种子混入2~3倍的沙中沙藏，并经常翻倒，待种子萌动后，播于苗床中，秋后可假植越冬，翌春移植于苗圃中，二年可出圃。移载时需施入基肥，以后于每年开花前施肥一次，浇水以保持土壤湿润为好。

6. 应用：南蛇藤植株姿态优美，茎、蔓、叶、果都具有较高的观赏价值，是城市垂直绿化的优良树种。特别是南蛇藤秋季叶片经霜变红或变黄时，美丽壮观；成熟的累累硕果，竞相开裂，露出鲜红色的假种皮，宛如颗颗宝石。作为攀缘绿化材料，南蛇藤宜植于棚架、墙垣、岩壁等处；如在湖畔、塘边、溪旁、河岸种植南蛇藤，倒映成趣；种植于坡地、林绕及假山、石隙等处颇具野趣。若剪取成熟果枝瓶插，装点居室，也能满室生辉。

三、凌 霄

1. 学名：_Campsis grandiflora（Thunb.）Schum._

2. 科属：紫葳科，凌霄属

3. 形态特征：落叶藤木，长达9m，借气生根攀缘。羽状复叶对生，小叶7～9，长卵形至卵状披针形，缘有粗齿，两面无毛。花冠唇状漏斗形，红色或橘红色；花萼绿色，5裂至中部，有5条纵棱；顶生聚伞花序或圆锥花序；7～8月开花。蒴果细长，先端钝（见彩图222）。

4. 生态习性：凌霄喜充足阳光，也耐半阴。适应性较强，耐寒、耐旱、耐瘠薄、耐盐碱，病虫害较少，但不适宜在暴晒或无阳光条件下生长。以排水良好、疏松的中性土壤为宜，忌酸性土。凌霄要求土壤肥沃的沙土，但是不喜欢大肥。

5. 繁殖与栽培：主要采用扦插、压条繁殖，也可分株或播种繁殖。扦插繁殖可在春季或雨季进行，北京地区适宜在7～8月。截取较坚实粗壮的枝条，每段长10～16cm，扦插于沙床，上面用玻璃覆盖，以保持足够的温度和湿度。一般温度在23～28℃，插后20d即可生根，到翌年春即可移入大田，行距60cm、株距30～40cm。在南方温暖地区，可在春天将头年的新枝剪下，直接插入地边，即可生根成活。压条繁殖，在7月间将粗壮的藤蔓拉到地表，分段用土堆埋，露出芽头，保持土湿润，50d左右即可生根，生根后剪下移栽。南方亦可在春天压条。分株繁殖宜在早春进行，即将母株附近由根芽生出的小苗挖出栽种。早期管理要注意浇水，后期管理可粗放些。植株长到一定程度，要设立支杆。每年发芽前可进行适当疏剪，去掉枯枝和过密枝，使树形合理，利于生长。开花之前施一些复合肥、堆肥，并进行适当灌溉，使植株生长旺盛、开花茂密。

6. 应用：干枝虬曲多姿，翠叶团团如盖，花大色艳，花期甚长，为庭园中棚架、花门的良好绿化材料；用于攀缘墙垣、枯树、石壁，均极适宜；点缀于假山间隙，繁花艳彩，更觉动人；经修剪、整枝等栽培措施，可成灌木状栽培观赏；管理粗放、适应性强，是理想的城市垂直绿化材料。

四、紫　藤

1. 学名：*Wisteria sinensis*（Sims）*Sweet*

2. 科属：豆科，紫藤属

3. 形态特征：落叶缠绕大藤木，茎左旋性，长可达18～30(40)m。羽状复叶互生，小叶7～13，卵状长椭圆形，长4.5～8cm，先端渐尖，基部楔形，成熟叶无毛或近无毛。花蝶形，堇紫色，芳香；成下垂总状花序，长15～20(30)cm，4～5月于叶前或与叶同时开放。荚果长条形，密生黄色绒毛（见彩图223）。

4. 生态习性：紫藤为暖带及温带植物，对气候和土壤的适应性强，较耐寒，能耐水湿及瘠薄土壤，喜光，较耐阴。以土层深厚、排水良好、向阳避风的地方栽培最适宜。主根深，侧根浅，不耐移栽。生长较快，寿命很长。缠绕能力强，它对其它植物有绞杀作用。

5. 繁殖与栽培：紫藤繁殖容易，可用播种、扦插、压条、分株、嫁接等方法，主要用播种、扦插法繁殖，但因实生苗培养所需时间长，所以应用最多的是扦插。扦插繁殖时，插条繁殖一般采用硬枝插条。3月中下旬枝条萌芽前，选取1～2年生的粗壮枝条，剪成15cm左右长的插穗，插入事先准备好的苗床，扦插深度为插穗长度的2/3。插根是利用紫藤根上容易产生不定芽的特点。3月中下旬挖取0.5～2.0cm粗的根系，剪成10～12cm长的插穗，插入苗床，扦插深度应保持插穗的上切口与地面相平。其他管理措施同枝插。播种繁殖在3月进行。11月采收种子，去掉荚果皮，晒干装袋贮藏。播前用热水浸种，待开水温度降至30℃左右时，捞出种子并在冷水中淘洗片刻，然后保湿堆放一昼夜后便可播种。或将种子用湿沙贮藏，播前用清水浸泡 1～2d。压条、分株、嫁接均在 3 月中、下旬进行。多于早春定植，定植前须先搭架，并将粗枝分别系在架上，使其沿架攀缘，由于紫藤寿命长，枝粗叶茂，制架材料必须坚实耐久。生长期一般追肥 2～3 次，开花后可将中部枝条留 5～6 个芽短截，并剪除弱枝，以促进花芽形成。

6. 应用：紫藤开花后会结出形如豆荚的果实，悬挂枝间，别有情趣，有时夏末秋初还会再度开花，花穗、荚果在翠羽般的绿叶衬托下相映成趣。本种中国自古即栽培作庭园棚架植物，先叶开花，紫穗垂缀以稀疏嫩叶，十分优美。紫藤是优良的观花藤木植物，一般应用于园林棚架，春季紫花烂漫，别有情趣，适栽于湖畔、池边、假山、石坊等处，具独特风格，盆景也常用。紫藤为长寿树种，民间极喜种植，成年的植株茎蔓蜿蜒屈曲，开花繁多，串串花序悬挂于绿叶藤蔓之间，瘦长的荚果迎风摇曳，自古以来中国文人皆爱以其为题材咏诗作画。在庭院中用其攀绕棚架，制成花廊，或用其攀绕枯木，有枯木逢生之意。还可做成姿态优美的悬崖式盆景，置于高几架、书柜顶上，繁花满树，老桩横斜，别有韵致。

五、络　石

1. 学名：_Trachelospermum jasminoides_（_Lindl._）_Lem._

2. 科属：夹竹桃科，络石属

3. 形态特征：常绿木质藤本，长达 10m，具乳汁；嫩枝被柔毛，常有气根，攀缘于树上或墙壁上。叶对生，具短柄，椭圆形或卵状披针形，下面被短柔毛。聚伞花序腋生和顶生；花萼 5 深裂，反卷；花蕾顶端钝形；花冠白色，高脚碟状，花冠筒中部膨大，花冠裂片 5 枚，向右覆盖；雄蕊 5 枚，着生于花冠筒中部，花药顶端不伸出花冠喉部外；花盘环状 5 裂，与子房等长。蓇葖果双生，无毛；种子顶端具种毛。花期 3～7 月，果期 7～12 月（见彩图 224）。

4. 生态习性：络石原产于中国黄河流域以南，南北各地均有栽培。对气候的适应性强，能耐寒冷，亦耐暑热，但忌严寒。河南北部以至华北地区露地不能越冬，只宜作盆栽，冬季移入室内。华南可在露地安全越夏。喜湿润环境，忌干风吹袭。喜弱光，亦耐烈日高温。攀附墙壁，阳面及阴面均可。对土壤的要求不苛刻，一般肥力中等的轻黏土及沙壤土均宜，酸性土及碱性土均可生长，较耐干旱，但忌水湿，盆栽不宜浇水过多，保持土壤润湿即可。

5. 繁殖与栽培：繁殖在生长季用扦插或压条法都容易成活。但是首选方法是压条，特别是在梅雨季节其嫩茎极易长气根，利用这一特性，将其嫩茎采用连续压条法，秋季从中间剪断，可获得大量的幼苗。或是于梅雨季节剪取长有气根的嫩茎，插入素土中，置于半阴处，成活率很高，但老茎扦插成活率低。盆栽络石花后一般不结籽，地栽络石花后可结圆柱状的果，10 月成熟收取后，翌春播种，但播种苗要三四年后才开花，而压条、扦插苗翌年便可开花，故一般不用播种法。盆栽除采用一般方法外，还可利用其自身的特性作悬吊或攀缘栽植。利用气生根作攀缘栽植时，可先在盆中放棕皮柱或形态较好的枯树干，扎成亭、塔、花篮等造型。养护也很简单，浇水保持土壤湿润，并经常向棕皮柱或支架上喷水增加湿度。

6. 应用：络石四季常青，花皓洁如雪，幽香袭人。可植于庭园、公园，在院墙、石柱、亭、廊、陡壁等处攀附点缀，十分美观。因其茎触地后易生根，耐阴性好，所以它也是理想的地被植物，可做疏林草地的林间、林缘地被。同时，络石叶厚革质，具有较强的耐旱、耐热、耐水淹、耐寒性，适应范围广。可用于污染严重厂区的绿化，是公路等环境恶劣地块的绿化首选用苗。由于络石耐修剪，四季常青，也可与金叶女贞、紫叶小檗搭配作色带色块绿化用。在黄河流域及其以南地区，既可地栽也可盆植。地栽可引其依附于墙壁、枯树、岩石向上生长，并可搭竹篱攀附其上制作绿篱。北方只能盆植，既可根据个人爱好扎制各种形状的竹架，让其攀附其上，亦可通过修剪，使之呈灌木状生长，或是利用独干虬曲的络石，用高筒盆种植，将虬曲的枝干倒挂出盆口，使其弯曲拱垂，制成潇洒自然的悬崖式盆景。

六、茑　萝

1. 学名：*Quamoclit pennata（Desr.）Boj.*

2. 科属：旋花科，茑萝属

3. 形态特征：一年生草本。茎柔弱缠绕，光滑无毛，长可达 4m。叶互生，羽状细裂，裂片条形，基部二裂片再二裂；叶柄短，扁平状，短于叶片；托叶与叶同形。聚伞花序腋生，有花数朵，通常长于叶；萼片 5，椭圆形；花冠深红色；雄蕊 5；子房 4 室。蒴果卵圆形；种子卵圆形。花期从 7 月上旬至 9 月下旬，每天开放一批，晨开午后即蔫（见彩图 225）。

4. 生态习性：喜光，喜温暖湿润的环境，生长于海拔 0～2500m 的地区，不耐寒，能自播（一般由人工引种栽培），要求土壤肥沃。茑萝抗逆力强，管理简便。蒴果含有种子 4 粒，成熟后，自落于地，翌年自生。

5. 繁殖与栽培：茑萝宜用种子繁殖。播种繁殖时，每平方米苗床播种量 100g 左右，播种后覆盖细土 1.5cm 左右，不可太薄，否则容易带种皮出土。控制地温 20～25℃，播干种子 4d 出苗。因其是直根系植物，最好用直径 8cm 的塑料育苗钵成苗，并且只移苗 1 次，每个容器里种 1 株苗。育苗中后期土壤水分应控制适当。苗期始终要充分见光，如果幼苗较大，藤蔓缠绕在一起了，应及早将其分开，必要时将育苗钵移开一定距离。茑萝生长量大，应施足底肥，撒匀，深翻。刨穴定植时除去塑料育苗钵，将苗栽在穴里，每穴 1 株，用细土盖上苗坨，然后浇水，覆土封穴。单行定植的株距 35cm 左右，育苗栽培或土壤肥沃的株距要适当大些；自播苗出苗晚，生长延后，株距要适当小些。前期人工辅助引蔓到棚架、篱笆、树上或其他支架上，中后期植株自己具有很强的攀缘能力，除了作造型外不用管它，任其攀缘缠绕。盆栽的应经常浇水施肥。

6. 应用：茑萝花开时节，其花形虽小，但星星点点散布在绿叶丛中，活泼动人。与牵牛同为旋花科一年生藤本花卉，花期几与牵牛同始终，但因其植株纤小，故不像牵牛多布置于高架高篱，它一般用于布置矮垣短篱，或绿化阳台，其常见品种为羽叶茑萝。当绿叶满架时，只见翠羽层层，娇嫩轻盈，如笼绿烟，如披碧纱，随风拂动，倩影翩翩。茑萝花从叶腋生出花梗，约长寸余，细直遒劲，每梗上着生小花数朵，也有着生一朵的。花冠深红鲜艳，花开时活像一颗颗闪闪的五角红星点缀在绿色的羽绒毯上，熠熠放光。自夏至深秋，每天开放一批，晨开而午后即萎。花除红色外，还有白色的。若两色杂植，则红白交相辉映，尤足逗人玩味。可用作篱垣、棚架绿化材料，还可作地被植物，不设支架，随其爬覆地面，此外，还可进行盆栽观赏，搭架攀缘，整成各种形状。

七、金　银　花

1. 学名：*Lonicera japonica Thunb.*

2. 科属：忍冬科，忍冬属

3. 形态特征：半常绿缠绕藤木；小枝中空，有柔毛。叶卵形或椭圆形，长 3～8cm，两面具柔毛。花成对腋生，有总梗，苞片叶状，长达 2cm；花冠二唇形，长 3～4cm，上唇具 4 裂片，下唇狭长而反卷，约等于花冠筒长，花由白色变为黄色，芳香，萼筒无毛；花期 5～7 月。浆果黑色，球形；10～11 月果熟（见彩图 226）。

4. 生态习性：金银花适应性很强，喜阳、耐阴，耐寒性强，也耐干旱和水湿，对土壤要求不严，但以湿润、肥沃的深厚沙质壤土生长最佳，每年春夏两次发梢。根系繁密发达，萌蘖性强，茎蔓着地即能生根。

5. 繁殖与栽培：繁殖可用播种、插条和分根等方法。种子繁殖，4 月播种，将种子在 35～40℃的温水中浸泡 24h，取出用 2～3 倍湿沙催芽，等裂口达 30％左右时播种。在畦上按行距 21～22cm 开沟播种，覆土 1cm，每 2 天喷水 1 次，10 余日即可出苗，秋后或第 2 年春季移栽，每 1hm² 用种子 15kg 左右。扦插繁殖一般在雨季进行。在夏秋阴雨天气，选健壮无病虫害的 1～2 年生枝条截成 30～35cm，摘去下部叶子作插条，随剪随用。在选好的土地上，按行距 1.6m、株距 1.5m 挖穴，穴深 16～18cm，每穴 5～6 根插条，分散斜立着埋入土内，地上露出 7～10cm，填土压实（透气、透水性好的沙质土为佳）。扦插的枝条长根之前应注意遮阴，避免阳光直晒造成枝条干枯。剪枝是在秋季落叶后到春季发芽前进行，对细弱枝、枯老枝、基生枝等全部剪掉，对肥水条件差的地块剪枝要重些，株龄老化的剪去老枝，促发新枝。

6. 应用：金银花由于匍匐生长能力比攀缘生长能力强，故更适合于在林下、林缘、建筑物北侧等处做地被栽培；还可以做绿化矮墙；亦可以利用其缠绕能力制作花廊、花架、花栏、花柱以及缠绕假山石等。其优点是蔓生长量大，管理粗放；缺点是蔓与蔓缠绕，地面覆盖高低不平，使人感觉杂乱无章。

八、爬 山 虎

1. 学名：*Parthenocissus tricuspidata*（*Sieb. et Zucc.*）*Planch.*

2. 科属：葡萄科，地锦属

3. 形态特征：落叶藤木，长达 15～20m；借卷须分枝端的黏性吸盘攀缘。单叶互生，广卵形，长 10～15（20）cm，通常 3 裂，基部心形，缘有粗齿；幼苗或营养枝上的叶常全裂成 3 小叶。聚伞花序常生于短小枝上。浆果球形，蓝黑色（见彩图 227）。

4. 生态习性：爬山虎适应性强，性喜阴湿环境，但不怕强光，耐寒，耐旱，耐贫瘠，气候适应性广泛，在暖温带以南冬季也可以保持半常绿或常绿状态。耐修剪，怕积水，对土壤要求不严，阴湿环境或向阳处均能苗壮生长，但在阴湿、肥沃的土壤中生长最佳。它对二氧化硫和氯化氢等有害气体有较强的抗性，对空气中的灰尘有吸附能力。

5. 繁殖与栽培：爬山虎可采用播种法、扦插法及压条法繁殖。播种法：早春 3 月上中旬即可露地播种，薄膜覆盖，5 月上旬即可出苗，培养 1～2 年即可出圃。扦插法：早春剪取茎蔓 20～30cm，插入露地苗床，灌水，保持湿润，很快便可抽蔓成活，也可在夏、秋季用嫩枝带叶扦插，遮阴浇水养护，也能很快抽生新枝，扦插成活率较高，应用广泛。硬枝扦插于 3～4 月进行，将硬枝剪成 10～15cm 的一段插入土中，浇足透水，保持湿润。嫩枝扦插取当年生新枝，在夏季进行。压条法：可采用波浪状压条法，在雨季阴湿无云的天气进行，成活率高，秋季即可分离移栽，次年定植。爬山虎耐修剪，在生长过程中，可依实际情况修剪整理门窗处的枝蔓，以保持整洁、美观、方便。爬山虎可种植在阴面和阳面，寒冷地区多种植在向阳地带。移植或定植在落叶期进行，定植前施入有机肥料作为基肥，并剪去过长茎蔓，浇足水，容易成活。

6. 应用：由于爬山虎的茎叶密集，覆盖在房屋墙面上，不但可以遮挡强烈的阳光，而且由于叶片与墙面之间的空气流动，还可以降低室内温度。它作为屏障，既能减少环境中的噪声，又能吸附飞扬的尘土。爬山虎的卷须式吸盘还能吸去墙上的水分，有助于使潮湿的房屋变得干爽；而在干燥的季节，又可以增加湿度。爬山虎种植的时间长了，密集的绿叶覆盖了建筑物的外墙，就像穿上了绿装。春天，爬山虎长得郁郁葱葱；夏天，开黄绿色小花；秋天，爬山虎的叶子变成橙黄色，这就使得建筑物的色彩富于变化。爬山虎表皮有皮孔，夏季枝叶茂密，常攀缘在墙壁或岩石上，适宜配植于宅院墙壁、围墙、庭园入口处、桥头等处，可用于绿化房屋墙壁、公园山石，既可美化环境，又能降温，调节空气，减少噪声。

九、常 春 藤

1. 学名：*Hedera nepalensis K. Koch var. sinensis（Tobl.）Rehd.*

2. 科属：五加科，常春藤属

3. 形态特征：多年生常绿攀缘灌木，长 3～20m。茎灰棕色或黑棕色，光滑，有气生根。单叶互生；无托叶；叶二型；营养枝上的叶为三角状卵形或戟形，全缘或三裂；花枝上的叶椭圆状披针形、条椭圆状卵形或披针形，稀卵形或圆卵形，全缘；先端长尖或渐尖，基部楔形、宽圆形、心形。伞形花序单个顶生，或 2～7 个总状排列或伞房状排列成圆锥花序。果实圆球形，红色或黄色。花期 9～11 月，果期翌年 3～5 月（见彩图 228）。

4. 生态习性：阴性藤本植物，也能生长在全光照的环境中，在温暖湿润的气候条件下生长良好，不耐寒。对土壤要求不严，喜湿润、疏松、肥沃的土壤，不耐盐碱。

5. 繁殖与栽培：常春藤的茎蔓容易生根，通常采用扦插繁殖。在温室栽培条件下，全年均可扦插。春季硬枝扦插，从植株上剪取木质化的健壮枝条，截成 15～20cm 长的插条，上端留 2～3 片叶。扦插后保持土壤湿润，置于侧方遮阴条件下，很快就可以生根。秋季嫩枝扦插，则是选用半木质化的嫩枝，截成 15～20cm 长、含 3～4 节带气根的插条。扦插后进行遮阴，并经常保持土壤湿润，一般插后 20～30d 即可生根成活。除扦插外，也可以进行压条繁殖。将茎蔓埋入土中，或用石块将茎蔓压在潮湿的土面上，待其节部生长出新根后，按 3～5 节一段截断，促进叶腋发出新的茎蔓，再经过 30d 培养，即可移栽上盆。移植可在初秋或晚春进行，定植后需加以修剪，促进分枝。南方多地栽于园林的阴蔽处，令其自然匍匐在地面上或者假山上。北方多盆栽，盆栽可绑扎各种支架，牵引整形，夏季在荫棚下养护，冬季放入温室越冬，室内要保持空气的湿度，不可过于干燥，但盆土不宜过湿。

6. 应用：在庭院中可用以攀缘假山、岩石，或在建筑阴面作垂直绿化材料。在华北宜选小气候良好的稍阴环境栽植，也可盆栽供室内绿化观赏用。常春藤绿化中已得到广泛应用，尤其在立体绿化中发挥着举足轻重的作用。它不仅可达到绿化、美化效果，同时也发挥着增氧、降温、减尘、减少噪声等作用，是藤本类绿化植物中用得最多的材料之一。常春藤是室内垂吊栽培、组合栽培、绿雕栽培以及室外绿化应用的重要素材，枝叶稠密，四季常绿，耐修剪，适于做造型。

十、山 葡 萄

1. 学名：*Vitis amurensis Rupr.*

2. 科属：葡萄科，葡萄属

3. 形态特征：木质藤本，长达 15m；幼枝初具细毛，后无毛。叶宽卵形，长 4～17cm，宽 3.5～18cm，顶端尖锐，基部宽心形，3～5 裂或不裂，边缘具粗锯齿，上面无毛，下面叶脉有短毛；叶柄长 4～12cm，有疏毛。圆锥花序与叶对生，长 8～13cm，花序轴具白色丝状毛；花小，雌雄异株，直径约 2mm；雌花内 5 个雄蕊退化，雄花内雌蕊退化，花萼盘形，无毛。浆果球形，直径约 1cm，黑色（见彩图 229）。

4. 生态习性：生长于海拔 200～1200m 的地区，山葡萄及其杂种可在土温 5～7℃ 时开始萌芽，随着气温增高，萌发出的新梢便加速生长，最适于新梢生长和花芽分化的温度是 25～38℃。气温低于 14℃ 不利于开花授粉。浆果成熟期最适宜的温度是 28～32℃，气温低于 16℃ 或超过 38℃ 对浆果发育和成熟不利，品质降低。根系开始活动的温度是 7～10℃，在 25～30℃ 时生长最快。

5. 繁殖与栽培：可采用压条、扦插的方法繁殖。压条法，选择生长中表现较老熟的藤蔓，即枝条表皮呈褐色，把藤条平拉置于地面，在每个节眼压上泥土，待根芽长出后，进行逐个离体培育成幼株。扦插法，同样是把老熟的藤蔓切成每节带有两个叶节位的小段，让切口自然晾干，再用生根剂加杀菌药剂溶液浸泡后捞起晾干水分，然后进行扦插。苗床应选择土壤盐分低、有机质含量较低的壤土为宜，这样的土壤条件有利于扦插枝条早生出根。因肥沃的土壤盐分含量往往较高，加之土壤中微生物生长活跃，而对扦插枝条生长发育不利，从而影响其成活率。苗床起成畦状，大小根据实际需要而定，畦面要平展、严实，保持适宜的湿度，做到雨天不积水为宜。等幼苗长出至 10～15cm 时即可移至大田进行栽培。

6. 应用：果熟季节，串串晶莹的紫葡萄掩映在红艳可爱的秋叶之中，甚为迷人。山葡萄含丰富的蛋白质、碳水化合物、矿物质和多种维生素，生食味酸甜可口，富含浆汁，是美味的山间野果。山葡萄是酿造葡萄酒的原料，所酿的葡萄酒酒色深红艳丽，风味品质甚佳，是一种良好的饮料。

十一、葡　　萄

1. 学名：*Vitis vinifera L.*

2. 科属：葡萄科，葡萄属

3. 形态特征：落叶藤木，茎长达 10～20m；小枝光滑，或幼时有柔毛；卷须间歇性与叶对生。单叶互生，近圆形，3～5 掌状裂，基部心形。缘有粗齿，两面无毛或背面稍有短柔毛。花小，黄绿色，两性或杂性异株；圆锥花序大而长，与叶对生。浆果近球形，熟时紫红色或黄白色，被白粉（见彩图 230）。

4. 生态习性：葡萄种植海拔高度一般为 400～601m。葡萄是喜光植物，对光的要求较高，光照时数长短对葡萄生长发育、产量和品质有很大影响。葡萄可以生长在各种各样的土壤上，如河滩、盐碱地、山石坡地等，但是不同的土壤条件对葡萄的生长和结果有不同的影响，而以肥沃的沙壤土最为适宜。

5. 繁殖与栽培：葡萄可用播种、扦插和嫁接法繁殖。葡萄播种繁殖，每年农历 7～8 月份采种，立春节令前 20d 左右取出撒播在沙床上。撒种后覆盖 1cm 的细沙，再扣小拱棚覆膜育苗，所育成苗可于农历 5 月份经打顶摘心后移栽，待来年开春嫁接。葡萄扦插育苗，硬枝扦插时间在每年立春前 20～40d 为宜，可结合冬季修剪，选择一年生健壮生长枝，剪成带 3 个节的插条。下部斜剪，上部平剪后用塑料薄膜扎紧封顶，然后将插条用 0.5‰ 萘乙酸或 0.1‰ ABTI 号生根粉液浸下端 1h 后立即与地面成 45°角斜插在沙床上。扦插深度为插条的 2/3 长，一般 8～10cm。让插条在沙层生根，根生出后能尽快扎入土层，扦插后用小拱棚覆盖塑膜育苗效果更好。早春扦插苗于端午节前后经打顶摘心后进行大田移栽定植为宜。葡萄嫁接技术主要应用于老园更换新品种，时间在立春节令前后 10d 为宜。修剪主要在冬季进行，夏季以除芽和摘心为主。

6. 应用：葡萄是园林造景中长廊、花架及凉棚等经常使用的树种之一。蔓长达数十米，叶近圆形有掌状裂刻，嫩叶微红，成叶深绿平展，像一片片小扇子随风摇曳，更像一片片绿色的浮云，美观且遮阴效果好。花序圆锥形，浆果圆形或椭圆形，有红、黄、白、绿和紫等颜色，既可篱壁式栽培，也可棚架栽培。庭院中栽培葡萄的棚架可大可小，与院落的建筑相协调或根据庭院主人喜好而定。在公园或机关大院的通道上方，设走廊式葡萄大棚架，坐果后上为枝叶，枝叶下坠满珍珠般的果实，既具有良好的遮阴效果，又可以观赏漂亮的果穗，品尝香甜的果实。

十二、大花铁线莲

1. 学名：*Clematis patens Morr. et Decne.*

2. 科属：毛茛科，铁线莲属

3. 形态特征：多年生草质藤本。茎圆柱形，攀缘，长约 1m，表面棕黑色或暗红色，有明显的六条纵纹。羽状复叶；小叶片常 3 枚，稀 5 枚，纸质，卵圆形或卵状披针形，顶端渐尖或钝尖，基部常圆形，稀宽楔形或亚心形，边缘全缘。单花顶生；花梗直而粗壮；花大；萼片 8 枚，白色或淡黄色，倒卵圆形或匙形；雄蕊长达 1.7cm，花丝线形，花药黄色；子房狭卵形。瘦果卵形。花期 5~6 月，果期 6~7 月（见彩图 231）。

4. 生态习性：大花铁线莲适应性强，抗寒耐旱，一般可耐 -20℃的低温。性喜光照，但其茎部及根部喜阴蔽，喜肥沃、排水良好的微碱性土壤。花期长，花色多变，已经成为全国各地广泛使用的绿化植物之一。

5. 繁殖与栽培：因大花铁线莲属杂交品种，一般不采用种子繁殖。无性繁殖用压条、扦插、嫁接、组织培养方法均可。压条繁殖可于早春季节用去年成熟的枝条进行。扦插繁殖可在夏季进行，取当年生枝条 2~3 条作插条，深度以芽露出土面为宜。因是攀缘性藤本植物，应用前根据需要搭好棚架。最好在夏季通风凉爽并有散射光的地方种植，栽培土壤宜深厚、肥沃、排水良好且通透性好。栽植前需在土壤中添加充足腐熟的堆肥作基肥并混加腐叶土，适当添加消石灰、草木灰中和其酸性。每年早春和秋末追施有机肥或复合肥，夏季结合浇水进行叶面施肥，在生长期间适时修整、引导枝条。早春保留 30cm 高的植株进行修剪。大花铁线莲不宜移载，栽时适于深植，确保有芽的节处于土表下，利于地下芽萌发。

6. 应用：大花铁线莲叶色油绿，用其覆盖墙面、岩石、花架均很美观，且管理比较简便，适时施肥，就能生长良好，不需经常修剪，适于进行垂直绿化。让其在花园中、斜坡上生长也很有意境，用来布置墙垣、棚架、阳台、门廊，显得优雅别致，值得大力推广。

十三、五叶地锦

1. 学名：*Parthenocissus quinquefolia (L.) Planch.*

2. 科属：葡萄科，地锦属

3. 形态特征：落叶木质藤本。老枝灰褐色，幼枝带紫红色，髓白色。卷须与叶对生，顶端吸盘大。掌状复叶，具五小叶，小叶长椭圆形至倒长卵形，先端尖，基部楔形，缘具大齿牙，叶面暗绿色，叶背稍具白粉并有毛。7~8 月开花，聚伞花序集成圆锥状。浆果球形，蓝黑色，被白粉（见彩图 232）。

4. 生态习性：五叶地锦适应性强，能耐寒冷，干旱，在一般土壤上皆能生长，生长快速，几年就能覆盖很大面积。防风能力强，可在恶劣的地区种植，是防风固沙的优良植物。

5. 繁殖与栽培：五叶地锦可采用播种法、扦插法及压条法繁殖。播种法：采收后的种子搓去果皮果肉，洗净晒干后可放在湿沙中低温贮藏一冬，保温、保湿有利于催芽，次年早春3月上中旬即可露地播种，薄膜覆盖，5月上旬即可出苗，培养1～2年即可出圃。扦插法：早春剪取茎蔓20～30cm，插入露地苗床，灌水，保持湿润，很快便可抽蔓成活，也可在夏、秋季用嫩枝带叶扦插，遮阴浇水养护，也能很快抽生新枝，扦插成活率较高，应用广泛。硬枝扦插于3～4月进行，将硬枝剪成10～15cm一段插入土中，浇足透水，保持湿润。嫩枝扦插取当年生新枝，在夏季进行。压条法：可采用波浪状压条法，在雨季阴湿无云的天气进行，成活率高，秋季即可分离移栽，次年定植。移植或定植在落叶期进行。五叶地锦通常用扦插繁殖，事实证明，种子繁殖也是一种好办法，其出苗率可达80%，苗期管理也较方便。五叶地锦耐修剪，在生长过程中，可依情修剪整理门窗处的枝蔓，以保持整洁、美观、方便。

6. 应用：五叶地锦蔓茎纵横，密布气根，翠叶遍盖如屏，秋后入冬，叶色变红或黄，十分艳丽，是垂直绿化的主要树种之一。适合配植于宅院墙壁、围墙、庭园入口处、桥头石块等处。它对二氧化硫等有害气体有较强的抗性，也宜作工矿街坊的绿化材料。

十四、猕 猴 桃

1. 学名：*Actinidia chinensis Planch.*

2. 科属：猕猴桃科，猕猴桃属

3. 形态特征：藤本。幼枝及叶柄密生灰棕色柔毛，老枝无毛；髓大，白色，片状。叶片纸质，圆形、卵圆形或倒卵形，顶端突尖、微凹或平截，边缘有刺毛状齿。花开时白色，后变黄色；花被数5，萼片及花柄有淡棕色绒毛；雄蕊多数；花柱丝状，多数。浆果卵圆形或矩圆形，密生棕色长毛，8～10月成熟（见彩图233）。

4. 生态习性：阳性树种，耐半阴。喜阴凉湿润的环境，怕旱、涝、风。耐寒，不耐早春晚霜，猕猴桃园选在背风向阳的山坡或空地，适宜深厚、湿润、疏松、排水良好、有机质含量高、pH值在5.5～6.5微酸性沙质壤土。忌低洼积水环境。

5. 繁殖与栽培：最常用的繁殖方法是种子繁殖、嫁接和扦插。利用当年的新梢扦插繁殖猕猴桃苗，其方法如下：扦插时间以7月初至9月下旬进行为宜。剪取插条时，应从中壮年优良单株上选择健壮、无病虫危害、半木质化的嫩枝，从下往上逐段剪截插穗。每段插穗径粗0.6cm左右，长4～6cm，有3个节并带1～2个腋芽，上端留1片叶，以利进行光合作用。剪穗时，剪口要光滑，上剪口靠近腋芽基部，将插穗20～30支捆成一扎。插条处理后进行扦插，扦插株距8～10cm，行距15～20cm。先用木签打好深度适当的斜插孔，再将插穗下端2/3斜插入土中，以露出上端腋芽和叶片为度，然后稍压实四周土壤，最后用浓度为500mg/kg的多菌灵溶液浇透，起着定根兼土壤消毒的作用。插后管理，一是遮阴与喷水。在距床面高0.3m和1.7m处，各搭荫棚一个，均盖上透光度为30%的竹帘或遮阳网，棚内温度调控在24～28℃，相对湿度在85%以上。二是施肥与喷药。插条长出2～3片叶后，可追施10%清水粪，每月2～3次。苗期每月最好喷1～2次50%多菌灵可湿性粉剂1000倍液。株高30cm以上即可带土移栽，出圃定植。

6. 应用：猕猴桃藤蔓缠绕盘曲，枝叶浓密，花美且芳香，适用于花架、庭廊、护栏、墙垣等的垂直绿化。

十五、五 味 子

1. 学名：_Schisandra chinensis_（_Turcz._）_Baill._

2. 科属：五味子科，五味子属

3. 形态特征：多年生落叶藤本。小枝灰褐色，皮孔明显。叶互生，广椭圆形或倒卵形。先端急尖或渐尖，边缘有细齿；叶柄淡粉红色。花单性异株，生于叶腋，花梗细长柔软；花被片 6～9，乳白色或粉红色，芳香；雄蕊 5；雌蕊群椭圆形，心皮覆瓦状排列于花托上。果熟时呈穗状聚合果。浆果球形，肉质，熟时深红色。花期 5～6 月，果期 7～9 月（见彩图 234）。

4. 生态习性：五味子喜微酸性腐殖土。野生植株生长在山区的杂木林中、林缘或山沟的灌木丛中，缠绕在其他林木上生长。其耐旱性较差。自然条件下，在肥沃、排水好、湿度均衡适宜的土壤上发育最好。

5. 繁殖与栽培：多用种子繁殖，种子繁殖方法简单易行，并能在短期内获得大量苗子。五味子种子的选择，最好在秋季收获期间进行生穗选，选留果粒大、均匀一致的果穗作种用，单独干燥和保管。育苗田可选肥沃的腐殖土或沙质壤土。育苗以床作为好，可根据不同土壤条件做床，低洼易涝、雨水多的地块可做成高床，床高 15cm 左右。床土要耙细清除杂质，每平方米施腐熟厩肥 5～10kg，与床土充分搅拌均匀，耧平床面即可播种。一般在 5 月上旬至 6 月中旬播种经过处理的种子，采用条播或撒播。条播行距 10cm，覆土 1.5～3cm。也可于 8 月上旬至 9 月上旬播种当年鲜籽，即选择当年成熟度一致、粒大而饱满的果粒，搓去果肉，用清水漂洗一下，控干后即可播种。播种后搭 1～1.5m 高的棚架，上面用草帘或苇帘等遮阴，土壤干旱时浇水，使土壤湿度保持在 30%～40%，待小苗长出 2～3 片真叶时可撤掉遮阴帘。翌春即可移栽定植。

6. 应用：五味子作为花、叶、果均赏的木质藤本植物，能利用其藤本植物特有的方式点缀硬质景观以及观赏上欠佳的园林小品等。不仅能弥补地面绿化的不足，丰富绿化层次，有助于恢复生态平衡，而且可以增加城市园林建筑的艺术效果，使之与环境更加协调统一、生动活泼。于是，五味子可以被用于篱垣绿化、棚架绿化、假山绿化、屋顶阳台绿化、立体花坛绿化。

十六、炮 仗 花

1. 学名：_Pyrostegia venusta_（_Ker-Gawl._）_Miers_

2. 科属：紫葳科，炮仗藤属

3. 形态特征：常绿藤木；小枝有 6～8 个纵棱。复叶对生，小叶 3 枚，其中一枚常变为线形 3 裂的卷须，小叶卵状椭圆形，长 4～10cm，全缘。花冠橙红色，管状，长约 6cm，端 5 裂，外曲，雄蕊 4；成顶生下垂圆锥花序。蒴果细，长达 25cm（见彩图 235）。

4. 生态习性：喜向阳环境和肥沃、湿润、酸性的土壤。生长迅速，在华南地区，能保持枝叶常青，可露地越冬。由于卷须多生于上部枝蔓茎节处，故全株得以固着在他物上生长。

5. 繁殖与栽培：采用压条繁殖或扦插繁殖。压条繁殖时，压条主要是利用落地的藤蔓，在叶腋处伤皮压土，春、秋、夏季均可进行，以夏季为宜。20～30d 后即可生根，一个半月后剪下成新株，当年即可开花。多作盆栽种植，或直接压条于容器内，不移至圃地育苗。扦插繁殖亦于春、夏季进行，扦插的插穗要选用生长健壮、无病虫害的枝条，长度10cm左右为宜，每个插穗需有3~4节并带2个芽，在节下0.5cm处切断，以利发根。扦插的介质，可用清洁的细河沙，或蛭石、珍珠岩混合的介质（1:1）。扦插深度一般以插穗的1/3为度，株距为3cm左右，行距稍宽。插入后，用手指稍压插穗基部，使插穗基部与介质密切结合，然后用细喷壶浇足水，以后每隔1~2d需进行1次叶面喷水，以保持湿润。3周后，如茎叶未出现萎缩，仍保持嫩绿色，说明切口愈合良好，并已生根，再过10d左右，就可移栽盆内。定植后第一次浇水要透，并需遮阴。待苗高70cm左右时，要设棚架，将其枝条牵引上架，并需进行摘心，促使萌发侧枝，以利于多开花。

6. 应用： 多种植于庭院、棚架、花门和栅栏，作垂直绿化。可于花棚、露天餐厅、庭院门首等处，作顶面及周围的绿化，景色殊佳；也宜地植作花墙，覆盖土坡，或用于高层建筑的阳台作垂直或铺地绿化，显示富丽堂皇，是华南地区重要的攀缘花木。矮化品种，可盘曲成图案形，作盆花栽培。

十七、木 香

1. 学名： *Rosa banksiae Ait.*

2. 科属： 蔷薇科，蔷薇属

3. 形态特征： 攀缘灌木，高达6m；小枝疏生皮刺，少数无刺。羽状复叶；小叶3~5，稀7，矩圆状卵形或矩圆状披针形，先端急尖或钝，基部楔形或近圆形，边缘有锐锯齿；叶柄近无毛；托叶条形，边缘具有腺齿，与叶柄离生，早落。花多数成伞形花序；花梗细长，无毛；花白色或黄色，单瓣或重瓣，芳香；萼裂片长卵形，全缘。蔷薇果小，近球形，红色（见彩图236）。

4. 生态习性： 喜温暖湿润和阳光充足的环境，耐寒冷和半阴，怕涝。地栽可植于向阳、无积水处，对土壤要求不严，但在疏松肥沃、排水良好的土壤中生长好。萌芽力强，耐修剪。

5. 繁殖与栽培： 可采用播种、扦插和压条法繁殖。种子繁殖，春播于4月份上旬，秋播于9月份中旬进行。播前需浸种24h，条播或穴播，行、株距33cm。每亩用种量1kg左右。播后浇水，保持土壤湿润，苗期需适当遮阴，株高7~10cm时定苗，每穴留苗2株。扦插繁殖，在春季萌芽前后用硬枝或开花前后用半硬枝进行扦插，都很容易成活。压条繁殖，压条多采用高空压条的方法，在生长季节选取健壮的枝条，在节处下端刻伤，用塑料薄膜围成袋装，里面填满土，浇水后将袋口扎紧，保持土壤湿润，有很高的成活率。休眠期可裸根移栽，移栽时应对枝蔓进行强剪。生长季应保持土壤湿润，避免积水；春季萌芽后施一两次复合肥，促花大味香，入冬后在其根部开沟施腐熟的有机肥，并浇透水。冬季或早春对植株进行一次修剪，剪去徒长枝、枯枝、病枝和过密的枝条，以加强植株内部的通风透光。

6. 应用： 木香是中国传统花卉，在园林上可攀缘于棚架，也可作为垂直绿化材料，攀缘于墙垣或花篱。春末夏初，洁白或米黄色的花朵镶嵌于绿叶之中，散发出浓郁芳香，令人回味无穷；而到了夏季，其茂密的枝叶又为人遮去毒辣辣的烈日，带来阴凉。除供观赏外，木香花香味醇正，半开时可摘下熏茶；花含芳香油，可供配制化妆品用。

十八、枸 杞

1. 学名： *Lycium chinense Miller*

2. 科属：茄科，枸杞属

3. 形态特征：落叶灌木，高达 1m 余；枝细长拱形，有棱角，常有刺。单叶互生或簇生，卵状披针形或卵状椭圆形，长 2～5cm，全缘。花紫色，花冠 5 裂，裂片长于筒部，有缘毛，花萼 3～5 裂；花单生或簇生于叶腋；5～10 月陆续开花，浆果卵形或椭球形，深红色或橘红色（见彩图 237）。

4. 生态习性：枸杞喜冷凉气候，耐寒力很强。当气温稳定在 7℃ 左右时，种子即可萌发，幼苗可抵抗 −3℃ 的低温。春季气温在 6℃ 以上时，春芽开始萌动。枸杞在 −25℃ 越冬无冻害。枸杞根系发达，抗旱能力强，在干旱荒漠地仍能生长。长期积水的低洼地对枸杞生长不利，甚至会引起烂根或死亡。枸杞多生长在碱性土和沙质壤土，最适合在土层深厚、肥沃的壤土上栽培。

5. 繁殖与栽培：有性繁殖时，选取优良品种的健壮饱满的果实，用水浸泡 40h 后搓去果皮，在土质肥沃的沙壤土苗床或花盆内下种。育苗适宜期为 3～7 月，每亩播种量为 0.15～0.2kg，掺和 10 倍细沙拌匀条播，播深 2～3cm，覆土 2cm，灌水保湿至种子发芽出土。管理时需注意中耕除草、间苗、适时追肥、修枝剪顶、防治害虫等。无性繁殖主要有扦插法和分株法，也可压条嫁接。扦插一般在 3～4 月进行，以湿度适中的沙壤土苗床为宜。将一年生较弱的徒长枝，剪成长 15～20cm、上口平、下口马耳形的插条。扦插深度为插条的 1/3 以上，待发芽成活后除去弱芽留壮芽。分株繁殖是用分离母株的根蘖栽植。挖取引根分蘖苗时要带一段母根成"丁"字形，这样容易成活。枸杞的移栽定植在春、秋季均可进行，但以春季为好。3～4 月土壤解冻时，在枸杞萌动前栽植成活率最高，一般可达 95％ 以上。定植后待苗长至 0.5～1m 时要打顶定干，促其分枝生长，并定期整形修剪，使其主干粗壮，保持一定的树冠形状。

6. 应用：枸杞叶翠绿，花淡紫，果实鲜红，入秋红果累累，缀满枝头，状若珊瑚，颇为美丽，是庭院秋季观果灌木。可于池畔、河岸、山坡、径旁、悬崖石隙以及林下、井边栽植；根干虬曲多枝的老枝常作树桩盆栽，雅致美观，是很好的盆景观赏植物。现已有部分枸杞观赏栽培，但由于其耐寒、耐旱、不耐涝，所以在江南多雨、多涝的地区很难种植枸杞。

十九、薜 荔

1. 学名：*Ficus pumila L.*

2. 科属：桑科，榕属

3. 形态特征：攀缘或匍匐灌木，幼时以不定根攀缘于墙壁或树上。叶二型，在不生花序托的枝上者小而薄，心状卵形，长约 2.5cm 或更短，基部斜；在生花序托的枝上者较大而近革质，卵状椭圆形，先端钝，全缘，上面无毛，下面有短柔毛，网脉凸起成蜂窝状；叶柄短粗。花序托具短梗，单生于叶腋，梨形或倒卵形；基生苞片 3；雄花和瘿花同生于一花序托中；雌花生于另一花序托中；雄花有雄蕊 2；瘿花似雌花，但花柱较短（见彩图 238）。

4. 生态习性：无论山区、丘陵、平原，在土壤湿润肥沃的地区都有野生分布，多攀附在村庄前后、山脚、山窝以及沿河沙洲、公路两侧的古树、大树上和断墙残壁、古石桥、庭院围墙等。薜荔耐贫瘠，抗干旱，对土壤的要求不严格，适应性强，幼株耐阴。

5. 繁殖与栽培：可以用播种和扦插法繁殖。播种繁殖，早春整地作畦耙平后，覆盖 1cm 厚的黄土。用木板整平床面撒播，覆土以不见种子为宜，浇透水，用竹弓支撑扣上薄膜和遮阳网，有利于保温、保湿和避免强烈阳光直射。当温度在 10～23℃ 时，10d 左右可出苗。于 4 月中、下旬阴雨天，移植于大田苗床，然后盖上遮阳网，按常规育苗管理，至 9 月中、下旬揭去遮阳网进行日光锻炼。11 月下旬扣上薄膜罩防霜冻，翌年春季定植。扦插繁殖时，插穗选择时，当年萌发的半木质化或 1 年生木质化的大叶枝条及小叶枝条都可选用。结果枝插条剪成长 12～15cm，营养枝剪成长 20cm，结果枝留叶 2～3 片。扦插时期，春、夏、秋 3 季都可扦插，以 4 月下旬至 7 月中、下旬较适宜，此时日平均温度在 25℃ 以上，利于生根。扦插时，插条斜插于土内，深度为插条长的三分之一，每平方米插 40 株，营养枝露出小枝平埋于土内或剪去五分之三以下的小枝后斜插。扦插后浇透水，用竹弓支撑盖上薄膜，四周用砖压紧，以利保湿、保温。春季移栽，选阴天或晴天的早晚进行。栽时做到藤蔓朝向攀附物，根系舒展、压紧并浇透。

6. 应用： 由于薜荔的不定根发达，攀缘及生存适应能力强，薜荔叶质厚，深绿发亮，寒冬不凋。园林栽培宜使其攀缘于岩坡、墙垣和树上，郁郁葱葱，可增强自然情趣。

第七章

草坪与地被植物

〈〈〈〈〈

草坪植物多为一些适应性较强的矮性草，主要有禾本科的多年生草本植物和少数一、二年生的草本植物。另外，还有一些其他科属的矮生草类，如豆科的白三叶、红三叶等。除草本植物外，木本植物中的矮小丛木、偃伏状或半蔓性的灌木以及藤本均可用作园林地被植物，因此凡是能覆盖地面的植物均称为地被植物。

草坪与地被植物在园林中所具有的功能决定了其选择标准。一般说来，地被植物的筛选应符合以下六个标准：植株低矮；生命周期长；抗逆性强；耐粗放管理；观赏效果佳；无毒无异味。同时，不同环境地被植物的选择条件也是不相同的，主要应考虑植物的生态习性能适应环境条件，例如干旱、潮湿、半阴、全光、土壤酸度、土层厚薄等条件。除此之外，在园林中还应注意其耐踩踏性的强弱及其观赏特性，在大面积应用时尚应注意其在生产上的作用和经济价值。

地被植物和草坪植物一样，都可以覆盖地面，涵养水分，但地被植物相较于草坪植物，种类繁多、品种丰富，枝、叶、花、果富有变化，色彩万紫千红，季相纷繁多样，可营造多种生态景观。适应性强，生长速度快，可以在阴、阳、干、湿多种不同的环境条件下生长，弥补了乔木生长缓慢、下层空隙大的不足，在短时间内可以收到较好的观赏效果。地被植物中的木本植物有高低、层次上的变化，而且易于造型修饰成模纹图案。

草坪的养护管理包括修剪、施肥、浇水、滚压、刺孔、除草等，管理需要较多的工序及投入较多的人力、财力。地被植物较大面积的草坪病虫害少，不易滋生杂草，养护管理粗放，不需要经常修剪和精心护理，减少了人工养护花费的精力。对城市园林中的地被植物在养护管理上可区分为观赏地被区及游憩地被区，对前者应禁止游人进入，对后者则可视游人数量及践踏情况分期开放及封闭养护。平时的养护主要是去除杂草、清除枯枝落叶及适当的水、肥管理工作。

一、翠 蓝 柏

1. 学名：*Sabina squamata*（*Buch.-Hamilt.*）*Ant cv. Meyeri Dallimore and Jackson*

2. 科属：柏科，圆柏属

3. 形态特征：常绿直立灌木，分枝硬直而开，小枝茂密短直。叶披针状刺形，长6～10mm，3枚轮生，两面均显著被白粉，呈翠蓝色。果实卵圆形，长0.6cm，初红褐色逐变为紫黑色；内具种子 1 粒。花期 3～4 月，果熟期 9～10 月（见彩图 239）。

4. 生态习性：翠蓝柏属旱生阳性树种，幼树较耐阴蔽，对土壤适应的幅度较大。喜光、耐湿、耐寒性差。寿命可达 200～300 年。耐旱性、耐瘠薄性均较强。更新良好，母树周围幼苗最多，随着幼树喜光阶段的来临，耐阴性减退而逐渐死亡。

5. 繁殖与栽培：翠蓝柏通常以扦插、压条或嫁接法繁殖。扦插繁殖：以春季 4～5 月份为好，插穗选取 1～2 年生嫩枝，半木质化为佳，插穗长 12～18cm，剪除中部以下枝叶，上端部枝叶过于茂密可适当疏剪。苗床地宜选地势高燥、肥沃疏松、排水良好的沙质土，插前先将土翻松耙平。插后浇透水，并搭棚遮阴，8 个月左右即可发根，在此期间只要叶片不黄枯脱落，就要仔细管理。夏季多喷水，成活后于第 2 年春季进行分栽移植，以培育大苗。压条繁殖：全年皆可进行，而且以春季 3～4 月份为好。压条可选用径粗 1～1.5cm 的枝条，进行环剥切割，深达木质部，将枝条埋入土中培土压实，细心管理养护，一般压后 3～4 个月即可发根。嫁接繁殖：多用靠接法进行。选用桧柏或侧柏苗作砧木，砧木的干径以 1.5cm 为宜，接穗宜选用生长充实并仍为绿色的 2 年生枝。靠接时间宜在 5 月份进行，约 2 个月后自接口下方将接穗剪掉，第 2 年春重栽时将接口上面的砧木苗剪掉。

6. 应用：适宜孤植于庭院，尤其适宜与岩石配植，是优良的盆景植物材料。翠柏枝叶稠密，直立簇生，色蓝似灰，叶之两面如披白霜，树冠呈现蓝绿光泽，在松柏类中别具一格。树姿古朴浑厚，四季青翠，终年均适宜观赏。

二、南 天 竹

1. 学名：<i>Nandina domestica Thunb.</i>

2. 科属：小檗科，南天竹属

3. 形态特征：常绿灌木，高达 2m，丛生而少分枝。二至三回羽状复叶互生，小叶椭圆状披针形，长 3～10cm，全缘，两面无毛，冬天叶子变为红色。花小，白色；成顶生圆锥花序。浆果球形，鲜红色（见彩图 240）。

4. 生态习性：南天竹性喜温暖及湿润的环境，比较耐阴，也耐寒，对水分要求不甚严格，既能耐湿也能耐旱，容易养护。栽培土要求肥沃、排水良好的沙质壤土。

5. 繁殖与栽培：繁殖以播种、分株为主，也可扦插。种子繁殖时在秋季采种，采后即播。在整好的苗床上，按行距 33cm 开沟，深约 10cm，均匀撒种，每公顷播种量为 90～120kg。播后盖草木灰及细土，压紧。第二年幼苗生长较慢，要经常除草，松土，并施清淡的人畜粪尿，以后每年要注意中耕除草。追肥，培育 3 年后可出圃定植，移栽宜在春天雨后进行。株行距各为 100cm。栽前，带土挖起幼苗，如不能带土，必须用稀泥浆根，栽后才易成活。分株繁殖时，春秋两季将丛状植株掘出，抖去宿土，从根基结合薄弱处剪断，每丛带茎干 2～3 个，需带一部分根系，同时剪去一些较大的羽状复叶，地栽或上盆，培养一两年后即可开花结果。扦插繁殖宜在新芽萌动前或夏季新梢停止生长时进行。室内养护要加强通风透光，防止介壳虫发生。南天竹在半阴、凉爽、湿润处养护最好。强光照射下，茎粗短变暗红，幼叶"烧伤"，成叶变红；在十分阴蔽的地方则茎细叶长，株丛松散，有损观赏价值，也不利结实。南天竹浇水应见干见湿。干旱季节要勤浇水，保持土壤湿润；夏季每天浇水一次，并向叶面喷雾 2～3 次，保持叶面湿润，防止叶尖枯焦，有损美观。

6. 应用：南天竹枝干挺拔如竹，羽叶开展而秀美，秋冬时节穗状果序上红果累累，为园林绿化中观叶观果的优良树种，也可作为室内外赏叶观果的盆景，十分可观。

三、扶　芳　藤

1. 学名：*Euonymus fortunei（Turcz.）Hand.-Mazz.*

2. 科属：卫矛科，卫矛属

3. 形态特征：常绿藤木；茎匍匐或攀援，能随处生细根。叶薄革质，长卵形至椭圆状倒卵形，长3～7cm，缘具钝齿。基部广楔形；叶柄短。聚伞花序，花梗短（2～4mm），花序多花而紧密成团；6月开花（见彩图241）。

4. 生态习性：生长于山坡丛林中。喜湿润，夏季盆栽植株需早晚浇水，冬季减少浇水量。喜温暖，较耐寒，在江淮地区可露地越冬。冬季盆栽苗移入室内窗口处。耐阴，不喜阳光直射。

5. 繁殖与栽培：繁殖以扦插法为主。选择背风向阳、近水源、土壤疏松肥沃、排水良好的东面或东南面坡地作苗圃，先耙平整细，后起畦。一年四季均可育苗，但以2～4月为好，如夏季育苗需搭遮阴棚，冬季育苗应有塑料大棚保温。选择1～2年生无病虫害、健壮、半木质化的成熟藤茎，剪下后截成长约10cm的枝条作插穗，插穗上端剪平，下端剪成斜口，切勿压裂剪口。上部保留2～3片叶，下部叶片全部除去，扦插前选用500mL/L的萘乙酸浸泡插条下部15～20s。按行距为5cm开沟，将插穗以3cm的株距整齐斜摆在沟内，插的深度以插条下端2/3入土为宜，插后覆土压实插条四周土壤，并淋透定根水。一般插后25～30d即可生根，成活率达90％以上。苗床要经常淋水，土壤持水量保持在59％～60％之间，空气湿度保持在85％以上，温度控制在25～30℃以内。扦插后5～6个月，幼苗高20cm以上且有2个以上分枝时，可以出圃种植。

6. 应用：扶芳藤在园林绿化美化中有多种用途：扶芳藤有很强的攀缘能力，在园林绿化中常用于掩盖墙面、山石，或攀援在花格之上，形成一个垂直绿色屏障；垂直绿化配置树种时，扶芳藤可与爬山虎隔株栽种，使两种植物同时攀援在墙壁上，到了冬天，爬山虎落叶休眠，扶芳藤叶片红色光泽，郁郁葱葱，显得格外优美；扶芳藤耐阴性特强，种植于建筑物的背阴面或密集楼群阳光不能直射处，亦能生长良好，表现出顽强的适应能力；扶芳藤培养成"球形"，可与大叶黄杨球相媲美。扶芳藤生长快，极耐修剪，而老枝干上的隐芽萌芽力强，故成球后，基部枝叶茂盛丰满，非常美观。扶芳藤冬季耐寒，它已越来越多地应用于北京的园林绿化中。扶芳藤能抗二氧化硫、三氧化硫、氧化氢、氯、氟化氢、二氧化氮等有害气体，可作为空气污染严重的工矿区环境绿化树种。

四、早　熟　禾

1. 学名：*Poa annua L.*

2. 科属：禾本科，早熟禾属

3. 形态特征：一年生或多年生。秆细弱，丛生，高8～30cm。叶鞘自中部以下闭合；叶舌钝圆；叶片柔软。圆锥花序开展，分枝每节1～2(3)枚；小穗含3～6花；颖边缘宽膜质；外稃边缘及顶端呈宽膜质，5脉明显；第一外稃长3～4mm；内稃脊上具长柔毛，花药长0.5～1mm（见彩图242）。

4. 生态习性：喜光，耐阴性也强，可耐50％～70％的郁闭度，耐旱性较强，在−20℃低温下能顺利越冬，−9℃下仍保持绿色，抗热性较差，在气温达到25℃左右时，逐渐枯萎，对土壤要求不严，耐瘠薄，但不耐水湿。生于平原和丘陵的路旁草地、田野水沟或阴蔽荒坡湿地，海拔 100～4800m。

5. 繁殖与栽培：采用播种繁殖。草地用，可条播，也可撒播。因种子极小，播种前要特别精细整地；播种后要求镇压土地，保持土地湿润。每公顷用种子 7.5～12.0kg。控制播深为 1～2cm，保证出苗率。行距 30cm。与白三叶、百脉根混播，可以提高草的产量、质量，调节供草季节，因为百脉根在夏季生长旺盛。播期要因地制宜，温暖地区春、夏、秋季都可播，秋播最宜；春播宜早，以备越夏及避免与杂草竞争；高寒区春播在 4～5 月，秋播在 7 月。草坪育苗每公顷播 105～120kg，种子直播每公顷播 150～450kg。播种时需注意，为了使播种均匀，按照预定的播种量把种子按划分的地块数分开，按块进行播种，播种后用钉耙轻轻地把种子耙到土中，覆土应做到浅而不露种子，切忌过深。播种后用镇压器轻轻地镇压土壤，以保证种子与土壤能紧密接触。

6. 应用：本草是温带广泛利用的优质冷季草坪草，草坪绿化在北方有巨大的发展空间。它具有根茎发达、分蘖能力极强及青绿期长等优良性状，能迅速形成草丛密而整齐的草坪。在严寒的冬季，无覆盖可以越冬，成为北方草地草坪的最主要草种。可铺建绿化运动场、高尔夫球场、公园、路旁、水坝等。

五、黑 麦 草

1. 学名：*Lolium perenne L.*

2. 科属：禾本科，黑麦草属

3. 形态特征：多年生，具细弱根状茎。秆丛生，质软，基部节上生根。叶舌长约 2mm；叶片线形，柔软，具微毛，有时具叶耳。穗形穗状花序直立或稍弯；小穗轴节间长约 1mm，平滑无毛；颖披针形，为其小穗长的 1/3，具 5 脉，边缘狭膜质；外稃长圆形，草质。颖果长约为宽的 3 倍。花果期 5～7 月（见彩图 243）。

4. 生态习性：生于草甸草场，路旁湿地常见。黑麦草须根发达，但入土不深，丛生，分蘖很多，黑麦草喜温暖湿润的土壤，适宜土壤 pH 值为 6～7。该草在昼夜温度为 12～27℃时再生能力强，光照强，日照短，温度较低对分蘖有利，遮阳对黑麦草生长不利。黑麦草耐湿，但在排水不良或地下水位过高时不利于黑麦草生长。

5. 繁殖与栽培：黑麦草春、秋季均可播种。秋播的播种期在 9 月初至 11 月中下旬，春播在 2 月上旬。播种前亩施猪栏肥 1000～1500kg，如无猪栏肥等有机肥，可亩施钙镁磷肥 25～30kg 作为基肥，施肥后翻耕整地做畦。黑麦草种子较小，要求畦面平整，无大土块。播种方式条播或撒播均可，但为管理方便，以条播为好。亩用种量为 1.5kg 左右。如播种期内少雨或土壤较干燥，可先用清水浸种 2～4h，以利出苗和提高成苗率。管理黑麦草苗期应及时中耕除草。分蘖盛期以后，已封行遮阴，可不再除草。田间有积水则要及时排出以免发生烂根病。

6. 应用：由于其根系发达，生长迅速，耕地种植可增加种植地的土壤有机质，改善种植地土壤的物理结构；坡地种植，可护坡固土，防止土壤侵蚀，减少水土流失。多年生黑麦草为冷季型草种，生长迅速，成坪速度快，常作为庭院和风景区绿化的先锋草种，也可以在狗牙根等暖季型草坪上作为补播材料，从而使草坪冬季保持绿色。黑麦草在国外多和其他草坪植物混合铺建草坪及高尔夫球场。由于此草能抗二氧化硫等有害气体，故在国外多用于工矿企业，特别是钢铁生产基地，均大量栽种此草。

六、高　羊　茅

1. 学名：*Festuca elata Keng ex E. Alexeev*

2. 科属：禾本科，羊茅属

3. 形态特征：秆成疏丛或单生，直立。叶鞘光滑，具纵条纹，上部者远短于节间；叶舌膜质，截平；叶片线状披针形，先端长渐尖，通常扁平，下面光滑无毛，上面及边缘粗糙；叶横切面具维管束 11～23，具泡状细胞，厚壁组织与维管束相对应，上、下表皮内均有。圆锥花序疏松开展，花果期 4～8 月（见彩图 244）。

4. 生态习性：性喜寒冷潮湿、温暖的气候，在肥沃、潮湿、富含有机质、pH 值为 4.7～8.5 的细壤土中生长良好。耐高温，喜光，耐半阴，对肥料反应敏感，抗逆性强，耐酸、耐瘠薄，抗病性强。

5. 繁殖与栽培：由于高羊茅为丛生型禾草，不能采用无性繁殖的方法来进行草坪建植，通常采用种子播种。播种前首先需要将坪床平整好，坪床整平后即可播种，大面积的地块可分成若干个小地块，并根据每个较小地块的面积，准备好相应数量的种子分别进行播种；为了保证播种的均匀度，还可将种子分成两份，从垂直的两个不同方向各播一次，如果有可准确控制播种量的播种机，可一次播完。种子播完后，可用铁锹将坪床轻轻拍实，以使种子与土壤颗粒充分接触。播种后要加强坪床的喷灌，在种子出苗前，应保证坪床的湿润，高羊茅草种播后 7～10d 即可发芽，发芽后适当减少喷灌次数，以利于幼苗扎根。修剪是草坪养护管理中的重要工作，高羊茅的修剪高度一般为 6cm 左右；修建的原则是每次剪去叶片上部的 1/3，而不能在植株很高时一次性修剪到所需的高度，这样会对草坪造成伤害，久之则使得草坪退化；在草坪生长旺盛的春秋季节，应做到 1～2 周修剪一次；为了提高高羊茅的抗热性，夏季高羊茅草坪应减少修剪次数，并适当增加修剪的高度。

6. 应用：高羊茅可在华北和西北中南部没有极端寒冷冬季的地区，华东和华中，以及西南高海拔较凉爽地区种植。高羊茅是国内使用量最大的冷季型草坪草之一。高羊茅可用于家庭花园、公共绿地、公园、足球场等运动草坪，高尔夫球场的障碍区、自由区和低养护区的全阳面或半阴面。作为混播成分，还可与草地早熟禾和多年生黑麦草等混播起到抗中等程度修剪的效果。

七、剪　股　颖

1. 学名：*Agrostis matsumurae Hack. ex Honda*

2. 科属：禾本科，剪股颖属

3. 形态特征：多年生草本，具细弱的根状茎。秆丛生，直立，柔弱，高 20～50cm。叶鞘松弛，平滑，长于或上部者短于节间；叶舌透明膜质，先端圆形或具细齿；叶片直立，扁平，长 1.5～10cm，上面绿色或灰绿色。圆锥花序窄线形，或于开花时开展，绿色；小穗柄棒状；外稃无芒，具明显的 5 脉，先端钝；内稃卵形；花药微小。花果期 4～7 月（见彩图 245）。

4. 生态习性：有一定的耐盐碱力，在 pH 值为 3.0 的土壤中能较好地完成生活史，并获得较高的产草量。耐瘠薄，有一定的抗病能力，不耐水淹。喜光，但也耐半阴，耐旱，抗寒性强。也喜湿润，萌发力强，耐践踏，耐修剪。对土壤要求不高，在土层深厚、地势平坦的地方最好。

5. 繁殖与栽培：剪股颖种子发芽率高，因此采用种子繁殖较为常见，但也可以采用营养繁殖。播种期春季或秋季均可。播种量 3～7g/m²，7d 左右可以出苗，成坪速度较快，耐杂草。由于种子细小，种植时对坪床质量要求极高，坪床应细致、平整、肥沃，以沙床为好。只要苗前和苗期水肥充足，直播建坪效果较好，苗期喜湿润，但过于湿润易患病，应及时喷杀菌剂数次，及早预防。营养繁殖可采用栽植小草块的方法。将草块起开之后，分成宽 3～4cm、长 10～15cm 的小块，用小铲子挖 10～15cm 的穴，采用品字形穴栽。栽植时短根状茎及根系必须栽入土壤中，栽后压实，适量浇水，一般 7～10d 即能成活。剪股颖枝叶柔软，细长，茂密，再生性好，且耐低茬及频繁修剪，因此为了保持其良好的生长和较高的坪用质量应勤修剪，一般生长旺盛时每月修剪 3～5 次，以茬高 0.75～2cm 为宜。割后应及时追肥，灌水，及时喷施杀菌药，注意防止病虫害的发生。剪股颖形成的草坪，每隔 2～3 年要进行更新，切断其根系，使土壤透气或重新补植。

6. 应用：适时修剪，可形成细致、植株密度高、结构良好的毯状草坪，尤其是在冬季，需要高水平的养护管理。其缺点是春季返青慢，秋季天气变冷时，叶片比草地早熟禾更易变黄，常被用于绿地、高尔夫球场球盘及其他类型的草坪。本草适用于公园、花园、花卉境地，以及厂矿、机关、学校路边等绿地绿化美化，是一种较理想的草坪植物之一。

八、狗 牙 根

1. 学名：*Cynodon dactylon（L.）Pers.*

2. 科属：禾本科，狗牙根属

3. 形态特征：多年生，具根状茎或匍匐茎，节间长短不等。秆平卧部分长达 1m，并于节上生根及分枝。叶舌短小，具小纤毛；叶片条形，宽 1～3mm。穗状花序 3～6 枚指状排列于茎顶；小穗排列于穗轴的一侧，长 2～2.5mm，含 1 小花，颖近等长，长 1.5～2mm，1 脉成脊，短于外稃；外稃具 3 脉（见彩图 246）。

4. 生态习性：多生长于村庄附近、道旁河岸、荒地山坡，狗牙根是适于世界各温暖潮湿和温暖半干旱地区的长寿命多年生草，极耐热和抗旱，但不抗寒也不耐阴。狗牙根适应的土壤范围很广，但最适于生长在排水较好、肥沃、较细的土壤上。狗牙根要求土壤的 pH 值为 5.5～7.5。它较耐淹，水淹下生长变慢，耐盐性也较好。

5. 繁殖与栽培：繁殖方法除采用种子单播或混播法外，由于种子采收不易，故目前仍用根茎繁殖法进行扩大繁殖。华东地区狗牙根的播种时间以每年 3 月份至 9 月份较为适宜。如春季播种太早会因温度太低，导致发芽较慢，影响草坪成坪速度；秋季播种太晚会因温度太低，导致草坪生长慢，幼苗不能安全越冬。人工播种量为 10～12g/m²；喷播植草播种量为 15g/m² 左右，也可以与其它暖季型或冷季型草种混播。狗牙根多采用分根茎法繁殖，一般在春夏季进行，以春末夏初最好。先将草坪成片铲起，冲洗掉根部泥土，将匍匐茎切为 3～5cm 的小段，将切好的草茎均匀撒于已整好的坪床上，然后覆一薄层细土压实，浇透水，保持土壤湿润，20d 左右即可滋生匍匐茎，快速成坪。狗牙根作为优良的固土护坡植物一般每年修剪 2～3 次。

6. 应用：由于狗牙根草坪的耐践踏性、侵占性、再生性及抗恶劣环境能力极强，耐粗放管理，且根系发达，常应用于机场景观绿化、堤岸、水库水土保持，高速公路、铁路两侧等处的固土护坡绿化工程，是极好的水土保持植物品种。改良后的草坪型狗牙根可形成苗壮的、高密度的草坪，侵占性强，叶片质地细腻，草坪的颜色从浅绿色到深绿色，具有强大根茎，匍匐生长，可以形成致密的草皮，根系分布广而深，可用于高尔夫球道、发球台及公园绿地、别墅区草坪的建植。

九、结　缕　草

1. 学名： *Zoysia japonica Steud.*

2. 科属： 禾本科，结缕草属

3. 形态特征： 多年生，具根状茎，秆高达 15cm。叶舌短，纤毛状，或边缘呈纤毛状；叶片条状披针形，常扁平，宽达 5mm。总状花序长 2～6cm，宽 3～5mm；小穗卵形，两侧压扁，宽 3～3.5mm；含 1 小花，第一颖缺，第二颖革质，边缘于下部合生，包裹内外稃（见彩图 247）。

4. 生态习性： 生于平原、山坡或海滨草地上。结缕草喜温暖湿润气候，受海洋气候影响的近海地区对其生长最为有利。喜光，在通气良好的开旷地上生长壮实，但又有一定的耐阴性。抗旱、抗盐碱、抗病虫害能力强，耐瘠薄，耐践踏，耐一定的水湿。

5. 繁殖与栽培： 结缕草可用种子繁殖，或营养繁殖。在我国北方播种宜安排在雨季后期。播种前种子应进行适当处理以提高发芽率，如可用 0.5％氢氧化钠溶液浸种 24h，再用清水洗净，晒干后播种。10 多天发芽，20 多天出齐。另外，还可用催芽处理促进种子的萌发。即将所需播种的种量装入纱布袋内，投入冷水缸浸泡 48～72h，每隔 24h 换一次水。浸后用 2 倍于种量的沙拌匀，沙子湿度保持在 70％，取 40cm 直径的花盆，先在其底部铺上 8cm 厚的河沙，再将混沙种子装入盆内摊平，然后在上面再覆上 8cm 厚沙，随即移到室外用草帘覆盖。5d 后，将处理的种子移到室内，在日均温 24℃、湿度 70％下，每天翻拌 3～4 次，通常经 12～30d 后均可出芽，然后用条播法下种。营养繁殖一般是采用分株繁殖，在生长季内均可进行。移栽时先将结缕草挖出，将盘结在一起的枝条分开，埋入预先准备好的土畦中，成行栽种，行距 5～20cm，3～4 个月后可覆盖地面。如铺装草坪，可直接将长 20cm、宽 20cm、厚 5～6cm 的草皮块，按 2～3cm 的间距铺设。铺装草皮块前应首先安排好排水设施，施足基肥，平整好坪床面。草皮块铺设后，应压平，缝隙中填满土和灌足水。

6. 应用： 在适宜的土壤和气候条件下，结缕草形成致密、整齐的优质草坪。结缕草在草坪植物中比较低矮，而且平整美观，又有一定的耐踏性，故在园林中多作为庭园草坪栽培，广泛用于温暖潮湿和过渡地带的庭园草坪、操场、运动场和高尔夫球厂、发球台、球道及机场等使用强度大的地方。

十、假　俭　草

1. 学名： *Eremochloa ophiuroides*（*Munro*）*Hack.*

2. 科属： 禾本科，蜈蚣草属

3. 形态特征： 多年生，有匍匐茎。秆斜生，高 30mm。叶片扁平，顶端钝，宽 2～4mm。总状花序单生于秆顶，长 4～6mm，宽约 2mm，扁压；穗轴迟缓断落，节间略成棒状，扁压；小穗成对生于各节；有柄小穗退化仅余一扁压的柄；无柄小穗呈覆瓦状排列于穗轴的一侧，长约 4mm，含 2 个小花，仅第二小花结实；第一颖边缘有不明显的短刺，上部有宽翼（见彩图 248）。

4. 生态习性： 喜光，耐阴，耐干旱，较耐践踏。厦门地区于 3 月中旬返青，12 月底枯黄，绿色期长，喜阳光和疏松的土壤，若能保持土壤湿润，冬季无霜冻，可长年保持绿色。

狭叶和匍匐茎平铺于地面，能形成紧密而平整的草坪，几乎没有其他杂草侵入。耐修剪，抗二氧化硫等有害气体，吸尘、滞尘性能好。

5. 繁殖与栽培：与其它草地植物略同，入冬种子成熟落地有一定自播能力，故可用种子直播建植草坪，无性繁殖能力也很强，习惯采用移植草块和埋植匍匐茎的方法进行草坪建植，一般每平方米草皮可建成 6～8m² 草坪。为维护草坪正常生长，使其保持平整美观，需控制草坪植株不超过养护规定的高度。修剪是所有草坪管理中最基本的措施之一，需花费相当大的人力物力。由于假俭草的茎叶平铺于地面，形成的草坪自然平整美观，即使是在 5～9 月份的生长季节，也无需经常修剪，相对于其它草坪节省一定的机械和人工费用。粗放假俭草是一种耐粗放管理的草坪，对水、肥要求不严，在生长季节，追加些氮肥即可，水分以保持土壤湿润为好。但在干旱季节，应注意补充水分，保证草坪健康生长。

6. 应用：假俭草由于其茎叶平铺于地面，形成的草坪密集、平整、美观，厚实柔软而富有弹性，舒适而不刺皮肤，其秋冬开花抽穗，花穗多且微带紫色，远望一片棕黄色，别具特色，是华东、华南诸省较理想的观光草坪植物，被广泛用于园林绿地，或与其它草坪植物混合铺设运动草坪，也可用于护岸固堤。假俭草以低养护管理获得高质量草坪而著称，适用于高速公路绿化美化，是固土护坡、绿化建设的优良草种。

十一、紫 茉 莉

1. 学名：*Mirabilis jalapa L.*

2. 科属：紫茉莉科，紫茉莉属

3. 形态特征：一年生草本，高 20～80cm，无毛或近无毛；茎直立，多分枝。叶纸质，卵形或卵状三角形，顶端渐尖，基部截形或心形；叶柄长 1～4cm。花单生于枝顶端；苞片 5，萼片状，长约 1cm；花被呈花冠状，白色、黄色、红色或粉红色，漏斗状，花被管圆柱形，长 4～6.5cm，上部稍扩大，顶端 5 裂，基部膨大成球形而包裹子房。果实卵形，黑色，具棱（见彩图 249）。

4. 生态习性：性喜温和而湿润的气候条件，不耐寒，冬季地上部分枯死，在江南地区地下部分可安全越冬而成为宿根草花，来年春季续发长出新的植株。露地栽培要求土层深厚、疏松肥沃的壤土，盆栽可用一般的花卉培养土，在略有阴蔽处生长更佳。花朵在傍晚至清晨开放，在强光下闭合，夏季能有树荫则生长开花良好，酷暑烈日下往往有脱叶现象。喜通风良好的环境。

5. 繁殖与栽培：紫茉莉可春播繁衍，也能自播繁衍，通常用种子繁殖。以小坚果为播种繁殖材料，可于 4 月中下旬直播于露地，发芽适温 15～20℃，七八天萌发。因属深根性花卉，不宜在露地苗床上播种后移栽，如有条件可事先播入内径 10cm 的筒盆，成苗后脱盆定植。北方秋末可将地上部分剪掉挖起宿根，用潮土埋在花盆里放于低温室越冬，来年春季继续露地栽培，成株快，开花早。宿根植株的长势虽不如播种苗健旺，但它的块根却逐年膨大，连续 3 年即长成直径 10cm 左右的褐色块头，苍皮叠皱，质地坚硬。春季，可把块根下部 1/3 栽入浅盆，块根上部裸露，逐渐茎化适应外界环境，并因形授意，构成自然山石盆景。每年春天发出 1～2 个新枝开花结实，秋后剪去枝条，把块根原盆入室，保持盆土微潮收藏好。能连续培养数十年，块根越老越显得古朴苍劲，别具神韵。紫茉莉日常管理比较简单，晴天傍晚喷些水，每周傍晚追施稀薄肥 1～2 次，有利于正常生长。病虫害较少，天气干燥时易长蚜虫，平时注意保湿可预防蚜虫。把它栽培在花圃、庭院中，多年来未发现病虫害。

6. 应用：紫茉莉花颜色鲜艳，香味浓烈，可种植于林缘、路边、篱旁，也可用于花坛栽植，矮化品种还可盆栽观赏，露地栽植于庭院观赏效果也很好。因其花色较多，花色鲜艳，适应性强，南北方均可种植，是目前优良的绿化材料之一。

十二、大花马齿苋

1. 学名：*Portulaca grandiflora Hook.*

2. 科属：马齿苋科，马齿苋属

3. 形态特征：一年生肉质草本，高 10～15cm。茎直立或上升，分枝，稍带紫色，光滑。叶圆柱形，长 1～2.5cm，直径 1～2mm，在叶腋丛生白色长柔毛。花单独或数朵顶生，直径 3～4cm，基部有 8～9 枚轮生的叶状苞片，并有白色长柔毛；萼片 2，宽卵形，长约 6mm；花瓣 5 或重瓣，有白、黄、红、紫、粉红等色，倒心脏形，无毛；子房半下位，1 室，柱头 5～7 裂。蒴果盖裂；种子多数，深灰黑色，肾状圆锥形，直径不及 1mm，有小疣状突起（见彩图 250）。

4. 生态习性：性喜欢温暖、阳光充足的环境，在阴暗潮湿之处生长不良。极耐瘠薄，一般土壤都能适应，对排水良好的沙质土壤特别钟爱。见阳光花开，早、晚、阴天闭合，故有太阳花、午时花之名。

5. 繁殖与栽培：用播种或扦插法繁殖。春、夏、秋季均可播种。太阳花种子非常细小，每克约 8400 粒，经常采用育苗盘播种，极轻微地覆些细粒蛭石，或仅在播种后略压实，以保证足够的湿润。发芽温度 21～24℃，7～10d 出苗，幼苗极其细弱，因此如保持较高的温度，小苗生长很快，便能形成较为粗壮、肉质的枝叶。这时小苗可以直接上盆，采用 10cm 左右直径的盆，每盆种植 2～5 株，成活率高，生长迅速。扦插繁殖常用于重瓣品种，在夏季将剪下的枝梢作插穗，萎蔫的茎也可利用，插活后即出现花蕾。移栽植株无需带土，生长期不必经常浇水。果实成熟即开裂，种子易散落，需及时采收。太阳花极少有病虫害。平时保持一定湿度，半月施一次 1‰的磷酸二氢钾，就能达到花大色艳、花开不断的效果。如果一盆中扦插多个品种，各色花齐开一盆，欣赏价值更高。

6. 应用：大花马齿苋用作地被时，可充分发挥其花色丰富的优势，既可多种色彩混合种植，形成大片五彩缤纷的壮美景致，犹如自然美景再现，也可按花色不同布置出各种图案，展现人工造景的技巧。此外，还可与长春花等其他种类草花混合栽植。由于道路隔离带环境恶劣，养护又不方便，大部分草花品种很难良好生长，而且寿命短，可是这些地段往往又需要用艳丽的草花来布景，选用大花马齿苋可解决这一难题。坡地绿化时，由于大花马齿苋性喜温暖、耐干燥、喜强光，所以它在坡地尤其是阳坡绿化有着很好的表现。将大花马齿苋栽植在高大乔木的树池中，不仅能起到装饰作用，还可防止水分蒸发，保持地面温度。大花马齿苋植株矮小，在混合花坛中宜布置在花坛外围。此外，利用其丰富的花色、花形以及叶色，也可布置成专类花坛。大花马齿苋可种植在花境的最外围，以丰富花境层次，如采用纯色，则犹如为花境镶嵌一道美丽的花边。在广场、道路两边摆放的大型花钵等容器中，大花马齿苋丰富的花色和叶色，在阳光的照射下璀璨晶莹，煞是美丽，最主要的是可减少浇水次数，大大降低了养护管理难度，而且由于花期长，基本不用更换，大大降低了成本。

十三、德国鸢尾

1. 学名：*Iris tectorum Maxim.*

2. 科属：鸢尾科，鸢尾属

3. 形态特征：多年生草本。根状茎粗壮，带肉质，横生而有分枝或直生。叶剑形，纸质，长30～50cm，宽2～4cm，淡绿至深绿色，基部带紫色，顶端渐尖。花葶长60～90cm，常有花4朵；苞片长2～5cm，卵形，干膜质，上半部常皱缩并带紫红色；花大形，栽培中有纯白、黄色两色，有香味，外轮3花被裂片长圆状倒卵形，长6～7.5cm，外折，基部稍楔形，中部密生黄色棍棒状多细胞髯毛，有斑纹，内轮3花被裂片倒卵形，与外轮的近等长，呈拱形直立，基部较狭，雄蕊3，与外轮花被片对生；花柱分枝3，花瓣状，全缘，反折（见彩图251）。

4. 生态习性：喜温暖、稍湿润和阳光充足的环境。耐寒，耐干燥和半阴，怕积水。宜疏松、肥沃和排水良好的含石灰质土壤。

5. 繁殖与栽培：德国鸢尾很少能结实种子，除在进行杂交育种研究时采用的繁殖技术外，生产上多采用分栽根状茎和组织培养的方法。分株繁殖时，分株时间最好选在春季花后1～2周内或初秋。分株前去除残花葶，截短叶丛1/2～2/3，以减少新分株丛水分丢失；新分切的块茎，每份应保留1组芽丛与其下部生长旺盛的新根，清除茎端的老残根，将地上扇状叶片修剪成倒V字形，保留1/3～1/2，以利新丛发根。根茎粗壮的种类切口宜蘸草木灰或硫黄粉，搁置待切口稍干后再栽植，以防病菌感染。组织培养时，开春将田间生长的植株带土移栽到盆中，放到温室中培养，等到花梗抽出，花苞还未开时，切下带有一部分花梗的花苞作为外植体，将材料放入烧杯中，先加入几滴洗洁净再加水冲洗，并重复1次，用自来水洗到基本无泡沫时，在超净台中先用70%的酒精浸15～30s，倒去酒精后将材料放入无菌杯中再用1‰的生汞消毒5min，后用无菌水洗5次。将洁净的外植体放在培养基上诱导芽的分化，再放在培养基上增殖，最后放在培养基中诱导生根。德国鸢尾在生长季节基本上都可进行移栽，但是最佳栽植时间应选在春季花后1～2周内或初秋根状茎再次由半休眠状态转至开始生长前。

6. 应用：德国鸢尾在花坛栽培、花境栽培、地被栽植、基础栽植中，在植物配置比较好的情况下，能够发挥出比较好的观赏价值，是一种比较能令人满意的露地宿根花卉植物，且应用广泛。根据需要还可以设置其专类园，依据地形起伏可将其成片栽植而达到比较理想的绿化效果。在花坛栽培手法中，可以采用几何线条栽植手法作镶边植物，也可以采用小片群植的方法作花纹地被植物。在花坛植物配植中，可以作大型花坛中的乔木和灌木植物的地被植物；也可以与其它宿根或木本花卉植物配植。在花境栽培中，主要用作镶边植物和配植成花纹图案。在基础栽植中运用比较广泛，可以在办公大楼前后绿化带中成片栽植，衬托各种花灌木和乔木；也可以在居民住宅区的房前屋后广泛使用，因其花色丰富、花型奇特而受人们喜爱。德国鸢尾稍耐阴，但要求日照比较充足，因而不太适宜用作密林中的地被植物，但是在比较透光的花坛和疏林地面还是可以用作地被植物的。德国鸢尾非常适合于北方干旱城市的道路绿化和街心花园、公园、广场、庭院等地的绿化美化。具大花和肉质根特性的德国鸢尾耐瘠薄、耐旱，栽培管理简便，可节省大量的人力和财力，利用北方地区的自然降水就可正常生长，非常符合北方城市园林绿化发展的需要。

十四、玉　　簪

1. 学名：_Hosta plantaginea (Lam.) Aschers._

2. 科属：百合科，玉簪属

3. 形态特征：具粗状根茎。叶基生，卵形至心状卵形。花葶于夏秋两季从叶丛中抽出，具 1 枚膜质的苞片状叶；总状花序，基部具苞片；花白色，芳香，花被筒下部细小，花被裂片 6，长椭圆形；雄蕊下部与花被筒贴生，与花被等长，或稍伸出花被外；子房长约 1.2cm；花柱常伸出花被外。蒴果圆柱形（见彩图 252）。

4. 生态习性：玉簪性强健，属于典型的阴性植物，喜阴湿环境，受强光照射则叶片变黄，生长不良，喜肥沃、湿润的沙壤土，性极耐寒，中国大部分地区均能在露地越冬，地上部分经霜后枯萎，翌春萌发新芽。忌强烈日光暴晒。

5. 繁殖与栽培：主要采用分株和播种繁殖。分株繁殖时，春季发芽前或秋季叶片枯黄后将其挖出，去掉根际的土壤，根据要求用刀将地下茎切开，最好每丛有 2～3 块地下茎和尽量多地保留根系，栽在盆中。这样利于成活，不影响翌年开花。播种繁殖时，秋季种子成熟后采集晾干，翌春 3～4 月播种。播种苗第一年幼苗生长缓慢，要精心养护，第二年迅速生长，第三年便开始开花，种植穴内最好施足基肥。盆养每年春天换 1 次盆，地栽 3 年左右分栽次。新株栽植后放在遮阴处，待恢复生长后便可进行正常管理。盆土一般用腐殖土、泥炭土或沙土。玉簪是较好的喜阴植物，露天栽植以不受阳光直射的遮阴处为好。室内盆栽可放在明亮的室内观赏，不能放在有直射阳光的地方，否则叶片会出现严重的日灼病。秋末天气渐冷后，叶片逐渐枯黄。冬季入室，可在 0～5℃ 的冷房内过冬，翌年春季再换盆、分株。露地栽培可稍加覆盖越冬。

6. 应用：玉簪是较好的阴生植物，在园林中可用于树下作地被植物，或植于岩石园或建筑物北侧，也可盆栽观赏或作切花用。现代庭园，多配植于林下草地、岩石园或建筑物背面，正是"玉簪香好在，墙角几枝开"，也可三两成丛点缀于花境中。因花夜间开放，芳香浓郁，是夜花园中不可缺少的花卉。还可以盆栽布置于室内及廊下。

十五、马　　蔺

1. **学名：** *Iris lactea Pall. var. chinensis (Fisch.) Koidz.*
2. **科属：** 鸢尾科，鸢尾属
3. **形态特征：**多年生密丛草本。根状茎粗壮，木质，斜伸；须根粗而长，黄白色，少分枝。叶基生，坚韧，灰绿色，条形或狭剑形，顶端渐尖，基部鞘状，带红紫色，无明显的中脉。花为浅蓝色、蓝色或蓝紫色，花被上有较深色的条纹，花茎光滑；苞片 3～5 枚，草质，绿色；花乳白色。蒴果长椭圆状柱形；种子为不规则的多面体，棕褐色。花期 5～6 月，果期 6～9 月（见彩图 253）。
4. **生态习性：**马蔺喜阳光、稍耐阴，华北地区冬季地上茎叶枯萎。耐高温、干旱、水涝、盐碱，是一种适应性极强的地被花卉。生于荒地、路旁、山坡草地，尤以过度放牧的盐碱化草场上生长较多。耐盐碱、耐践踏，根系发达，可用于水土保持和改良盐碱土。马蔺具有极强的抗病虫害能力，不仅在马蔺单一植被群落中从不发生病虫害，而且由于它特殊的分泌物，使其与其他植物混植后也极少发生病虫害。
5. **繁殖与栽培：**马蔺既可用种子繁殖，也可进行无性繁殖，但直播种子出苗率相对较低，用成熟的马蔺进行分株移栽繁殖成活率较高。马蔺种子硬实率较高，使得马蔺种子在常温室内培养条件下的发芽率平均仅 10%～20%。播前采用温水浸种、层积处理、浓硫酸浸种等方法，均可破除种子硬实，提高发芽率和出苗率。如对采集的野生马蔺种子经浓硫酸溶液浸泡处理，其发芽率平均提高 30%～50%。种子繁殖方法：将圃地整细耙平，打成 2m 宽的畦，将种子播撒于条状沟内，覆土厚度为种子直径的 2 倍，每平方米用种量为 15g 左右，每亩产苗量 30 余万株。分株繁殖方法：马蔺根状茎伸长长大时即可分株，在春、秋两季或花后进行。分割根茎时，每段带2～3个芽，割后用草木灰或硫黄涂抹切口，稍阴干后再种。三个月后开始分蘖，二年形成固定墩。

6. 应用：马蔺根系发达，叶量丰富，对环境适应性强，长势旺盛，管理粗放，是优良的观赏地被植物。马蔺在北方地区绿期可达280天以上，叶片翠绿柔软，兰紫色的花淡雅美丽，花蜜清香，花期长达50d，可形成美丽的园林景观。马蔺耐践踏，经践踏后无须培育即可自我恢复。马蔺具有较强的贮水保土、调节空气湿度、净化环境作用，因此，在建植的城市开放绿地、道路两侧绿化隔离带和缀花草地中，马蔺是无可争议的优质材料。马蔺因其根系十分发达，抗旱能力、固土能力强，又是水土保持和固土护坡的理想植物。

十六、八 宝 景 天

1. 学名：*Sedum spectabile*

2. 科属：景天科，景天属

3. 形态特征：多年生肉质草本植物，株高30～50cm。地下茎肥厚，地上茎簇生，粗壮而直立，全株略被白粉，呈灰绿色。叶轮生或对生，倒卵形，肉质，具波状齿。伞房花序密集如平头状，花序径10～13cm，花淡粉红色，常见栽培的尚有白色、紫红色、玫红色品种。花期7～10月（见彩图254）。

4. 生态习性：生于海拔450～1800m的山坡草地或沟边。性喜强光和干燥、通风良好的环境，亦耐轻度阴蔽，能耐−20℃的低温；不择土壤，要求排水良好，耐贫瘠和干旱，抗盐碱性强，忌雨涝积水。植株强健，管理粗放。性耐寒，在华东及华北露地均可越冬，地上部分冬季枯萎。

5. 繁殖与栽培：采用分株或扦插繁殖，以扦插繁殖为主。扦插繁殖时，在华北地区，主要于4月中旬至8月上旬进行。扦插最佳温度为21～25℃，避开雨季，扦插成活率更高。选长势良好、无病虫害的母株，剪取长8～13cm的茎段，去掉基部1/3的叶片，在阴凉处晾1～2d，斜插入事先平整好的土地中，露出地面的部分以长4～5cm为宜。扦插后及时喷雾浇水，炎热夏季扦插苗生根期间可用遮阳网遮阴，保持土壤湿润即可，直至长好新根，此时可以撤掉遮阳网，使土壤偏干。分株繁殖时，八宝景天随着苗龄的增长，越冬芽越来越多，根盘直径也随之加大。为了加大植株的营养面积，可每隔2～3年分株1次，对植物生长有利，时间在每年春季4月、秋季10月。华北地区最好春季进行，当年便可开花。将母株根挖出后，顺自然纹理小心地分成若干份，每份根状茎3～5个，将分好的植株栽植于备好的苗床，平畦和细流沟栽植均可，栽后灌透水。

6. 应用：园林中常将它用来布置花坛，可以做圆圈、方块、云卷、弧形、扇面等造型，也可以用作地被植物，填补夏季花卉在秋季凋萎、没有观赏价值的空缺，部分品种冬季仍然有观赏效果。植株整齐，生长健壮，花开时似一片粉烟，群体效果极佳，是布置花坛、花境和点缀草坪、岩石园的好材料。

十七、鸭 跖 草

1. 学名：*Commelina communis* L.

2. 科属：鸭跖草科，鸭跖草属

3. 形态特征：一年生披散草本，仅叶鞘及茎上部被短毛。茎下部匍匐生根。叶披针形至卵状披针形。总苞片佛焰苞状；聚伞花序有花数朵，略伸出佛焰苞；萼片膜质，内面2枚常靠近或合生；花瓣深蓝色，有长爪；雄蕊6枚，3枚能育而长，3枚退化雄蕊顶端成蝴蝶状。蒴果椭圆形，有种子4枚；种子具不规则窝孔（见彩图255）。

4. 生态习性：常见生于湿地。适应性强，在全光照或半阴环境下都能生长。但不能过阴，否则叶色减退为浅粉绿色，易徒长。喜温暖、湿润的气候，喜弱光，忌阳光暴晒，最适生长温度20～30℃，夜间温度10～18℃生长良好，冬季温度应不低于10℃。对土壤要求不严，耐旱性强，土壤略微有点湿就可以生长，如果盆土长期过湿，易出现茎叶腐烂。

5. 繁殖与栽培：鸭跖草常用播种、扦插和分株法繁殖。播种繁殖时，鸭跖草用种子繁殖可在2月下旬至3月上旬在温室育苗。育苗可采用条播或撒播的方式，在整好的畦内按10～15cm行距开沟，将催好芽的种子均匀撒入沟内，覆土，稍加镇压后保持土壤湿润。在适宜的温、湿度条件下，1周左右即可出苗，出苗后降低温、湿度管理，以免幼苗徒长。扦插繁殖时，鸭跖草的每个节都可以产生新根。将植株的茎剪下，在整好的田内按5cm×10cm的株、行距扦插定植。扦插后保持土壤湿润，光照较强时，应搭阴棚遮阳，避免失水过多而使扦插苗死亡，15d左右即可生根。分株繁殖时，春季在地上部分萌发前将根挖出，分根定植。一般每块根可分为10株左右，按10cm×10cm的株、行距定植于大田。枝条生长过长时应于春季结合换盆进行摘心，促使萌发分枝，使株形发育圆整。此外，对其萌生的蘖芽应及时剪除，以利新枝生长旺盛，株形整齐。

6. 应用：鸭跖草中的紫叶鸭跖草可用于室内盆栽观叶或吊盆观赏，温暖地区还可用于花坛及基础种植。植于花台，或悬挂于走廊或屋檐下，让其枝叶沿盆四周松散下垂。亦可置于书橱和花架之上，下垂生长，显得潇洒自如，观赏性十足。

十八、射　干

1. 学名：*Belamcanda chinensis*（*L.*）*Redouté*

2. 科属：鸢尾科，射干属

3. 形态特征：多年生草本。根状茎横走，略呈结节状，外皮鲜黄色。叶2列，嵌迭状排列，宽剑形，扁平。茎直立，伞房花序顶生，排成二歧状；苞片膜质，卵圆形。花橘黄色，花被片6，基部合生成短筒，外轮的长倒卵形或椭圆形，开展，散生暗红色斑点；雄蕊3；花柱棒状。蒴果倒卵圆形，室背开裂，果瓣向后弯曲；种子多数，近球形，黑色，有光泽（见彩图256）。

4. 生态习性：生于林缘或山坡草地，大部分生于海拔较低的地方，但在西南山区，海拔2000～2200m处也可生长。喜温暖和阳光，耐干旱和寒冷，对土壤要求不严，山坡旱地均能栽培，以肥沃疏松、地势较高、排水良好的沙质壤土为好，适宜中性或微碱性壤土，忌低洼地和盐碱地。

5. 繁殖与栽培：射干多采用播种繁殖。分为育苗移栽和直接播种。育苗移栽繁殖时，种子发芽率最高（90%），当温度在10～14℃时开始发芽，20～25℃为最适温度，30℃发芽率降低。种子繁殖出苗慢，不整齐，持续时间50d左右。用塑料小拱棚育苗可于1月上、中旬按常规操作方法进行。先将混沙贮藏裂口的种子播入苗床，覆上一层薄土后，每天早晚各喷洒1次温水，1星期左右便可出苗。出苗后加强肥水管理，到3月中、下旬就可定植于大田。露地直播繁殖时，春播在清明前后进行，秋播在9～10月，当果壳变黄色将要裂口时，连果柄剪下，置于室内通风处晾干后脱粒取种。一般采用沟播，播后20d左右即可出苗。在植株封行后，因通风透光不良，其下部叶片很快枯萎，这时就应及时将其除去，以便集中更多养分供根茎生长，同时可减轻病菌的侵染。射干不耐涝，在每年的梅雨季节要加强防涝工作，以免渍水烂根。

6. 应用：射干地上部挺拔的茎叶、漂亮的花朵能勾勒出良好的景观效果，其作为园林花卉使用效果颇佳。射干生态适应性强，不择土壤，易繁殖，好管理，片植整齐度高，在园林绿化中，既可作为花境镶嵌于林缘，也可建植于城市开放的绿地。公路分隔带绿化是建设绿色通道工程的主体，以射干花卉配合不同花期的木本花灌木和草本花卉进行分段重复布置，会产生别致的效果。还可将射干花卉与草坪搭配，在色彩上形成明显的差异，春花秋实，产生季相变化的效果，从而更加鲜明地突出各自的特点。同时，射干根系发达，抗旱节水能力强，非常适合在城市绿化中推广。

十九、长 春 花

1. 学名： *Catharanthus roseus*（L.）*G. Don*

2. 科属：夹竹桃科，长春花属

3. 形态特征：直立多年生草本或半灌木，高达 60cm，有水液，全株无毛。叶对生，膜质，倒卵状矩圆形，顶端圆形。聚伞花序顶生或腋生，有花 2～3 朵；花冠红色，高脚碟状，花冠裂片 5 枚，向左覆盖；雄蕊 5 枚着生于花冠筒中部之上；花盘由 2 片舌状腺体组成，与心皮互生而比其长。蓇葖果 2 个，直立；种子无种毛，具颗粒状小瘤凸起（见彩图 257）。

4. 生态习性：性喜高温、高湿，耐半阴，不耐严寒，最适温度为 20～33℃，喜阳光，忌湿怕涝，一般土壤均可栽培，但盐碱土壤不宜，以排水良好、通风透气的沙质或富含腐殖质的土壤为好，花期、果期几乎全年。

5. 繁殖与栽培：长春花多为播种育苗，也可扦插育苗，但扦插繁殖的苗木生长势不如播种实生苗强健。播种育苗：长春花果实因开花时间不同而成熟期也不一致，因此种子要随熟随采。通常在 3～5 月播种繁殖，多作一年生栽培。苗床要选择地势高爽、朝南向阳、排水良好的地方。用撒播法播种，1000 粒/m² 左右。播种后要用细薄沙土覆盖，勿使种子直接见光，用细喷壶浇足水，盖上薄膜或草帘以保持土壤湿润，7～10d 即可出苗。要及时间苗。扦插育苗：扦插多在 4～7 月进行，扦插繁殖时应选用生长健壮、无病虫害的成苗嫩枝为插穗，一般选取植株顶端长 10～12cm 的嫩枝，插穗长度以 5～7cm 为宜，扦插于冷床内，室温 20～24℃，经 20d 左右生根，待插穗生根成活后即可移植上盆。长春花可以不摘心，但为了获得良好的株型，需要摘心一到两次。

6. 应用：在园林造景中，长春花可用来布置花坛、花境和花槽。长春花花期一致，植株紧凑整齐，叶片苍翠，有光泽。有红色、桃红色、白色、白花红心等不同花色，全年能开花，花姿花色柔美悦目，品种有高性和矮性，在园林造景中要科学利用好长春花的这些特点。可根据其形态特征和植株成分，按花色的不同或高低组成模纹花坛，也可三五成丛点缀于岩石园或以自然式布置于花境中。在构图时应充分利用其色彩的变化合理布置，增强花坛、花境的景观效果。长春花特别适合大型花槽观赏，花槽的装饰效果极佳。垂吊长春花，可作为花境植物，配植于假山石、卵石或其他植物周边，也可用于岩石、高坎及花坛边缘作垂直绿化。在园林造景中，长春花还可作为高大乔木树种下的地被植物成片栽植，开花时，一片雪白、蓝紫或深红，有其独特的风格。还可将长春花与金盏菊轮作，夏秋长春花开出娇艳美丽的粉红色花朵，春季金盏菊开出明亮耀眼的黄花，可在公园、街道两旁和居住区绿化中大面积配植。

二十、香 雪 球

1. 学名： *Lobularia maritima*（*L.*）*Desvaux*

2. 科属： 十字花科，香雪球属

3. 形态特征： 多年生草本，基部木质化，但栽培的不论当年生或隔年生均不木质化，高 10～40cm。茎自基部向上分枝，常呈密丛。叶条形或披针形，两端渐窄，全缘。花序伞房状；萼片长约 1.5mm；花瓣淡紫色或白色，长圆形，长约 3mm，顶端钝圆，基部突然变窄成爪。短角果椭圆形；果瓣扁压而稍膨胀，中脉清楚。种子每室 1 粒，悬垂于子房室顶，长圆形，淡红褐色（见彩图 258）。

4. 生态习性： 原产于欧洲及西亚。喜冷凉，忌炎热，要求阳光充足，稍耐阴，宜疏松土壤，忌涝，较耐干旱、瘠薄。香雪球喜欢较干燥的空气环境，阴雨天过长，易受病菌侵染。怕雨淋，晚上应保持叶片干燥。最适空气相对湿度为 40%～60%。

5. 繁殖与栽培： 用播种或扦插法繁殖。播种繁殖时宜秋播，出苗快而整齐。发芽适温为 20℃，将种子撒播于疏松的沙质壤土上，稍加镇压，浇水保持湿度，5～10d 出苗，3～4 片真叶时定植上盆。扦插繁殖时，用来扦插的枝条称为插穗。通常结合摘心工作，把摘下来的粗壮、无病虫害的顶梢作为插穗，直接用顶梢扦插。在开花之前一般地进行两次摘心，以促使萌发更多的开花枝条。进行两次摘心后，株型会更加理想，开花数量也多。

6. 应用： 香雪球株矮而多分枝，花开时一片白色，并散发阵阵清香，引来大量蜜蜂，是布置岩石园的优良花卉，也是花坛、花境的优良镶边材料，盆栽观赏也很好。香雪球匍匐生长，幽香宜人，亦宜于岩石园墙缘栽种，还可盆栽和作地被等。

二十一、金 盏 菊

1. 学名： *Calendula officinalis L.*

2. 科属： 菊科，金盏菊属

3. 形态特征： 株高 30～60cm，为二年生草本植物，全株被白色茸毛。单叶互生，椭圆形或椭圆状倒卵形，全缘，基生叶有柄，上部叶基抱茎。头状花序单生于茎顶，形大，舌状花一轮或多轮平展，金黄或橘黄色，筒状花黄色或褐色。也有重瓣（实为舌状花多层）、卷瓣和绿心、深紫色花心等栽培品种。花期 12～6 月，盛花期 3～6 月。瘦果，呈船形、爪形，果熟期 5～7 月（见彩图 259）。

4. 生态习性： 喜阳光充足的环境，适应性较强，能耐 −9℃ 低温，怕炎热天气。不择土壤，以疏松、肥沃、微酸性土壤最好。能自播，生长快。耐瘠薄干旱的土壤及阴凉环境，在阳光充足及肥沃地带生长良好。

5. 繁殖与栽培： 金盏菊主要用播种法繁殖。常以秋播或早春温室播种为主，其春化需要较长的低温阶段，故春播植株比秋播的生长弱，花朵小。金盏菊常在 9 月中下旬以后进行秋播，现以秋季播种为例介绍如下：露地播种前，先选择地势平坦、背风、向阳的地方设置苗床，以东西走向为好，土壤以肥沃、疏松和排水良好、有一定的蓄水能力的沙质壤土为宜。播种应选无风、晴天进行。于播种当天将苗床灌透水，待水渗下后即可播种。采用撒播法，先将处理好的种子拌于细沙土中，分 2～3 遍撒于苗床上，不宜过密，播后覆土 3mm，覆土以盖没种子为宜。镇压覆盖后需立即浇水，一般露地苗床用细喷壶喷水或喷雾机喷雾，使整个苗床吸透水。当室外气温稳定在 15℃ 时应揭膜炼苗，此时适当浇水保持土壤的湿润

性，移栽前 7d 左右停止浇水，进行移栽前的靠苗，以备移栽，这样到了"5月1日前后"，金盏菊便可鲜花怒放了。

6. 应用：金盏菊栽培容易，植株矮生、密集，花期较长，花色有淡黄、橙红、黄等，鲜艳夺目，是早春园林中常见的草本花卉，适用于中心广场、花坛、花带布置，也可作为草坪的镶边花卉或盆栽观赏。长梗大花品种可用于切花。金盏菊的抗二氧化硫能力很强，对氰化物及硫化物也有一定的抗性，为优良抗污花卉，也是春季花坛的主要材料。

二十二、蛇 目 菊

1. 学名：_Sanvitalia procumbens Lam._

2. 科属：菊科，蛇目菊属

3. 形态特征：蛇目菊为一、二年草本植物，茎光滑，上部多分枝，株高 60～80cm。叶对生，基部生叶 2～3 回羽状深裂，裂片呈披针形，上部叶片无叶柄而有翅，基部叶片有长柄。头状花序着生在纤细的枝条顶部，有总梗，常数个花序组成聚伞花丛。舌状花单轮，花瓣 6～8 枚，黄色，基部或中下部红褐色，管状花紫褐色。总苞片 2 层，内层长于外层。瘦果纺锤形。花期 6～8 月（见彩图 260）。

4. 生态习性：蛇目菊喜阳光充足，耐寒力强，耐干旱，耐瘠薄，不择土壤，在肥沃土壤易徒长倒伏，凉爽季节生长较佳。

5. 繁殖与栽培：蛇目菊为种子繁殖。春、秋季均可播种。3～4 月播种在 5～6 月开花，6 月播种 9 月开花，秋播于 9 月先播入露地，分苗移栽 1 次，移栽时要带土团于 10 月下旬囤入冷床保护越冬，来年春季开花。北京地区入冬前小苗生长适度，露地可安全越冬。高秧种保持 40cm 株距，矮秧种 20cm 株距。采种时轻剪花头，放入箩筐脱粒去杂。

6. 应用：高秧蛇目菊可栽入园林隙地，作地被植物任其自播繁衍。适作切花。

二十三、金 鸡 菊

1. 学名：_Coreopsis drummondii Torr. et Gray_

2. 科属：菊科，金鸡菊属

3. 形态特征：多年生宿根草本，叶片多对生，稀互生、全缘、浅裂或切裂。花单生或疏圆锥花序，总苞两列，每列 3 枚，基部合生。舌状花 1 列，宽舌状，呈黄、棕或粉色。管状花黄色至褐色（见彩图 261）。

4. 生态习性：金鸡菊耐寒、耐旱，对土壤要求不严，喜光，但耐半阴，适应性强，对二氧化硫有较强的抗性。

5. 繁殖与栽培：金鸡菊栽培容易，常能自行繁衍。生产中多采用播种或分株繁殖，夏季也可进行扦插繁殖。播种繁殖，早春在室内盆播。播种时，将种子袋打开，直接将种子均匀地撒入盆内；或将种子拌入细沙，再均匀地撒入盆内。播后覆一层薄的细土，然后将盆面盖以玻璃，再在玻璃上盖上报纸，以减少水分的蒸发。种子出芽前要保持土壤湿润，不可使苗床忽干忽湿，或过干过湿。种子发芽出土后，需将覆盖物及时除去，逐步见光，待长出 1～2 片真叶时，即行移植。金鸡菊的管理比较简单。栽后要及时浇透水，使根系与土壤密接。生长期追施 2～3 次液肥，追入氮肥的同时配合使用磷、钾肥。平常土壤见干见湿，不能出现水涝，雨后应及时进行排水防涝。高温、高湿、通风不良时，易发生蚜虫等病虫害，应及时喷药防治。欲使金鸡菊开花多，可花后摘去残花，7～8 月追一次肥，十月初国庆节时可花繁叶茂。

6. 应用：枝叶密集，尤其是冬季幼叶萌生，鲜绿成片。春夏之间，花大色艳，常开不绝。还能自行繁衍，是极好的疏林地被。可观叶，也可观花，在屋顶绿化中作覆盖材料效果极好，还可作花境材料。

二十四、宿根天人菊

1. 学名：*Gaillardia aristata Pursh.*

2. 科属：菊科天人菊属

3. 形态特征：多年生草本，全株被粗节毛，茎有分枝。基生叶和下部茎叶全缘或羽状缺裂，两面被尖状柔毛，叶有长叶柄，中部茎叶基部无柄。头状花序单生于枝顶，有长梗、苞片，总苞片披针形，外面有腺点及密柔毛。舌状花单轮或多轮，管状花外面有腺点，顶端芒状渐尖。瘦果，被毛。花期7～9月（见彩图262）。

4. 生态习性：性强健，耐热，耐旱，性喜温暖、干燥和阳光充足的环境，也耐半阴，要求土壤疏松、排水良好，在潮湿和肥沃的土壤中，花少叶多易死苗。

5. 繁殖与栽培：可用播种法和扦插法繁殖。采用播种繁殖，春播时，在每年4月5日左右，将宿根天人菊的种子在温室播种。先将一部分基质铺在苗盘中，用抹子抹平。然后用筛子盛一些基质，在已经铺好基质的苗盘表面筛一层细土，再用抹子轻轻抹平，保证基质疏松透气。装好基质后，将苗盘轻轻搬运到苗床上，用喷雾枪喷透水，然后就可以在苗盘上直接播种了。播种时，撒种要均匀。播种后要马上喷水，然后将苗盘搬到发芽室中催芽。宿根天人菊种子也可以在夏季进行播种，播后覆盖基质，覆盖厚度为种粒的2～3倍。扦插繁殖时，用来扦插的枝条称为插穗。通常结合摘心工作，把摘下来的粗壮、无病虫害的顶梢作为插穗，直接用顶梢扦插。可以通过给插穗进行喷雾来增加湿度，每天1～3次，晴天温度越高喷的次数越多，阴雨天温度越低喷的次数则少或不喷。移栽后，进行两次摘心后，株型会更加理想，开花数量也多。

6. 应用：可用于花坛或花境，也可成丛、成片地植于林缘和草地中，还可作切花。宿根天人菊是很好的绿化植物，其具有强韧的特质，繁殖力与生命力都比较强，可用于防风固沙。

二十五、蛇　　莓

1. 学名：*Duchesnea indica（Andr.）Focke*

2. 科属：蔷薇科，蛇莓属

3. 形态特征：多年生草本，具长匍匐茎，有柔毛。三出复叶，小叶片近无柄，菱状卵形或倒卵形，边缘具钝锯齿，两面散生柔毛或上面近于无毛；叶柄长1～5cm；托叶卵披针形。花单生于叶腋；花托扁平，果期膨大成半圆形，海绵质，红色；副萼片5；萼裂片卵状披针形；花瓣黄色，矩圆形或倒卵形。瘦果小，矩圆状卵形，暗红色（见彩图263）。

4. 生态习性：喜阴凉、耐寒，在华北地区可露地越冬，适生温度15～25℃。喜温暖湿润，不耐旱、不耐水渍。对土壤要求不严，在田园土、沙壤土、中性土均能生长良好，宜于疏松、湿润的沙壤土上生长。蛇莓是优良的花卉，春季赏花、夏季观果。

5. 繁殖与栽培：用种子或分株繁殖。播种在秋季进行，可播于露地苗床，亦可于室内盆播。其匍匐茎节处着土后可萌生新根形成新植株，将幼小新植株另行栽植即为分株，按30cm×30cm的行株距种植即可。在园林应用中，采用成株移栽或匍匐茎扦插繁殖均可。成株移栽容易成活，植株生长迅速，成坪早且开花结果早，但繁殖系数低。匍匐茎扦插生根容易，扦插苗生长快，叶覆盖度高，成坪力强，且能在短期内开花结果，与移栽繁殖相比较，其繁殖系数大大增加，但成坪时期和开花结果期延迟。蛇莓喜水耐旱，比较适合北京地区春秋季干燥、夏季炎热、雨季雨水较多的气候环境，春季干燥影响长势，在雨季能及时恢复，但养护工作中应该注意在6月底雨季来临前，根据叶片萎蔫程度进行一次人工浇灌，防止叶片萎蔫过度而影响观赏效果。

6. 应用：蛇莓植株低矮，茎匍匐。掌状复叶，叶形叶色美观，叶片多，覆盖度大。花色金黄，果色深红，花果色泽艳丽，是叶、花、果俱美的观赏价值高的乡土地被植物。其观赏期长，对环境适应性强，适于我国南方、北方草坪栽培。蛇莓喜阴湿环境，在北京地区可以选择种植于养护比较粗放的片林、城市绿化带以及大树较多的城市公园等，作为林下观赏地被。

二十六、葱　　兰

1. 学名：_Zephyranthes candida（Lindl.）Herb._

2. 科属：石蒜科，葱莲属

3. 形态特征：多年生草本；鳞茎直径达2.5cm，有明显的颈部。叶条形，与花同时抽出，长约30cm。花单生于花葶顶端；苞片佛焰苞状，顶端2裂；花白色，外面常带淡红色，夏秋间开放，花梗包藏于苞片内，长约1cm；花被片6，近喉部有很小的鳞片；雄蕊6；花柱细长，柱头微三裂。蒴果近球形（见彩图264）。

4. 生态习性：葱兰的习性有点特殊，虽然喜光，但却耐半阴。如果光线太强，很容易将其晒坏，不利于其生长发育，在半阴的环境下却能生长良好，如在高大的树阴下或者在高墙的阴面种植较好。同时它还喜温暖，但也有较强的耐寒性。喜湿润，耐低湿。喜排水良好、肥沃而略黏质的土壤。

5. 繁殖与栽培：葱兰主要使用分株法和播种法进行繁殖。分株繁殖在早春土壤解冻后进行。把母株从花盆内取出，抖掉多余的盆土，把盘结在一起的根系尽可能地分开，用锋利的小刀把它剖开成两株或两株以上，分出来的每一株都要带有相当的根系，并对其叶片进行适当修剪，以利于成活。把分割下来的小株在百菌清1500倍液中浸泡5min后取出晾干，即可上盆，也可在上盆后马上用百菌清灌根。分株装盆后灌根或浇一次透水。采用播种繁殖时，葱兰花后大约20d左右种子成熟，要及时采收，因当时正值雨季，极易发生种子在植株上就发芽的情况。由于在整个生长期比较怕热，并且播种最适温度为15~20℃，故常在9月中下旬以后进行秋播。与其他草花一样，对肥水要求较多，但最怕乱施肥、施浓肥和偏施氮、磷、钾肥，要求遵循"淡肥勤施、量少次多、营养齐全"和"间干间湿，干要干透，不干不浇，浇就浇透"两个施肥（水）原则。

6. 应用：葱兰株丛低矮、终年常绿、花朵繁多、花期长，繁茂的白色花朵高出叶端，在丛丛绿叶的烘托下，异常美丽，花期给人以清凉舒适的感觉。适用于林下、边缘或半阴处作园林地被植物，也可作花坛、花径的镶边材料，在草坪中成丛散植，可组成缀花草坪，饶有野趣，也可盆栽供室内观赏。为使葱兰终年常绿，北方园林中地栽要选择向阳温暖的避风场所。

二十七、韭　　兰

1. 学名：*Zephyranthes grandiflora Lindl.*

2. 科属：石蒜科，葱莲属

3. 形态特征：多年生草本。地下部鳞茎卵形，外皮黑褐色，膜质，内侧基部生小鳞茎。叶线形，绿色，稍肉质，扁平似韭叶，背面隆起，腹面内凹，横切面为新月形，簇生。花茎圆粗，通常短于叶，常先于叶萌出，中空，下半部淡紫红色；花梗上部中空，有 2 裂红色管状苞片，花单朵顶生，花被裂片倒卵形，玫瑰红色或粉红色，漏斗状，干后常为青紫色，具明显的筒部；蒴果近球形（见彩图 265）。

4. 生态习性：生性强健，耐旱抗高温，栽培容易，生育适温为 22～30℃，栽培土质以肥沃的沙质壤土为佳。韭兰喜光，但也耐半阴。喜温暖环境，但也较耐寒。喜土层深厚、地势平坦、排水良好的壤土或沙壤土。喜湿润，怕水淹。适应性强，抗病虫能力强，球茎萌发力也强，易繁殖。

5. 繁殖与栽培：采用播种繁殖和分株繁殖。播种繁殖时，韭兰的种子一般在 9～10 月成熟。由于韭兰的种子比较小，含水量低，待充分干燥后，即将处理好的种子装入牛皮纸袋内保存即可，以防霉烂。由于韭兰耐寒性稍差，采用春季播种。一般采用混沙撒播法，将种子和细沙按 1∶2 的比例混合，然后均匀地撒于已整好的床面。撒完种子后用准备好的细土覆盖，厚度以不露种子为宜，然后用草帘覆盖。经过细心管理，播种后约 2 周出苗。韭兰的鳞茎分生能力很强，分株繁殖时，繁殖主要分取子鳞茎。于早春掘取鳞茎丛，选已经肥大的子鳞茎栽种，当年可开花。韭兰的栽植以地面直接栽种为最好。地面直接栽种不光韭兰的根系生长舒展，而且能够充分吸收地下的水分。韭兰生长繁殖很快，管理较粗放。韭兰的病虫害发生较少，干时及时浇透水，生长季施肥 1～2 次，便能生长茂盛，开花繁盛。

6. 应用：韭兰花为粉红色，甚鲜艳，尤以高温多湿的梅雨季节最盛，花期早，自 5 月下旬初开断续至 11 月上旬气温速降才止。园林中适宜在花坛、花镜和草地边缘点缀，或被地片栽，都很美观。盆栽用于室内装饰，花、叶都可观赏。

二十八、雏　　菊

1. 学名：*Bellis perennis L.*

2. 科属：菊科，雏菊属

3. 形态特征：多年生或一年生葶状草本，高 3～10cm。叶基生，草质，匙形，基部渐狭成叶柄，边缘有波状齿。头状花序直径 2～3.5cm，单生，异形；总苞半球形或宽钟形；总苞片近 2 层，稍不等长，草质，矩椭圆形，外面和边缘具白色绒毛；雌花 1 层，舌状，舌片白色带浅红色，开展，全缘或有 2～3 齿；中央有多数两性花，都结果实，筒状。瘦果扁，有边脉，两面无脉或有 1 脉（见彩图 266）。

4. 生态习性：雏菊性喜冷凉气候，忌炎热。喜光，又耐半阴，对栽培地土壤要求不严格。种子发芽适温 22～28℃，生育适温 20～25℃。西南地区适宜种植中、小花单瓣或半重瓣品种。中、大花重瓣品种长势弱，结籽差。

5. 繁殖与栽培：繁殖可采用分株、扦插、嫁接、播种等多种方法。种子繁殖法，南方多在秋季 8～9 月份播种，也可春播，但往往夏季生长不良。北方多在春季播种，也可秋播，但在冬季花苗需移入温室进行栽培管理。由于雏菊的种子比较小，通常采取撒播的方式。用细沙混匀种子撒播，上覆盖细土厚 0.5cm 左右，播种后覆盖遮阳网并浇透水。约 10d 后小苗出土，揭去遮阳网或塑料薄膜，在幼苗具 2～3 片时即可移栽到大田。由于实生苗变异较大，对于一些优良品种可采用分株法繁殖，但生长势不如实生苗，且结实差。在 3 月中下旬可将老茬菊花菜挖出，露出根颈部，将已有根系的侧芽连同老根切下，移植到大田中。在整个生长季节均可进行扦插繁殖，以 4～6 月扦插的成活率最高。剪取具 3～5 个节位、长 8～10cm 的枝条，摘除基部叶片，入土深度为插条长的 1/3～1/2。一般 15d 后可移植到大田。若室外种植要避免霜冻。

6. 应用：雏菊生长势强，易栽培。雏菊花梗高矮适中，花朵整齐，色彩明媚素净，可美化庭院阳台，也可盆栽，或用于花境、切花等。花期长，耐寒能力强，是早春地被花卉的首选。雏菊作为街头绿地的地被花卉，具有较强的魅力，可与金盏菊、三色堇、杜鹃、红叶小檗等配植。

二十九、细叶美女樱

1. 学名： *Verbena tenera Spreng*

2. 科属：马鞭草科，马鞭草属

3. 形态特征：多年生草本植物。茎基部稍木质化，匍匐生长，节部生根。株高 20～30cm，枝条细长具四棱，微生毛。叶对生，三深裂，每个裂片再次羽状分裂，小裂片呈条状，端尖，全缘，叶有短柄。穗状花序顶生，花冠玫瑰紫色，花期 4～10 月下旬，经久不败（见彩图 267）。

4. 生态习性：细叶美女樱喜湿润、光照，生性强健，耐寒。能在长江流域露地越冬，亦能耐酷暑。蔓性和抗杂草能力强，极宜作地被种植。细叶美女樱较耐寒，在北方部分地区可露地越冬，适应性较强，耐盐碱，喜阳光充足的环境，能耐半阴。细叶美女樱对土壤要求不严，但在湿润、疏松的土壤中节节生根，枝繁叶茂。

5. 繁殖与栽培：细叶美女樱多用扦插繁殖，一般在四五月间，取 2～3 节的插条，插入疏松的土壤 1～2 个节。灌足一次透水，保持土壤湿润，一周左右即生根成活。亦可用种子繁殖。采种时因成熟坚果易自行散落，应在花序中部坚果刚成熟（发黄）时采取，一般秋季播种。细叶美女樱在作地被种植初期，应注意及时清除杂草，待其长满后，杂草就很难入侵。在炎夏季节，早晚应注意喷水，经常保持土壤湿润，方可花繁叶茂。秋末冬初，注意适当修剪，施以薄肥，既可保证其冬季青枝绿叶，又可来年繁花似锦。细叶美女樱自然花期为 4～11 月。生长季节可利用多次摘心，使其多分枝、株形美并控制花期。如欲使其国庆节开花，可于 9 月 5～8 最后一次摘心；欲使其 7 月 1 日前后开花，可于 6 月 6～9 日最后一次摘心，7 月 1 日左右为其盛花期。

6. 应用：细叶美女樱抗性和适应性强，生长健壮，少有病虫害，管理简便粗放，是优良的园林露地观花品种。本种具有一定的抗寒性，栽培范围广泛，在北京、郑州等地已成功实现露地栽培，适合在全国大部分地区露地栽培应用。细叶美女樱种植在花坛中，植株低矮、长势整齐、花期集中、株型紧凑、花色艳丽，枝叶繁茂，是盛花花坛的优良材料。细叶美女樱花色艳美、花姿雅致、花期长、适应性强，清新悦目，充满自然的气息，是花境营造的优良材料。细叶美女樱应用于缀花草坪，植株矮小，茎横生匍匐，耐修剪，萌芽分枝力强，枝叶稠密，覆盖能力强，观赏价值高，抗性强，管理粗放。园林绿地中有些区域属低维护区，管理要求比较粗放，可选择应用细叶美女樱，它植株较低、花色美观、耐贫瘠，能展现山林野趣之美，而且其为多年生草本花卉，可一次种植连续几年观赏，大大降低该区域的维护成本，真正实现低维护。

三十、宿根福禄考

1. 学名：*Phlox paniculata L.*

2. 科属：花葱科，天蓝绣球属

3. 形态特征：多年生草本，茎直立，高 60～100cm，单一或上部分枝，粗壮，无毛或上部散生柔毛。叶交互对生，有时 3 叶轮生，长圆形或卵状披针形，顶端渐尖，基部渐狭成楔形，全缘；无叶柄或有短柄。多花密集成顶生伞房状圆锥花序；花萼筒状，萼裂片钻状；花冠高脚碟状，有淡红、红、白、紫等色；雄蕊与花柱和花冠等长或稍长。蒴果卵形（见彩图 268）。

4. 生态习性：暖温带植物。性喜温暖、湿润、阳光充足或半阴的环境。不耐热，耐寒，忌烈日暴晒，不耐旱，忌积水。宜在疏松、肥沃、排水良好的中性或碱性沙壤土中生长。生长期要求阳光充足，但在半阴环境也能生长。夏季生长不良，应遮阴，避免强阳光直射。较耐寒，可露地越冬。

5. 繁殖与栽培：多用扦插繁殖，又可分为根插、芽插和茎插。根插时，每年 4 月上中旬，挖取粗壮的根剪成 4cm 左右的小段，平放在温床中，覆盖 1cm 厚的细沙土，浇足水，覆以塑料薄膜保温，温度维持在 23℃左右，1 个月便可萌发新芽。芽插时，将老株根基部萌发的约 6cm 长的新芽从基部切下，直接插入沙中，维持温度在 23℃左右，3 周后便可生根。茎插多在花后进行，剪取生长充实的枝条作为插穗，长为 8cm 左右，保留 3 片小叶，沿节下剪下，插入深度为 3cm 左右，浇足水，保持温度即可。天蓝绣球的生长力很旺盛，如果不进行适时的修剪，会引起植株徒长，开花稀少，大大影响观赏价值，因此每年必须进行 2 次修剪。春剪可有效地控制植株的高度，又可使株形优美，花繁叶茂。短截后要加强肥水管理，每隔 2 周施 1 次稀薄有机肥水，施肥后要及时浇水，适时松土，保持土壤良好的孔隙度，这样就能使天蓝绣球花从夏季连续不断地开到秋季。秋剪有利于第二年的生长开花。

6. 应用：是夏季观赏的主要观花植物。姿态幽雅，花朵繁茂，色彩艳丽，花色丰富，花朵虽然不大，但可组成大的抱序，在植株上方呈现出一片美丽的色彩，景色壮观，具有很理想的观赏效果。在园林生产中，多用作花坛、花境，也可盆栽或切花欣赏。

三十一、匍枝萎陵菜

1. 学名：*Potentilla yokusaiana Makino*

2. 科属：蔷薇科，萎陵菜属

3. 形态特征：匍枝萎陵菜植株 10～15cm 茎细弱，具匍匐枝，长 20～50cm，节部生根。绿色期 4～11 月，花期 5～6 月，黄色，9 月可有少量二次花开放，花大而美丽，花大株低，无需特殊管理，地面覆盖效果好，是良好的观花、观叶地被（见彩图 269）。

4. 生态习性：耐半阴，喜湿，常见于田边、道旁、湿地。

5. 繁殖与栽培：匍枝萎陵菜一般采用营养繁殖法，用匍匐茎生根，是最为经济的方法。匍枝萎陵菜为浅根系植物，为了便于施工时的运输和装卸，最好采用 24cm×53cm 的育苗盘。在出圃前 40d 左右，将小苗或繁殖用植株直接移入育苗盘中，覆盖满时就可以供货。在施工时，将植株起出分栽，这样不破坏土球，缓苗快。也可以整个磕出来，像草皮卷一样铺。这种方法较费苗，但建植快，郁闭成坪早。

6. 应用：单独使用一种地被植物存在景观单调、生态系统脆弱、难以持久的弊端。用匍枝萎陵菜按 1:1 的比例与蛇莓混植，发现这两种地被植物生长势相当，绿色期和观赏效果互补，效果稳定。另用匍枝萎陵菜按 6:1 的比例与连线草混栽，也有较好的观赏效果，这两种都属半光植物，花色又是一黄一紫，盛开时相互辉映，观赏效果极好，是林下或阴蔽处很好的地被植物。

三十二、紫花地丁

1. 学名：*Viola philippica Cav.*

2. 科属：堇菜科，堇菜属

3. 形态特征：多年生草本，无地上茎，高 4~14cm，叶片下部呈三角状卵形或狭卵形，上部者较长，呈长圆形、狭卵状披针形或长圆状卵形，花中等大，紫堇色或淡紫色，稀呈白色，喉部色较淡并带有紫色条纹；蒴果长圆形，种子卵球形，淡黄色。花果期 4 月中下旬至 9 月（见彩图 270）。

4. 生态习性：性喜光，喜湿润的环境，耐阴也耐寒，不择土壤，适应性极强，繁殖容易，能直播，一般 3 月上旬萌动，花期 3 月中旬至 5 月中旬，盛花期 25d 左右，单花开花持续 6d，开花至种子成熟 30d，4 月至 5 月中旬有大量的闭锁花可形成大量的种子，9 月下旬又有少量的花出现。

5. 繁殖与栽培：可用播种繁殖、分株繁殖或自然繁殖。①播种繁殖。穴盘育苗时，紫花地丁种子细小，一般采用穴盘播种育苗方式。春播于 3 月上中旬进行，秋播于 8 月上旬进行。播种后控制温度在 15~25℃之间，一周左右出苗。露地播种时，于 8 月份，先将土地平整浇透，待水渗下后，将种子与细沙土拌匀，撒至地面，稍加细土将种子盖严，一周即可出苗。②分株繁殖。将绿化用地翻耕，施足底肥，整平，如 4 月将其从苗地起出，分株栽植于绿化地内，株行距 10cm，浇透水，6 月份便可布满。分株时间在生长季节都可进行，但在夏季分株时注意遮阴。③自然繁殖。紫花地丁自繁能力强，按分株栽植法，在规划区内每隔 5m 栽植一片，种子成熟后不用采撷，任其随风洒落，自然繁殖，10 月左右便可达到满意的效果。紫花地丁抵抗能力强，生长期无需特殊管理，可在其生长旺季，每隔 7~10d 追施一次有机肥，会使其景观效果更佳。

6. 应用：紫花地丁花期早且集中；植株低矮，生长整齐，株丛紧密，便于经常更换和移栽布置，所以适合用于花坛或早春模纹花坛的构图。紫花地丁返青早、观赏性高、适应性强，可以用种子进行繁殖，作为有适度自播能力的地被植物，可大面积群植。紫花地丁适合作为花境或与其他早春花卉构成花丛。在盆栽成株经过一定时间的冬眠后，可注意控制其开花日期，开出满盆娇嫩的花朵，用于窗台、书桌、台架等室内布置，也可制作成盆景。

三十三、铺 地 柏

1. 学名：*Sabina procumbens（Endl.）Iwata et Kusaka*

2. 科属：柏科，圆柏属

3. 形态特征：匍匐灌木，高达 75cm；枝条延地面扩展，褐色，密生小枝，枝梢及小枝向上斜展。刺形叶三叶交叉轮生，条状披针形，先端渐尖成角质锐尖头，上面凹，有两条白粉气孔带，气孔带常在上部汇合，绿色中脉仅下部明显，不达叶之先端，下面凸起，蓝绿色，沿中脉有细纵槽。球果近球形，被白粉，成熟时黑色；种子长约 4mm，有棱脊（见彩

图271）。

4. 生态习性：喜光，稍耐阴，适生于滨海湿润气候，对土质要求不严，耐寒力、萌生力均较强。阳性树，能在干燥的沙地上生长良好，喜石灰质的肥沃土壤，忌低湿地点。浅根性，但侧根发达、萌芽性强、寿命长、抗烟尘、抗二氧化硫、氯化氢等有害气体。

5. 繁殖与栽培：由于种子稀少，铺地柏多用扦插、嫁接、压条法繁殖。用扦插法易繁殖，休眠枝扦插于3月进行，插穗长10～12cm，剪去下部鳞叶，插入土中5～6cm深，插后压实，充分浇水，搭棚遮阴，保持空气湿润，但土壤不宜过湿，插后约100d开始发根。6～7月亦可用半木质化枝扦插，但管理要求高，而且成活率不是太高。铺地柏用嫁接法繁殖，生长快，管理省工，一般于2月下旬至4月下旬行腹接，以侧柏作砧木，接后埋土至接穗顶部，成活后先剪去砧木上部枝叶，第二年齐接口截去，成活率可达95％。如作盆栽用，为提早养成悬崖式树姿，可采用高接。压条繁殖简单易行，但繁殖系数低，因此少量繁殖可用此法。铺地柏寿命长，桩景越老，观赏价值越高，但需注意日常养护管理。铺地柏喜湿润，盆栽要常浇水，但也不宜渍水。

6. 应用：在园林中可配植于岩石园或草坪角隅，也是缓土坡的良好地被植物，亦经常盆栽观赏。日本庭院中在水面上的传统配植技法"流枝"，即用本种造成，有"银枝"、"金枝"及"多枝"等栽培变种。地柏盆景可对称地陈放在厅室几座上，也可放在庭院台坡上或门廊两侧，枝叶翠绿，蜿蜒匍匐，颇为美观。在春季抽生新的枝叶时，观赏效果最佳。生长季节不宜长时间放在室内，可移放在阳台或庭院中，我国各地园林中常见栽培，亦为习见桩景材料之一。在城市绿化中是常用的植物，铺地柏对污浊空气具有很强的耐力，在市区街心、路旁种植，生长良好，不碍视线，吸附尘埃，净化空气。洒金柏丛植于窗下、门旁，极具点缀效果。夏绿冬青，不遮光线，不碍视野，尤其在雪中更显生机。洒金柏配植于草坪、花坛、山石、林下，可增加绿化层次，丰富观赏美感。

三十四、石　　蒜

1. 学名：*Lycoris radiata* （*L'Her.*） *Herb.*

2. 科属：石蒜科，石蒜属

3. 形态特征：多年生草本；鳞茎宽椭圆形或近球形，外有紫褐色鳞茎皮。叶基生，条形或带形，全缘。花葶在叶前抽出，实心，高约30cm；伞形花序有花4～6朵；苞片干膜质，棕褐色，披针形；花鲜红色或具白色边缘；花被片6，花被筒极短，喉部有鳞片，裂片狭倒披针形；雄蕊6；子房下位，3室，每室有胚珠数枚；花柱纤弱，很长。蒴果常不成熟（见彩图272）。

4. 生态习性：野生品种生长于阴森潮湿地，其着生地为红壤，因此耐寒性强，喜阴，能忍受的高温极限为日平均温度24℃；喜湿润，也耐干旱，习惯于偏酸性土壤，以疏松、肥沃的腐殖质土最好。有夏季休眠习性。红花石蒜喜阳光、潮湿环境，但也能耐半阴和干旱环境，稍耐寒，生命力颇强，对土壤也无严格要求，如土壤肥沃且排水良好，则花朵格外繁盛。

5. 繁殖与栽培：用分球、播种、鳞块基底切割和组织培养等方法繁殖，以分球法为主。分球繁殖法：在休眠期或开花后将植株挖起来，将母球附近附生的子球取下种植，约一两年便可开花。播种法：一般只用于杂交育种。由于种子无休眠期，采种后应立即播种，20℃下15d后可见胚根露出。自然环境下播种，第一个生长周期只有少数实生苗抽出一片叶子，苗期可移植1次。鳞块基底切割法：将清理好的鳞茎基底以米字型八分切割，切割深度为鳞茎长的 1/2～2/3。消毒、阴干后插入湿润沙、珍珠岩等基质中 3 个月后鳞片与基盘交接处可见不定芽形成，逐渐生出小鳞茎球，经分离栽培后可以成苗。组织培养繁殖法：用 MS 培养基，采花梗、子房作外植体材料，经培养，在切口处可产生愈伤组织。1 个月后可形成不定根，3～4 个月后可形成不定芽。土质要求排水良好的沙质土或疏松的培养土，偏酸性土壤，栽植时施适量的基肥和栽培后灌透水；营养生长期，其间要经常灌水，保持土壤湿润，但不能积水，以防鳞茎腐烂。

6. 应用： 园林中可做林下地被花卉，花境丛植或山石间自然式栽植。因其开花时光叶，所以应与其他较耐明的草本植物搭配为好。在中国有较长的栽培历史，《花镜》中有记载。石蒜冬季叶色深绿，覆盖庭院，打破了冬日的枯寂气氛。夏末秋初葶葶花茎破土而出，花朵明亮秀丽，雄蕊及花柱较长，非常美丽，可成片种植于庭院，也可盆栽、水养、切花等。

三十五、羽衣甘蓝

1. 学名： *Brassica oleracea Linnaeus f. tricolor Hort.*

2. 科属： 十字花科，芸薹属

3. 形态特征： 羽衣甘蓝植株高大，根系发达。茎短缩，密生叶片。叶片肥厚，倒卵形，被有蜡粉，深度波状皱褶，呈鸟羽状，美观。花序总状，虫媒花，果实为角果，扁圆形，种子圆球形，褐色。花期 4 月。主要观赏期为冬季。株丛整齐，叶形变化丰富，叶片色彩斑斓，一株羽衣甘蓝犹如一朵盛开的牡丹花，因而又名叶牡丹（见彩图 273）。

4. 生态习性： 喜冷凉气候，极耐寒，不耐涝。可忍受多次短暂的霜冻，耐热性也很强，生长势强，栽培容易，喜阳光，耐盐碱，喜肥沃土壤。生长适温为 20～25℃，种子发芽的适宜温度为 18～25℃。对土壤适应性较强，而以腐殖质丰富的肥沃沙壤土或黏质壤土最宜。在钙质丰富、pH 值 5.5～6.8 的土壤中生长最旺盛。

5. 繁殖与栽培： 播种繁殖是羽衣甘蓝的主要繁殖方法，控制好播种时间是羽衣甘蓝栽培过程中的一个重要环节。一般羽衣甘蓝播种期为 7 月中旬至 8 月上旬，定植期为 8 月中下旬，切花期为 11～12 月。羽衣甘蓝播种可在露地进行，可用做畦与穴盘育苗两种方法进行。育苗基质可采用 40% 的草炭土和 60% 的珍珠岩做基质，在播种前先喷透基质层，将种子直接撒播于基质上，覆盖时以刚好看不见种子为宜，播种后不用再次浇水。羽衣甘蓝的育苗可采用营养杯育苗及苗床育苗两种方式，8～12 月份均可育苗移栽。育苗时先将苗畦浇透，播种后上覆 0.5～1cm 厚的细土，亩用种量为 30g。出苗后保持苗床湿润，幼苗长至 5～6 片真叶时即可定植到大田。夏季育苗可用遮阳网覆盖，冬季育苗时注意保温。营养杯育苗的在定植前可施一次"送嫁肥"，苗床育苗的在冬季定植后可施一次"定根肥"，以促进幼苗生长。

6. 应用： 在华东地带为冬季花坛的重要材料，是北方地区冬季常用的园林花卉。其观赏期长，叶色极为鲜艳，在公园、街头、花坛常见用羽衣甘蓝镶边和组成各种美丽的图案，用于布置花坛，具有很高的观赏效果。其叶色多样，有淡红、紫红、白、黄等，是盆栽观叶的佳品。欧美及日本将部分观赏羽衣甘蓝品种用于鲜切花。

三十六、彩叶草

1. 学名： *Coleus scutellarioides（L.）Benth.*

2. 科属： 唇形科，鞘蕊花属

3. 形态特征：株高一般为 30～50cm，最高可达 90cm。茎呈四棱形，质地柔软、分枝少，大型植株基部基本木质化，全株密被细毛。叶对生，阔披针形或卵形或长卵状心形，先端长且渐尖或锐尖，叶边缘具齿且较深。叶色有纯色和花色之分，花色叶叶面常形成各种不同的色彩和斑纹。夏、秋季开花，穗状花序顶生；小花圆锥形，为淡蓝、淡紫或淡白色。种子黑色，小坚果形（见彩图 274）。

4. 生态习性：彩叶草属阳性植物，性喜高温、湿润、阳光充足和通风良好的栽培环境，具有极强的耐热性，耐半阴，生长适温为 15～30℃，但忌强光直射，且耐寒力不强，忌干旱和积水。种植地要求为疏松肥沃、排水良好、富含腐殖质的壤土或沙质壤土。

5. 繁殖与栽培：可用播种繁殖和扦插繁殖。播种可以保持品种的优良性状。一般采用营养钵、穴盘、花盆或地播，春、秋季均可进行，但以 2～3 月播种最适宜。苗床基质用腐殖土与河沙按 1∶1 混合掺匀，播后覆土保持床土湿润，10～15d 后即可发芽。出苗后间苗1～2次，株行距为 3cm×4cm。扦插繁殖，温度适宜的情况下一年四季均可进行扦插，但以春、秋季扦插最佳。扦插繁殖分地插和水插两种，一般采摘色彩艳丽的优良植株上的嫩枝或结合摘心、修剪进行。彩叶草在阳光充足的条件下叶色鲜艳，一般不需遮阴。在盛夏高温强光照射下其叶面粗糙，叶色变暗，失去光泽，可于中午适当遮阴。彩叶草长期处于阳光不足的环境中，叶色变暗淡、无光泽，枝条徒长、节间变长，叶片稀疏并会发生落叶现象，严重时叶片全部脱落。因此一般情况下以中等光强较为合适，冬季则要注意增加光照。彩叶草植株较高，容易倒伏，而且较少分枝。因此当小苗长到 5～6 片叶时应及时摘心，促发分枝，使植株丛生、矮壮、形美。

6. 应用：彩叶草是绿化、美化室内和窗台的佳品，室内摆设多为中小型盆栽品种，可选择颜色浅淡、质地光滑的套盆以衬托彩叶草华美的叶色，也可悬挂在花篮里，把环境装点得五彩缤纷，充满乐趣。彩叶草用小巧的容器栽种后悬挂于阳台顶板或天台，可美化立体空间。彩叶草是组合盆栽中的一个调色板，通过本身不同的颜色与其他植物进行搭配，可组合成不同艺术风格的盆栽植物。例如，用高干的榕树和低矮、横向生长的天门冬与彩叶草进行组合盆栽，以及用高干的千年木与下垂的鸭趾草及彩色的彩叶草等进行组合盆栽，都可作为布置客厅、书房的好材料。在花钵中用不同颜色的鸡冠花与彩叶草组合，放在重要的位置可起到引人注目的效果。而同一盆中栽种几株不同色彩的彩叶草，或将几盆不同颜色的盆栽彩叶草摆在一起，可呈现出五彩缤纷、争奇斗艳的景象。彩叶草根系浅，轻便，有极强的耐热性，生命力极强，适合作为屋顶绿化材料，既可起到美化装饰的作用，又可增加城市的绿化率。

三十七、大　滨　菊

1. 学名：*Leucanthemum maximum*（Ramood）*DC.*

2. 科属：菊科，滨菊属

3. 形态特征：多年生宿根草本植物，茎高 40～100cm。基生叶倒披针形，具长柄，茎生叶无柄、线形。头状花序单生于茎顶，舌状花白色，有香气；管状花两性，黄色。花期6～7月；瘦果，果熟期 8～9 月（见彩图 275）。

4. 生态习性：大滨菊喜温暖、湿润、阳光充足的环境，耐寒性较强，在我国长江流域冬季基生叶仍常绿，耐半阴，栽培宜用疏松肥沃、排水良好的沙壤土，pH 值可调整在6.5～7.0 之间，适应性较强。它的适生温度为 15～30℃，不择土壤，在园田土、沙壤土、微碱或微酸性土中均能生长。

5. 繁殖与栽培：常用扦插、分株繁殖。播种繁殖：大滨菊为菊属花卉，大多可结种。但由于其为多种源杂交种，多代有性繁殖以后容易发生变异，因此为保持其优良性状，多代繁殖多以无性繁殖为主。播种繁殖多在春季进行，7～10d 发芽，发芽整齐。扦插繁殖：以软枝扦插较易成活，多在春季进行。插穗选择母株基部萌芽，待芽长至 5～8cm 时从芽基部剪取，插于素沙做成的插床上，保持温度并适当遮阴，2 周左右即可生根，生根后的植株可直接定植。分株繁殖：分株春、秋季皆可进行。分株繁殖比较容易，且分株成活率高，开花快。时间多选在春季，萌芽较大时进行，容易掌握芽眼多少及分株大小。花后及时剪除残花。

6. 应用：大滨菊花朵洁白素雅，株丛紧凑，适宜于花境前景或中景栽植，林缘或坡地片植，庭园或岩石园点缀栽植，亦可盆栽观赏。园林中多用于庭院绿化或布置花境，花枝是优良切花。

三十八、郁　金　香

1. 学名：_Tulipa gesneriana L._

2. 科属：百合科，郁金香属

3. 形态特征：具鳞茎草本，鳞茎卵形，横茎约 2cm，外层鳞茎皮纸质。叶 3～5 枚，条状披针形至卵状披针形，顶端有少数毛。花茎高 20～50cm，常顶生一大花；花被片 6，红色或杂有白色和黄色，有时为白色或黄色，外轮者披针形至椭圆形，顶端尖，内轮者稍短，倒卵形，顶端钝，但二者顶端都有一些微毛；雄蕊 6，约与雌蕊等长，花丝无毛；子房矩圆形（见彩图 276）。

4. 生态习性：郁金香属长日照花卉，性喜向阳、避风，冬季温暖湿润，夏季凉爽干燥的气候。8℃以上即可正常生长，一般可耐-14℃低温。耐寒性很强，在严寒地区如有厚雪覆盖，鳞茎就可在露地越冬，但怕酷暑，如果夏天来得早，盛夏又很炎热，则鳞茎休眠后难以度夏。要求腐殖质丰富、疏松肥沃、排水良好的微酸性沙质壤土。忌碱土和连作。

5. 繁殖与栽培：常用分球和播种繁殖。①分球繁殖。当年栽植的母球经过一季生长后，在其周围同时又能分生出 1～2 个大鳞茎和 3～5 个小鳞茎。可按种球大小分开种植，大球栽后当年可开花，小仔球培养 1～2 年也能开花。②播种繁殖。郁金香的播种繁殖，多用于培育新品种。种子在蒴果成熟开裂前采收，沙藏到 10 月在室内盆播。保持湿润，翌年春季才发芽。3～4 年开花。栽培过程中切忌灌水过量，但定植后一周内需水量较多，应浇足，发芽后需水量减少，尤其是在开花时水分不能多，浇水应做到"少量多次"，如果过于干燥，生育会显著延缓，郁金香生长期间，空气湿度以保持在 80％左右为宜。种球发芽时，其花芽的伸长会受到阳光的抑制，因此必须深植，并进行适度遮光，以防止直射阳光对种球生长产生不利的影响。

6. 应用：郁金香是世界著名的球根花卉，还是优良的切花品种，花卉刚劲挺拔，叶色素雅秀丽，荷花似的花朵端庄动人，惹人喜爱。在欧美视为胜利和美好的象征，荷兰、伊朗、土耳其等许多国家珍为国花。

三十九、萱　　草

1. 学名：_Hemerocallis fulva_（L.）L.

2. 科属：百合科，萱草属

3. 形态特征：草本，具短的根状茎和肉质、肥大的纺锤状块根。叶基生，排成两列，条形，下面呈龙骨状突起。花莛粗壮，高 60～100cm，蝎壳状聚伞花序复组成圆锥状，具花 6～12 朵或更多；苞片卵状披针形；花橘红色，无香味，具短花梗；花被下部 2～3cm 合生成花被筒；外轮花被裂片 3，矩圆状披针形，具平行脉；盛开时裂片反曲，雄蕊伸出；花柱伸出。蒴果矩圆形（见彩图 277）。

4. 生态习性：性强健，耐寒，华北可露地越冬，适应性强，喜湿润也耐旱，喜阳光又耐半阴。对土壤选择性不强，但以富含腐殖质、排水良好的湿润土壤为宜。适应在海拔 300～2500m 生长。

5. 繁殖与栽培：繁殖方法以分株繁殖为主，育种时用播种繁殖。分株繁殖于叶枯萎后或早春萌发前进行，将根株掘起剪去枯根及过多的须根，分株即可。一次分株后可 4～5 年后再分株，分株苗当年即可开花。种子繁殖宜秋播，一般播后 4 星期左右出苗。夏秋种子采下后如立即播种，20d 左右出苗，播种苗培育 2 年后开花。栽培管理简单粗放，株行距 0.5m×1m 左右，每穴栽 3～5 株，栽前施足基肥。由于萱草适应性强，几乎随处可种，任其生长，株丛可年年不断扩大，但在庭园配植时应按株高和花色进行搭配，以提高观赏效果。

6. 应用：花色鲜艳，栽培容易，且春季萌发早，绿叶成丛极为美观。园林中多丛植或于花境、路旁栽植。萱草类耐半阴，又可做疏林地被植物。萱草在现代化学染料出现之前，还是一种常用的染料。另外，萱草对氟十分敏感，当空气受到氟污染时，萱草叶子的尖端就变成红褐色，所以常被用来监测环境是否受到氟污染的指针植物。

四十、孔　雀　草

1. 学名： *Tagetes patula L.*

2. 科属：菊科，万寿菊属

3. 形态特征：一年生草本，高 30～100cm，茎直立，通常近基部分枝，分枝斜开展。叶羽状分裂，裂片线状披针形，边缘有锯齿，齿端常有长细芒，齿的基部通常有 1 个腺体。头状花序单生，顶端稍增粗；总苞长椭圆形，上端具锐齿，有腺点；舌状花金黄色或橙色，带有红色斑；舌片近圆形，顶端微凹；管状花花冠黄色，与冠毛等长，具 5 齿裂。瘦果线形。花期 7～9 月（见彩图 278）。

4. 生态习性：生于海拔 750～1600m 的山坡草地、林中，或在庭园栽培。喜阳光，但在半阴处栽植也能开花。它对土壤要求不严。既耐移栽，又生长迅速，栽培管理又很容易。撒落在地上的种子在合适的温、湿度条件下可自生自长，是一种适应性十分强的花卉。

5. 繁殖与栽培：主要采用播种繁殖。我国南方，它的开花期为 3～5 月及 8～12 月。从播种到开花仅需 70d，早春育苗在大棚内不加温即可，晚霜后定植于庭院、花坛或盆栽。在长江中下游地区的保护地条件下，一年四季均可播种。气候暖和的南方可以一年四季播种；在北方则流行春播。如果是在早春育苗，应注意确保一定的生长温度，尽量避免生长停滞。播种宜采用较疏松的人工介质，床播、箱播育苗，有条件的可采用穴盘育苗。苗快速生长期，孔雀草的种苗生长要防止湿度过高，所以在两次浇水之间要让介质干透，当然不能使介质过干而导致小苗枯萎。注意苗期营养，如果苗期缺肥，植株瘦弱，则会形成小老苗，即植株因缺肥而引起的在苗期开花的现象，这样的苗往往因为不能形成良好的株型而无法销售，造成损失。用穴盘育苗的，应在长至 2～3 对真叶时移植上盆。

6. 应用：本种植物花朵色彩鲜明，花期极长，且无需特殊管理，是公园、校园、机关绿化区、宾馆、会堂、大型建筑物、旅游区及居民庭院、阳台种植最相宜的花卉品种。最宜作花坛边缘材料或于花丛、花境等栽植，也可盆栽和作切花。常用在街道旁布置花坛，与四季秋海棠、一串红、一串紫、彩叶草、洒金榕等色彩鲜明的花木搭配种植或组成几何图形，可使园林景观更加优雅脱俗。由于一串红承受不了我国北方地区"五一"的低温，又经不起"十一"的早霜，盛夏的酷暑可使大多植株呈半死状态。因此，孔雀草已逐步成为花坛、庭院的主体花卉，它的橙色、黄色花极为醒目。

四十一、万　寿　菊

1. 学名： *Tagetes erecta L.*

2. 科属： 菊科，万寿菊属

3. 形态特征： 株高 60～100cm，全株具异味，茎粗壮，绿色，直立。单叶羽状全裂对生，裂片披针形，具锯齿，上部叶时有互生，裂片边缘有油腺，锯齿有芒，头状花序着生于枝顶，径可达 10cm，黄或橙色，总花梗肿大，花期 8～9 月。瘦果黑色，冠毛淡黄色（见彩图 279）。

4. 生态习性： 喜温暖，向阳，但稍能耐早霜，耐半阴，抗性强，对土壤要求不严，耐移植，生长迅速，栽培容易，病虫害较少。

5. 繁殖与栽培： 多采用播种繁殖，也可扦插繁殖。播种繁殖时，育苗时间可根据移栽时间而定。播种时应选无风的晴天进行。于播种当天将苗床灌透水，待水渗下后即可播种。播种时将处理好的种子拌于细沙土中，分 2～3 遍撒于苗床。播种后覆过筛土 0.7～1cm。春播万寿菊于播种后 6～7d 出齐苗，苗出齐后应注重苗床内的温度不可超过 30℃，以免造成烧苗和烂根。当万寿菊苗茎粗 0.3cm、株高 15～20cm、出现 3～4 对真叶时即可移栽。移栽后要大水漫灌，促使早缓苗、早生根。培土后根据土壤墒情进行浇水，每次浇水量不宜过大，勿漫垄，保持土壤间干间湿。在花盛开时进行根外追肥，喷施时间以下午 6 时以后为好。

6. 应用： 万寿菊颜色比较鲜艳，在植物配置过程中，给颜色偏灰的色块提亮，另外，与红色的一串红、玻璃海棠搭配，色彩更加鲜明、靓丽。矮型品种分枝性强，花多株密，植株低矮，生长整洁，球形花朵完全重瓣。可根据需要上盆摆放，也可移栽于花坛，拼组图形等。中型品种花大色艳，花期长，治理粗放，是草坪点缀花卉的主要品种之一，主要表现为群体栽植后的整洁性和一致性，也可供人们欣赏其单株艳丽的色彩和丰满的株型。高型品种花朵硕大，色彩艳丽，花梗较长，作切花后水养时间持久，是优良的鲜切花材料，也可作带状栽植代篱垣，也可作背景材料之用。

四十二、百　日　菊

1. 学名： *Zinnia elegans Jacq.*

2. 科属： 菊科，百日菊属

3. 形态特征： 为一年生草本植物，茎直立粗壮，上被短毛，表面粗糙，株高 40～120cm。叶对生无柄，叶基部抱茎。叶形为卵圆形至长椭圆形，叶全缘，上被短刚毛。头状花序单生于枝端，梗甚长。花径 4～10cm，大型花径 12～15cm。舌状花多轮花瓣呈倒卵形，有白、绿、黄、粉、红、橙等色，管状花集中在花盘中央，黄橙色，边缘分裂，瘦果广卵形至瓶形，筒状花结出的瘦果椭圆形、扁小，花期 6～9 月，果熟期 8～10 月（见彩图 280）。

4. 生态习性：喜温暖、不耐寒、喜阳光、怕酷暑、性强健、耐干旱、耐瘠薄、忌连作。根深茎硬不易倒伏。宜在肥沃深土层土壤中生长。生长期适温15～30℃。

5. 繁殖与栽培：可采用种子繁殖和扦插繁殖。①种子繁殖，可根据开花时间确定播种日期，从播种到开花须75～90d。种子可点播或撒播，需覆1cm左右薄土，播后浇水，播种5～10d后发芽，幼苗长出2片叶、高5～8cm时移植一次。从定植到开花因品种不同需45～60d，生长适温为15～30℃，除幼苗需遮光避雨外，均需充足阳光。②扦插繁殖，扦插育苗不如播种苗整齐，可选择长10cm的侧芽进行扦插，一般5～7d生根，以后栽培管理与播种一样，30～45d后即可出圃。百日菊若不进行摘心处理，植株侧枝太少，花朵也少，适当的摘心可以促进植株矮化、花朵增加。可直接采用全日照方式，太阳直射。若日照不足则植株容易徒长，抵抗力亦较弱，此外开花亦会受影响。

6. 应用：百日菊花大色艳，开花早，花期长，株型美观，可按高矮分别用于花坛、花境、花带，也常用于盆栽。

四十三、矮 牵 牛

1. 学名：*Petunia hybrida*（*J. D. Hooker*）*Vilmorin*

2. 科属：茄科，碧冬茄属

3. 形态特征：株高40～60cm，全株有腺毛。叶互生，上部叶近对生，卵形，全缘，近无柄。花冠漏斗状，径5～18cm，檐部5钝裂，或有皱褶、卷边、重瓣等型。花色极为丰富，如白、红、紫、蓝、黄及嵌纹、镶边等。花期4月至霜降，冬暖地区可持续开花（见彩图281）。

4. 生态习性：喜温暖和阳光充足的环境。不耐霜冻，怕雨涝。它生长适温为13～18℃，冬季温度在4～10℃，如低于4℃，植株生长停止。夏季能耐35℃以上的高温。夏季生长旺期，需充足的水分，特别在夏季高温季节，应在早、晚浇水，保持盆土湿润。但梅雨季节，雨水多，对矮牵牛生长十分不利，盆土过湿，茎叶容易徒长，花期雨水多，花朵易褪色或腐烂。盆土若长期积水，则烂根死亡，所以盆栽矮牵牛宜用疏松肥沃和排水良好的沙壤土。

5. 繁殖与栽培：多用播种繁殖。矮牵牛在长江中下游地区保护地条件下，一年四季均可播种育苗，因一般花期控制在五一、国庆节，所以播种时间秋播在10～11月，春播在6～7月。由于种子极细小，应将种子与30～50倍的细土或细沙粒混合后再播。播后覆盖细土0.2cm，防止吊干种芽。薄覆土比没有覆土的出苗率高。春育苗定植前5～7d降温，逐渐加大通风和适度控制水分进行炼苗。矮牵牛夏季生产比较耐高温，一般只在移栽后几天加以遮阳、缓苗，在整个生长期均不需要遮阳。矮牵牛移植后温度控制在20℃左右，不要低于15℃，温度过低会推迟开花甚至不开花。在长江中下游地区，一般均采用保护地设施栽培。浇水始终遵循不干不浇、浇则浇透的原则。

6. 应用：适于室内栽植观赏，或吊盆栽植。矮牵牛花大色艳，花色丰富，为长势旺盛的装饰性花卉，而且还能做到周年繁殖上市，可以广泛用于花坛布置、花槽配置、景点摆设、窗台点缀、家庭装饰。

四十四、马 蹄 金

1. 学名：*Dichondra repens Forst.*

2. 科属：旋花科，马蹄金属

3. 形态特征：多年生草本。茎细长，匍匐于地面，被灰色短柔毛，节上生根。叶互生，圆形或肾形，顶端钝圆或微凹，全缘，基部心形。花单生于叶腋，黄色，形小，花梗短于叶柄；萼片 5，倒卵形；花冠钟状，5 深裂，裂片矩圆状披针形；雄蕊 5，着生于二裂片间弯缺处，花丝短；子房 2 室，胚珠 2，花柱 2，柱头头状。蒴果近球形；种子 1～2，外被茸毛（见彩图 282）。

4. 生态习性：马蹄金性喜温暖、湿润的气候，不但适应性强，竞争力和侵占性强，生命力旺盛，而且具有一定的耐践踏能力。其对土壤的要求不是很严格，只要排水条件适中，在沙壤和黏土上均可种植。马蹄金多生于疏林下、林缘及山坡、路边、河岸、河滩及阴湿草地上，多集群生长，片状分布。马蹄金有既喜光照又耐阴蔽的生长习性，抗病、抗污染能力强。

5. 繁殖与栽培：有性繁殖时采用播种繁殖，无性繁殖时采用分株繁殖。有性繁殖，马蹄金春播以 4～5 月为宜，秋播以 9～10 月为宜。将处理好的种子条播或撒播于准备好的坪床上，再用钉耙耙地使种子入土 1～2cm，镇压，用无纺布或草帘覆盖，以增加发芽温度和保持土壤湿度，促使出苗整齐，提高出苗率。营养繁殖，将地旋松、耙平、整细，使土壤颗粒直径在 2cm 以下。在准备好的坪床上开 2～3cm 深的小沟，沟间距 3～4cm。将准备好的马蹄金植株分开，均匀地摆在沟内，保持沟内植株间距 3～4cm，覆土 2cm，浇 1 次透水，用遮阳网或草帘遮盖，每天要保持土壤湿润。马蹄金匍匐茎在湿度适宜的条件下，生长迅速，侵占能力很强，这些决定了它耐粗放管理的特点。

6. 应用：马蹄金具有寿命长、绿期久、形态美、易繁殖、易管理、耐阴蔽、耐高温等优点，是一种优良的草坪草及地被绿化材料，堪称"绿色地毯"，适用于公园、机关、庭院绿地等栽培观赏，也可用于沟坡、堤坡、路边等固土材料。马蹄金叶色翠绿，植株低矮，叶片密集、美观，耐轻度践踏，生命力旺盛，抗逆性强，适应性广，对生长条件要求较低，无需修剪。马蹄金既具观赏价值，又有固土护坡、绿化、净化环境的作用。它作为优良的地被植物已被广泛应用于中国南方北亚热带地区。

四十五、一 串 红

1. 学名： *Salvia splendens Ker-Gawler*

2. 科属：唇形科，鼠尾草属

3. 形态特征：半灌木状草本。茎高达 90cm。叶片卵圆形或三角状卵圆形，下面具腺点。轮伞花序具 2～6 花，密集成顶生假总状花序；苞片卵圆形，花前包裹花蕾，顶端尾状渐尖；花萼钟状，红色，长约 1.6cm，花后增大，外被毛，上唇三角状卵形，下唇 2 深裂；花冠红色至紫色，稀白色长约 4cm，直伸，筒状，上唇直伸，顶端微缺，下唇比上唇短，3 裂，中裂片半圆形；花丝长 5mm，药隔长 13mm。小坚果椭圆形（见彩图 283）。

4. 生态习性：喜阳，也耐半阴，一串红要求疏松、肥沃和排水良好的沙质壤土。而对用甲基溴化物处理土壤和碱性土壤反应非常敏感，适宜在 pH=5.5～6.0 的土壤中生长。耐寒性差，生长适温 20～25℃。15℃以下停止生长，10℃以下叶片枯黄脱落。

5. 繁殖与栽培：一串红采用播种或扦插法繁殖，以播种较多。华北地区播种季节不限，其余地区以春季为宜。一串红花期较迟，春播者 9～10 月开花，如要使花期提前或采收种子，应在 3 月初将种子播于温室或温床。播种床内施以少量基肥，将床面平整并浇透水，水渗后播种，覆一层薄土，播种后 8～10d 种子萌发。生长约 100d 开花，花期约两个月。扦插多用嫩枝，以 3～5 月或 9～10 月较为适宜，结合摘顶芽进行。定植地或盆栽土均需施基肥。

为了防止徒长，要少浇水、勤松土，并施追肥。最适生长温度为 15~30℃，低于 12℃生长停滞，叶片变黄、脱落，花朵逐渐脱落。温室栽种一串红，如室内高温、高湿或光照不足，易发生腐烂病，必须注意调节温度，使空气流通。

6. 应用：一串红常用红花品种，秋高气爽之际，花朵繁密，色彩艳丽，常用作花丛、花坛的主体材料，也可植于带状花坛或自然式纯植于林缘，常与浅黄色美人蕉、矮万寿菊、浅蓝或水粉色水牡丹、翠菊、矮藿香蓟等配合布置。一串红矮生品种更宜用于花坛，一般白花、紫花品种的观赏价值不及红花品种。

四十六、凤 仙 花

1. 学名：*Impatiens balsamina L.*

2. 科属：凤仙花科，凤仙花属

3. 形态特征：一年生草本。茎肉质，直立，粗壮。叶互生，披针形，先端长渐尖，基部渐狭，边缘有锐锯齿，侧脉 5~9 对；叶柄两侧有数个腺体。花梗短，单生或数枚簇生于叶腋，密生短柔毛；花大，通常为粉红色或杂色，单瓣或重瓣；萼片 2，宽卵形，有疏短柔毛；旗瓣圆，先端凹，有小尖头，背面中肋有龙骨突；翼瓣宽大，有短柄，二裂，基部裂片近圆形，上部裂片宽斧形，先端二浅裂；唇瓣舟形，生疏短柔毛，基部突然延长成细而内弯的距；花药钝。蒴果纺锤形，密生茸毛。种子多数，球形，黑色（见彩图 284）。

4. 生态习性：凤仙花性喜阳光，怕湿，耐热不耐寒。喜向阳的地势和疏松肥沃的土壤，在较贫瘠的土壤中也可生长。凤仙花生存力强，适应性好，一般很少有病虫害。

5. 繁殖与栽培：繁殖培育凤仙花用种子繁殖。3~9 进行播种，以 4 月播种最为适宜，这样 6 月上中旬即可开花，花期可保持两个多月。播种繁殖时，以阳光充足、土质湿润、肥沃、疏松及排水良好的土壤为宜。直播，南方 3 月份，北方 4 月份。行距 35cm，开 1cm 的浅沟，将种子均匀撒入沟内，覆土后稍加镇压，随后浇水。播后保持土壤湿润，温度 25℃左右时约 5d 开始出苗。苗高 5~10cm 时间苗，将细小、纤弱、过密的苗间去，并按 20cm 的株距定苗。如果要使花期推迟，可在 7 月初播种。也可采用摘心的方法，同时摘除早开的花朵及花蕾，使植株不断扩大，每 15~20d 追肥 1 次。9 月以后形成更多的花蕾，使它们在国庆节开花。

6. 应用：凤仙花如鹤顶、似彩凤，姿态优美，妩媚悦人。香艳的红色凤仙和娇嫩的碧色凤仙都是早晨开放，是欣赏凤仙花的最佳时机。凤仙花因其花色、品种极为丰富，是美化花坛、花境的常用材料，可丛植、群植和盆栽，也可作切花水养。

四十七、三 色 堇

1. 学名：*Viola tricolor L.*

2. 科属：堇菜科，堇菜属

3. 形态特征：一年生无毛草本；主根短细，灰白色。地上茎高达 30cm，多分枝。基生叶有长柄，叶片近圆心形，茎生叶矩圆状卵形或宽披针形，边缘具圆钝锯齿；托叶大，基部羽状深裂成条形或狭条形的裂片。花大，两侧对称，直径 3~6cm，侧向，通常每花有蓝色、黄色、近白色三色；花梗长，从叶腋生出，每梗 1 花；萼片 5，绿色，矩圆披针形，顶端尖，全缘，底部的大；花瓣 5，近圆形，假面状，覆瓦状排列，距短而钝、直。果椭圆形，3 瓣裂（见彩图 285）。

4. 生态习性：较耐寒，喜凉爽，喜阳光，在昼温 15～25℃、夜温 3～5℃的条件下发育良好。忌高温和积水，耐寒抗霜，昼温若连续在 30℃以上，则花芽消失，或不形成花瓣；昼温持续 25℃时，只开花不结实，即使结实，种子也发育不良。根系可耐－15℃低温，但低于－5℃叶片受冻边缘变黄。日照长短比光照强度对开花的影响大，日照不良，开花不佳。喜肥沃、排水良好、富含有机质的中性壤土或黏壤土，pH 值为 5.4～7.4。为多年生花卉，常作二年生栽培。

5. 繁殖与栽培：可用播种、扦插和分株法繁殖。①播种繁殖。播种宜采用较为疏松的人工介质，可采用床播、箱播，有条件的可穴盘育苗，5～7d 胚根展出，播种后必须始终保持介质湿润，需覆盖粗蛭石或中沙，覆盖以不见种子为度。三色堇种子发芽经常会很不整齐，前后可相差 1 周时间出苗，在这段时间内充分保持土壤介质湿润。②扦插繁殖。宜 5～6 月进行，剪取植株基部萌发的枝条，插入泥炭中，保持空气湿润，插后 15～20d 生根，成活率高。③分株繁殖，常在花后进行，将带不定根的侧枝或根茎处萌发的带根新枝剪下，可直接盆栽，并放于半阴处恢复。三色堇宜薄肥勤施。三色堇叶片畸形、起皱等常是由于缺钙引起的，可增施硝酸钙加以改善。另外需要注意的是，气温较低时氨态氮肥会引起三色堇根系腐烂。

6. 应用：三色堇在庭院布置上常地栽于花坛上，可作毛毡花坛、花丛花坛，成片、成线、成圆镶边栽植都很相宜。还适宜布置花境、草坪边缘；不同的品种与其他花卉配合栽种能形成独特的早春景观；另外也可盆栽或布置阳台、窗台、台阶或点缀居室、书房、客堂，颇具新意，饶有雅趣。

四十八、白车轴草

1. 学名：*Trifolium repens L.*

2. 科属：豆科，车轴草属

3. 形态特征：多年生草本；茎匍匐，无毛，茎长 30～60cm。掌状复叶有 3 小叶，小叶倒卵形或倒心形，顶端圆或微凹，基部宽楔形，边缘有细齿，表面无毛，背面微有毛；托叶椭圆形，顶端尖，抱茎。花序头状，有长总花梗，高出于叶；萼筒状，萼齿三角形，较萼筒短；花冠白色或淡红色，旗瓣椭圆形。荚果倒卵状椭圆形；种子细小，近圆形，黄褐色。花期 5 月，果期 8～9 月（见彩图 286）。

4. 生态习性：对土壤要求不高，尤其喜欢黏土，耐酸性土壤，也可在沙质土中生长，喜弱酸性土壤，不耐盐碱。白车轴草为长日照植物，不耐阴蔽，日照超过 13.5h 花数可以增多。白车轴草喜阳光充足的旷地，具有明显的向光性运动，即叶片能随天气和每天时间的变化以及光源入射的角度、位置而运动。具有一定的耐旱性，35℃左右的高温不会萎蔫，其生长的最适温度为 16～24℃，喜光，在阳光充足的地方生长繁茂，竞争能力强。白车轴草喜温暖湿润的气候，不耐干旱和长期积水。在平均温度≥35℃、短暂极端高温达 39℃时也能安全越夏。

5. 繁殖与栽培：白车轴草采用播种繁殖。白车轴草种子细小，苗期生长缓慢，与杂草竞争力弱。因此，播前要精细整地，除净杂草。在土壤黏重、降水量多的地方种植，应开沟作畦以利排水。春、秋均可播种。中国南方春播在 3 月中旬前，秋播宜在 10 月中旬前。播种量为 0.25～0.5kg/亩。白车轴草与禾本科牧草如黑麦草、鸭茅、猫尾草等混播，适于建立人工草地。白车轴草出齐后实现了全地覆盖，机械除草难以应用，多用人工方法拔除。当年进行 2～3 次人工除草，可去除杂草，保证生长。一般当年覆盖、除完草后，以后各年杂草只零星发生，基本上免除了杂草危害。水分充足时生长势较旺，干旱时适当补水，雨水过多时及时排涝降渍，以利于生长。成坪后除了出现极端干旱的情况，一般不浇水，以免发生腐霉枯萎病。白车轴草的浇水宜本着少次多量的原则。

6. 应用： 白车轴草的侵占性和竞争能力较强，能够有效地抑制杂草生长，不用长期修剪，管理粗放且使用年限长，具有改善土壤及水土保湿作用，可用于园林、公园、高尔夫球场等绿化草坪的建植。白车轴草的叶色花色美观，绿色期较长，种植和养护成本低，落土的种子具有较强的自播繁殖能力，是优良的绿化观赏草坪种，既可成片种植，也可与乔木、灌木混搭成层次分明的复合景观。与其他暖季型草坪混合栽培，可起到延长绿色期的效果。白车轴草的根系发达，侧根密集，能固着土壤，茂密的叶片能阻挡雨水对土壤的冲刷和风蚀，因而蓄水保土作用明显，适宜在坡地、堤坝湖岸种植护岸，防止水土流失，同时容易营造出绚丽自然的生态景观。

四十九、红花酢浆草

1. 学名： *Oxalis corymbosa DC.*

2. 科属： 酢浆草科，酢浆草属

3. 形态特征： 多年生直立无茎草本，高达35cm；地下部分有多数小鳞茎，鳞片褐色，有3纵棱。三小叶复叶，均基生；小叶阔倒卵形，先端凹缺，被毛，两面有棕红色瘤状小腺点。伞房花序基生与叶等长或稍长，有5～10朵花；花淡紫红色；萼片5，顶端有2红色长形小腺体；花瓣5；雄蕊10，5长5短，花丝下部合生成筒，上部有毛；子房长椭圆形，花柱5，分离。蒴果短条形（见彩图287）。

4. 生态习性： 喜向阳、温暖、湿润的环境，夏季炎热地区宜遮半阴，抗旱能力较强，不耐寒，华北地区冬季需进温室栽培，在长江以南可露地越冬，喜阴湿环境，对土壤适应性较强，一般园土均可生长，但以腐殖质丰富的沙质壤土生长旺盛，夏季有短期的休眠。在阳光极好时容易开放。

5. 繁殖与栽培： 可用分株和播种法繁殖。①分株繁殖。在春秋两季进行繁殖，此时地下茎充实，新芽已经形成，用手掰开栽种即可，极易成活。②播种繁殖。红花酢浆草在一般土壤中也能生长，但在肥沃、疏松及排水良好的沙质土壤生长最快。种植时不能太深。生长期每月施一次有机肥，并及时浇水。生长期需注意浇水，保持湿润，并施肥2～3次，可保持花繁叶茂。炎热季节生长缓慢，基本上处于休眠状态，要注意停止施肥水，置于阴处，保护越夏。冬春季节生长旺盛期应加强肥水管理。加强红花酢浆草的日常养护管理，也可有效延缓其老化现象的发生。红花酢浆草花期长达5个多月，生长期间需大量肥水，应在生长季节及时施肥浇水。

6. 应用： 园林中广泛种植，既可以布置于花坛、花境，又适于大片栽植作为地被植物和隙地丛植，还是盆栽的良好材料。红花酢浆草具有植株低矮、整齐，花多叶繁，花期长，花色艳，覆盖地面迅速，又能抑制杂草生长等诸多优点，很适合在花坛、花径、疏林地及林缘大片种植，用红花酢浆草组字或组成模纹图案效果很好。红花酢浆草也可盆栽用来布置广场、室内阳台，同时也是庭院绿化镶边的好材料。

五十、千　日　红

1. 学名： *Gomphrena globosa L.*

2. 科属：苋科，千日红属

3. 形态特征：株高20～60cm，全株密布白色柔毛，茎直立，圆柱形，具沟纹，上部多分枝，节部膨大，略带紫红色；单叶对生，具短柄，椭圆形至倒卵形，全缘；头状花序，圆球形，1～3个着生于枝顶，花小密生，每花有2个小苞片，苞片膜质有光泽，紫红色，干后不凋，色泽不褪。花色有紫红色、橙黄色、紫色、深红色、白色或淡红色。胞果扁圆形，果皮薄膜质，近基部薄革质，有光泽。花期从7月至霜降（见彩图288）。

4. 生态习性：喜阳光，生性强健，早生，耐干热、耐旱、不耐寒，适宜疏松肥沃的土壤。千日红对环境要求不严，但性喜阳光、炎热干燥气候，性强健，耐修剪，花后修剪可再萌发新枝，继续开花。喜疏松肥沃的土壤，不耐寒，耐高温，怕积水，生长适温为20～25℃，在35～40℃范围内生长也良好，冬季温度低于10℃时植株生长不良或受冻害。

5. 繁殖与栽培：可用播种和扦插法繁殖。①播种繁殖。9～10月采种，4～5月播种，6月定植。千日红幼苗生长缓慢，春季4～5月播于露地苗床。可采用普通播种地，选用阳光充足、地下水位高、排水良好、土质疏松肥沃的沙壤土地块作为苗床为好。播后略覆土，温度控制在20～25℃，10～15d可以出苗。②扦插繁殖，在6～7月剪取健壮的枝梢，长4～6cm，即3～4个节为适，将插入土层的节间叶片剪去，以减少叶面水分蒸发。插入沙床，插后18～20d可移栽上盆。千日红对水、肥比较敏感，生长期间不宜多浇水、施肥，否则会引起茎叶徒长，开花稀少。梅雨季节土壤水分过多，植株容易受涝造成全株死亡。夏季高温时，空气湿度不宜过高，盆土不能积水，否则均对千日红生长和开花不利。

6. 应用：千日红植株低矮、花繁色浓，在我国各地多作庭院、公园栽培，是布置花坛的好材料，也适宜花镜应用；采集开放程度不同的千日红插于瓶中，灿烂多姿，经久不衰。千日红球状花主要由膜质薄片组成，干后不凋，是良好的自然干花材料。另外，千日红对氟化氢敏感，是氟化氢的监测植物。

五十一、紫 罗 兰

1. 学名：_Matthiola incana_（L.）_R. Br._

2. 科属：十字花科，紫罗兰属

3. 形态特征：二年或多年生草本，高30～60cm，有灰色星状毛。茎直立，多分枝，基部稍木质化。叶矩圆形或倒披针形，先端圆钝，基部渐狭，全缘。总状花序顶生和腋生；花梗粗壮；花紫红、淡红或白色，直径约2cm。长角果圆柱形，有柔毛，先端具短喙；果梗长1～1.5cm；种子1行，近圆形（见彩图289）。

4. 生态习性：喜冷凉的气候，忌燥热。喜通风良好的环境，冬季喜温和气候，但也能耐短暂的－5℃的低温。生长适温白天15～18℃，夜间10℃左右，对土壤要求不严，但在排水良好、中性偏碱的土壤中生长较好，忌酸性土壤。紫罗兰耐寒不耐阴，怕渍水，它适生于较高位置，在梅雨、天气炎热而通风不良时则易受病虫危害，施肥不宜过多，否则对开花不利；光照和通风如果不充分，易患病虫害。

5. 繁殖与栽培：紫罗兰的繁殖以播种为主。一般于9月中旬露地播种。播前盆土宜较潮润，播后盖一薄层细土，不再浇水，在半月内若盆土干燥，可将盆置半截于水中从盆底进水润土。播种后注意遮阴，15d即可出苗。幼苗于真叶展开前，可按6cm×8cm的株行距分栽苗床，拔苗时须小心勿伤根须，并要带土球。定植后浇足定根水，遮阴但不使闷气；盆栽者宜移置于阴凉透风处，成活后再移至阳光充足处，隔天浇水一次，每隔10d施一次腐熟液肥，见花后立即停止施肥。因为要保持低于15℃的温度20d以上，花芽方能分化，因而室内栽培到 10 月下旬时，要把换气窗、出入口全部打开，以便降温，确保花芽分化。

6. 应用：紫罗兰花朵茂盛，花色鲜艳，香气浓郁，花期长，花序也长，为众多爱花者所喜爱，适宜于盆栽观赏，适宜于布置花坛、台阶、花径，整株花朵可作为花束。紫罗兰可作为冬、春两季的切花，因其耐寒性较强，加温等方面的费用少，所需劳动力也少，栽培价值较高，从定植到收获的周期短，故得以广泛应用。通常 12 月～翌年 2 月上市的多是室内栽培的无分枝系，3 月下旬～4 月上市的多是露地栽培的分枝系。一般来说，无分枝系价值较高，而重瓣的比单瓣的价格要高 2～3 倍。

五十二、鸡 冠 花

1. 学名： *Celosia cristata L.*

2. 科属： 苋科，青葙属

3. 形态特征：一年生草本，高 60～90cm，全株无毛；茎直立，粗壮。叶卵形、卵状披针形或披针形，顶端渐尖，基部渐狭，全缘。花序顶生，扁平鸡冠状，中部以下多花；苞片、小苞片和花被片紫色、黄色或淡红色，宿存；雄蕊花丝下部合生成杯状。胞果卵形（见彩图 290）。

4. 生态习性：喜温暖干燥的气候，怕干旱，喜阳光，不耐涝，但对土壤要求不严，一般土壤庭院都能种植。

5. 繁殖与栽培：鸡冠花用播种繁殖，于 4～5 月进行，气温在 20～25℃ 时为好。播种前，可在苗床中施一些饼肥或厩肥、堆肥作基肥。播种时应在种子中和入一些细土进行撒播，因鸡冠花种子细小，覆土 2～3mm 即可，不宜深。播种前要使苗床中的土壤保持湿润，播种后可用细眼喷壶稍许喷些水，再给苗床遮阴，两周内不要浇水。一般 7～10d 可出苗，待苗长出 3～4 片真叶时可间苗一次，拔除一些弱苗、过密苗，到苗高 5～6cm 时即应带根部土移栽定植。在生长期间必须适当浇水，但盆土不宜过湿，以潮润偏干为宜。防止徒长不开花或迟开花。生长后期加施磷肥，并多见阳光，可促使其生长健壮和花序硕大。在种子成熟阶段宜少浇肥水，以利种子成熟，并使其较长时间保持花色浓艳。

6. 应用：鸡冠花因其花序红色、扁平状，形似鸡冠而得名，享有"花中之禽"的美誉。鸡冠花是园林中著名的露地草本花卉之一，花序顶生、显著，形状色彩多样，鲜艳明快，有较高的观赏价值，是重要的花坛花卉。高型品种用于花境、花坛，还是很好的切花材料，切花瓶插能保持 10d 以上。也可制干花，经久不凋。鸡冠花对二氧化硫、氯化氢具良好的抗性，可起到绿化、美化和净化环境的多重作用，适宜作厂、矿绿化用，称得上是一种抗污染的大众观赏花卉。高茎种可用于花境、点缀于树丛外缘，作切花、干花等。矮生种用于栽植花坛或盆栽观赏。

五十三、荷 包 牡 丹

1. 学名： *Dicentra spectabilis（L.）Lem.*

2. 科属： 罂粟科，荷包牡丹属

3. 形态特征：多年生无毛草本。茎高 30～60cm，带红紫色。叶具长柄；叶片轮廓正三角形，长达 20cm，二回三出全裂，一回裂片具细长柄，二回裂片具短柄或无柄，二或三裂，三回裂片卵形或楔形，全缘或具 1～3 小裂片。总状花序在一侧生下垂的花；苞片钻形；花两侧对称；萼片 2，极小，早落；花瓣长约 2.5cm，外面 2 个蔷薇红色，下部囊状，上部变

狭，向外反曲，内面 2 个狭长，近白色，只顶部呈红紫色，在中部之上溢缩；雄蕊 6 枚，合生成两束；雌蕊条形（见彩图 291）。

4. 生态习性：性耐寒而不耐高温，喜半阴的生境，炎热夏季休眠。不耐干旱，喜湿润、排水良好的肥沃沙壤土。

5. 繁殖与栽培：主要用分株和扦插法的方法。分株繁殖方法简单，成活率高。分株时间宜在 2 月初或花落后进行。将根挖出，用刀割开，分株栽种，每隔 2～3 年可分株一次。扦插方法可获得更多的新株，扦插宜在 5～9 月。选取当年生长的健壮嫩枝，剪成 10cm 左右，将伤口在草木灰中蘸一下，插在素沙土中，深度为 5～6cm。插后用喷壶洒一次透水，存放于阴凉湿润的地方，节制浇水，保持适当湿度，20 多天后即可生根。经常保持土壤半干，对其生长有利；过湿易烂根，过干生长不良、叶黄。盛夏和冬季休眠期，盆土要相对干一些，微润即可。地栽应选地势较高的地方，栽植前要深翻床土，并施入腐熟的有机肥；生长期可结合灌水进行追肥；生长期 10～15d 施 1 次稀薄的氮磷钾液肥，使其叶茂花繁；花蕾显色后停止施肥，休眠期不施肥。

6. 应用：荷包牡丹因花似荷包，叶似牡丹，花期也与牡丹相同而得名，其花盛开于暮春时节，常在牡丹花展时作为特色牡丹展出。其下垂的花朵就像一个个色彩鲜艳的荷包，又像精致的小铃铛在风中摇曳，轻盈飘逸，非常惹人喜爱，成为展览中的一个小小亮点。此外，荷包牡丹在园林中也可丛植、行植、片植，或布置花境、花坛以及其他园林景观，亦可在疏林中作地被，还可以盆栽观赏或作切花使用。需要指出的是，由于荷包牡丹的花期短，花朵也不大，在园林上应用还不是太广泛，但其独特的魅力还是吸引了不少人的目光。

五十四、虞 美 人

1. 学名：*Papaver rhoeas*

2. 科属：罂粟科，罂粟属

3. 形态特征：一年生草本。茎高 30～80cm，分枝，有伸展的糙毛。叶互生，羽状深裂，裂片披针形或条状披针形，顶端急尖，边缘生粗锯齿，两面有糙毛。花蕾卵球形，有长梗，未开放时下垂；萼片绿色，椭圆形，长约 1.8cm，花开后即脱落；花瓣 4，紫红色，基部常具深紫色斑，宽倒卵形或近圆形，长约 3.5cm；雄蕊多数，花丝深红紫色，花药黄色；雌蕊倒卵球形，长约 1cm，柱头辐射状。花期 5～8 月（见彩图 292）。

4. 生态习性：生长发育适温 5～25℃，春夏温度高的地区花期缩短，昼夜温差大。夜间低温有利于生长开花，在高海拔的山区生长良好，花色更为艳丽。寿命 3～5 年。虞美人耐寒，怕暑热，喜阳光充足的环境，喜排水良好、肥沃的沙壤土。不耐移栽，忌连作与积水。能自播。

5. 繁殖与栽培：虞美人播种繁殖，通常做 2 年生栽培。虞美人及同属植物均为直根性，须根很少，不耐移植，所以应用直播繁殖，如果需要供园林布置时，最好用营养钵或小纸盆育苗，连钵或盆移植，否则很难成活或生长不良。根据气候特点决定播种期，东北地区较寒冷，可于春季尽早萌动。种子细小，播种要精细，采用条播，行距 25～30cm，严冬时在表面覆盖干草防寒。种子发芽的适宜温度为 20℃。家庭可直播于花盆内。地栽在越冬前施两次薄肥，到开花前再施一次液肥。开花前最后施用一次追肥，以促使花大色艳、开放有力。地栽的一般情况下不必经常浇水，盆栽视天气和盆土情况 3～5d 浇水一次，以田间土壤最大持水量的 60% 左右对虞美人的发育较好。越冬时少浇，开春生长时应多浇。移植后维持温度 20℃左右，7～10d 即可出芽。

6. 应用：虞美人娇艳动人，加之花瓣质薄如绫，光洁似绸，是优良的观赏花品种，可为露地花境及花坛材料，还可盆栽观赏，因其花茎细长常用作切花材料。剪取切花的适应期应在花蕾半开时，并于切取后立即插入温水中，如此可使茎内乳汁不致流失过多，否则会使花朵凋谢而无力开放。在公园中成片栽植，景色非常宜人。因为一株上花蕾很多，此谢彼开，可保持相当长的观赏期。

五十五、波　斯　菊

1. 学名：*Cosmos bipinnata Cav.*

2. 科属：菊科，秋英属

3. 形态特征：为一年生草本植物。株高 120～150cm。茎纤细而直立，株形洒脱。叶对生，呈二回羽状全裂，裂片稀疏，线形，全缘。头状花单轮，先端截形或有小缺刻。花色从白、粉红至紫红。盘心管状花黄色。花期 9 月至霜降（见彩图 293）。

4. 生态习性：喜光植物，喜光，耐贫瘠土壤，忌土壤过分肥沃，忌炎热，忌积水，对夏季高温不适应，不耐寒。需疏松肥沃和排水良好的壤土。

5. 繁殖与栽培：播种或扦插繁殖。播种繁殖，我国北方一般 4～6 月播种，6～8 月陆续开花，8～9 月气候炎热，多阴雨，开花较少。秋凉后又继续开花直到霜降。如在 7～8 月播种，则 10 月份就能开花，且株矮而整齐。波斯菊的种子有自播能力，一经栽种，以后就会生出大量自播苗；若稍加保护，便可照常开花。可于 4 月中旬露地床播，如温度适宜 6～7d 小苗即可出土。在生长期间可行扦插繁殖，于节下剪取 15cm 左右的健壮枝梢，插于沙壤土内，适当遮阴及保持湿度，6～7d 即可生根。幼苗具 4～5 片真叶时移植并摘心，也可直播后间苗。如栽植地施以基肥，则生长期不需再施肥，土壤若过肥，枝叶易徒长，开花减少。7～8 月高温期间开花者不易结子。波斯菊为短日照植物，春播苗往往枝叶茂盛、开花较少，夏播苗植株矮小、整齐、开花不断。

6. 应用：波斯菊株形高大，叶形雅致，花色丰富，有粉、白、深红等色，适于布置花境，在草地边缘、树丛周围及路旁成片栽植美化绿化，颇有野趣。重瓣品种可作切花材料。适合作花境背景材料，也可植于篱边、山石、崖坡、树坛或宅旁。

五十六、石　　竹

1. 学名：*Dianthus chinensis L.*

2. 科属：石竹科，石竹属

3. 形态特征：多年生草本，高约 30cm。茎簇生，直立，无毛。叶条形或宽披针形，有时为舌形。花顶生于分叉的枝端，单生或对生，有时成圆锥状聚伞花序；花下有 4～6 苞片；萼筒圆筒形，萼齿 5；花瓣 5，鲜红色、白色或粉红色，瓣片扇状倒卵形，边缘有不整齐的浅齿裂，喉部有深色斑纹和疏生须毛，基部具长爪；雄蕊 10；子房矩圆形，花柱 2，丝形。蒴果矩圆形；种子灰黑色，卵形，微扁，缘有狭翅（见彩图 294）。

4. 生态习性：其性耐寒、耐干旱，不耐酷暑，夏季多生长不良或枯萎，栽培时应注意遮阴降温。喜阳光充足、干燥、通风及凉爽气候。要求肥沃、疏松、排水良好及含石灰质的壤土或沙质壤土，忌水涝，好肥。

5. 繁殖与栽培：常采用播种、扦插和分株法繁殖。种子发芽最适温度为 21～22℃。播种繁殖一般在 9 月进行。播种于露地苗床，播后保持盆土湿润，播后 5d 即可出芽，10d 左右即出苗，苗期生长适温 10～20℃；当苗长出 4～5 片叶时可移植，翌春开花。也可于 9 月露地直播或 11～12 月冷室盆播，翌年 4 月定植于露地。扦插繁殖在 10 月至翌年 2 月下旬到 3 月进行，枝叶茂盛期剪取嫩枝 5～6cm 长作插条，插后 15～20 天生根。分株繁殖多在花后利用老株分株，可在秋季或早春进行。例如可于 4 月分株，夏季注意排水，9 月份以后加强肥水管理，于 10 月初再次开花。石竹是宿根性不强的多年生草本花卉，多作 1～2 年生植物栽培。盆栽石竹要求施足基肥，每盆种 2～3 株。苗长至 15cm 高摘除顶芽，促其分枝，以后注意适当摘除腋芽，不然分枝多，会使养分分散而开花小，适当摘除腋芽使养分集中，可促使花大而色艳；生长期间宜放置在向阳、通风良好处养护，保持盆土湿润，约每隔 10d 左右施 1 次腐熟的稀薄液肥；夏季雨水过多，应注意排水、松土。开花前应及时去掉一些叶腋花蕾，主要是保证顶花蕾开花。冬季宜少浇水，如温度保持在 5～8℃ 条件下，则冬、春不断开花。

6. 应用：石竹株型低矮，茎秆似竹，叶丛青翠，自然花期 5～9 月，从暮春季节可开至仲秋，温室盆栽可以花开四季。花顶生于枝端，单生或成对，也有呈圆锥状聚伞花序；花径不大，仅 2～3cm，但花朵繁茂，此起彼伏，观赏期较长。花色有白、粉、红、粉红、大红、紫、淡紫、黄、蓝等，五彩缤纷，变化多端。园林中可用于花坛、花境、花台或盆栽，也可用于岩石园和草坪边缘点缀。大面积成片栽植时可作景观地被材料，另外石竹有吸收二氧化硫和氯气的本领，凡有毒气的地方可以多种。切花观赏亦佳。

五十七、芍 药

1. 学名： *Paeonia lactiflora Pall.*

2. 科属：芍药科，芍药属

3. 形态特征：多年生草本。茎高 60～80cm，无毛。茎下部叶为二回三出复叶；小叶狭卵形、披针形或椭圆形，边缘密生骨质白色小齿，下面沿脉疏生短柔毛；叶柄长 6～10cm。花顶生并腋生，直径 5.5～10cm；苞片 4～5，披针形，长 3～6.5cm；萼片 4，长 1.5～2cm；花瓣白色或粉红色，9～13，倒卵形；雄蕊多数；心皮 4～5，无毛（见彩图 295）。

4. 生态习性：喜光照，耐旱。芍药植株在一年当中，随着气候节律的变化而产生阶段性发育变化，主要表现为生长期和休眠期的交替变化，其中以休眠期的春化阶段和生长期的光照阶段最为关键。芍药的春化阶段，要求 0℃ 低温下，经过 40d 左右才能完成，然后混合芽方可萌动生长。芍药属长日照植物，花芽要在长日照下发育开花，混合芽萌发后，若光照时间不足或在短日照条件下通常只长叶不开花或开花异常。

5. 繁殖与栽培：芍药传统的繁殖方法有分株、播种、扦插、压条等。其中以分株法最为易行，被广泛采用。分株时细心挖起肉质根，尽量减少伤根，挖起后，去除宿土，削去老硬腐朽处，用手或利刀顺自然缝隙处劈分，一般每株可分 3～5 个子株，每子株带 3～5 个或 2～3 个芽；母株少且栽植任务大时，每子株也可带 1～2 芽，不过恢复生长要慢些，分株时粗根要予以保留。若土壤潮湿，芍药根脆易折，可先晾一天再分，分后稍加阴干，蘸以含有养分的泥浆即可栽植。在园林绿地中，芍药栽植多年，长势渐弱急待分栽，又不能因繁殖影响花期时游人观赏，可用就地分株的方法，用锹在芍药株旁挖一深穴，露出部分芍药根，然后用利铲将芍药株切分，取出切分下来的部分进行分株栽植，方法同上，一般以切下原株的一半为宜。若采用播种繁殖，芍药种子种皮虽较牡丹薄，较易吸水萌芽，但播种前若对种子进行处理，则发芽更加整齐，发芽率大为提高，常达 80% 以上。播种育苗用地要施足底肥，深翻整平，若土壤较为湿润适于播种，可直接做畦播种；若墒情较差，应充分灌水，然后再做畦播种。扦插繁殖时，选地势较高、排水良好的圃地做扦插床，在床上搭高 1.5m 的遮阳棚，据长春等地的经验，以 7 月中旬截取插穗扦插效果最好。插穗长 10～15cm，带两个节，上一个复叶，留少许叶片；下一个复叶，连叶柄剪去，用萘乙酸或吲哚乙酸溶液速蘸处理后扦插，插深约 5cm，间距以叶片不互相重叠为准。插后浇透水，再盖上塑料棚。根插法，利用芍药秋季分株时断根，截成 5～10cm 的根段，插于深翻并平整好的沟中，上覆 5～10cm 厚的细土，浇透水即可。

6. 应用：芍药因其花形妖媚，花色艳丽，所以有极高的观赏价值。品种丰富，在园林中常成片种植，花开时十分壮观，是近代公园中或花坛上的主要花卉。或沿着小径、路旁作带形栽植，或在林地边缘栽培，并配以矮生、匍匐性花卉。有时单株或二三株栽植以欣赏其特殊的品型花色，更有完全以芍药构成专类花园，称芍药园。由于芍药适应性强，管理粗放，各地园林中普遍栽培，或形成专类的园中园，或用于花境等自然式花卉布置，芍药又是重要的切花，或插瓶，或作花篮。如在花蕾待放时切下，放置于冷窖内，可储存数月之久。作切花用的主要为重瓣品种；单瓣的插瓶，几天就瓣落花谢。芍药宜植于阳光充足之处，中国古典园林常成片种植于假山石畔，以点缀景色。各地园林应用较多的形式是建芍药专类园，一般与牡丹专类园相得益彰。芍药有九大色系、10 类花型，早、中、晚花期从 4 月下旬至 5 月下旬。建专类园要选择不同花色、不同花型、不同花期的品种巧妙搭配。值得注意的是，芍药与牡丹单株间植的观赏效果并不理想，可采用成片间植或与牡丹园呼应而建。园林绿化时，要选择生长旺盛，特别是抗各种叶部病害的品种。可采用花台、花镜、花带等形式，可散植、孤植、丛植或群植，也可与葱兰、红花酢浆草、南天竹、十大功劳、榆叶梅、猬实等搭配。芍药与石头组图效果也很好。

五十八、飞 燕 草

1. 学名：_Consolida ajacis_（L.）_Schur_

2. 科属：毛茛科，飞燕草属

3. 形态特征：一年生草本。茎高 30～50cm，疏被反曲的微柔毛。叶片卵形，两面疏被微柔毛，3 全裂，裂片三至四回细裂，末回小裂片条形。总状花序长 7～15cm；花梗长 1～4.5cm；小苞片生于花梗中部，钻形；萼片 5，堇色、紫蓝色或粉色，上面萼片狭倒卵形，长 1～1.4cm，具钻形的长距，侧面萼片宽卵形，下面萼片狭椭圆形；花瓣 2，合生，瓣片与萼片同色，不等 2 裂；无退化雄蕊；雄蕊多数；心皮 1。蓇葖果长 1～1.8cm（见彩图 296）。

4. 生态习性：飞燕草为直根性植物，须根少，宜直播，移植需带土团。较耐寒、喜阳光、怕暑热、忌积涝，宜在深厚肥沃的沙质土壤上生长。夏季宜植于冷凉处，昼温 20～25℃，夜温 13～15℃。酸性土壤为宜。

5. 繁殖与栽培：飞燕草可采用种子繁殖或扦插繁殖。种子繁殖，发芽适温 15℃左右，土温最好在 20℃以下，两周左右萌发。秋播在 8 下旬至 9 月上旬，先播入露地苗床，入冬前进入冷床或冷室越冬，春暖定植。南方早春露地直播，间苗保持 25～5cm 的株距。北方一般事先育苗，于 2～4 片真叶时移植，4～7 片真叶时进行定植。雨天注意排水。一般在 6 月将已熟种子先采收 1～2 次，7 月份选优全部收割晒干脱粒。扦插繁殖在春季进行，当新叶长出 15cm 以上时切取插条，插入沙土中。分株繁殖，春秋均可进行，一般 2～3 年分株一次。花前追施氮肥，花后多施磷钾肥，并适当浇水，10 月以后增加灯光照明，可促使早开花。植株长到 20cm 高时立支架张网防倒伏。

6. 应用：飞燕草植株挺拔，叶纤细清秀、花穗长，色彩鲜艳，开花早，宜用作春夏之交的花坛、花境材料。作切花水养可保持 10d，也可盆栽观赏。

五十九、花 毛 茛

1. 学名：*Ranunculus asiaticus L.*

2. 科属：毛茛科，毛茛属

3. 形态特征：株高 20～40cm，块根纺锤形，常数个聚生于根颈部；茎单生，或少数分枝，有毛；基生叶阔卵形，具长柄，茎生叶无柄，为二回三出羽状复叶；花单生或数朵顶生，花径 3～4cm；花期 4～5 月（见彩图 297）。

4. 生态习性：喜凉爽及半阴环境，忌炎热，适宜的生长温度白天 20℃左右，夜间 7～10℃，既怕湿又怕旱，宜种植于排水良好、肥沃疏松的中性或偏碱性土壤。6 月后块根进入休眠期。花毛茛原产于以土耳其为中心的亚洲西部和欧洲东南部，性喜气候温和、空气清新湿润、生长环境疏荫，不耐严寒冷冻，更怕酷暑烈日。在中国大部分地区夏季进入休眠状态。盆栽要求富含腐殖质、疏松肥沃、通透性能强的沙质培养土。

5. 繁殖与栽培：花毛茛的繁殖方式主要包括球根分株繁殖、种子繁殖及组织培养繁殖。分株在 9～10 月进行，将块根带根茎瓣开栽植。盆栽花毛茛以分株繁殖为主，通常在秋季 9～10 月进行。正常播种期为 10 月中旬到 11 月中旬。将花毛茛种子放入水中 24h 后捞出，放在纱布上包好，然后置于恒温箱中催芽，适温 15℃左右，每天早晚取出用清水各漂洗 1 次，然后滴干水分，使种子保持湿润状态。催芽后 7d 左右，部分种子开始发芽，此时立即播种。待花毛茛幼苗长到 3～4 片真叶时进行定植，时间约在 12 月中旬至 1 月中旬。花毛茛苗不宜带土，起苗时应去除生病和长势较弱的幼苗，放弃叶柄极短、叶片较厚、叶柄较长及叶片特小的幼苗，前者植株矮小，后者茎高花小，分蘖少，重瓣率低。定植后第一次水要浇足，之后浇水要及时，并注意均衡，且不可过干过湿。浇水程度应以土壤表面干燥而叶片不出现萎蔫现象为宜。

6. 应用：其株形低矮，色泽艳丽，花茎挺立，花形优美而独特；花朵硕大，靓丽多姿；花瓣紧凑、多瓣重叠；花色丰富、光洁艳丽。其赏花期 30～40d，独具风格，别有情趣，是春季盆栽观赏、布置露地花坛及花境、点缀草坪和用于鲜切花生产的理想花卉，是一种阴蔽环境下优良的美化材料，故适合栽植于树丛下或建筑物的北侧。

六十、薄 荷

1. 学名：*Monarda didyma L.*

2. 科属：唇形科，美国薄荷属

3. 形态特征：直立多年生草本。茎锐四棱形，具条纹，近无毛。叶片卵状披针形，先端渐尖或长渐尖，基部圆形，边缘具不等大的锯齿，纸质，上面为绿色，下面较淡；茎中部叶柄长达 2.5cm。轮伞花序多花，在茎顶密集成径达 6cm 的头状花序；苞片叶状；花梗被微柔毛。花萼管状，稍弯曲，干时紫红色，先端具硬刺尖头，等大。花冠紫红色。花期 7 月（见彩图 298）。

4. 生态习性：性喜凉爽、湿润、向阳的环境，亦耐半阴。适应性强，不择土壤。耐寒，忌过于干燥。在湿润、半阴的灌丛及林地中生长最为旺盛。在中国华北地区可露地越冬，在南京地区冬季常绿。

5. 繁殖与栽培：薄荷常采用分株繁殖，也可采用播种和扦插繁殖。分株繁殖在春、秋季（休眠期）进行。植株的分蘖力强，能在老株周围萌生许多新芽，只要挖取新芽另行栽植，或将根部切开分栽便可，切取 2～3 分枝作为一小株丛栽种。大规模生产可用扦插法。4～5 月进行，剪取粗壮充实、长 5～8cm 的一、二年生的充实的枝条作插穗，插入用泥炭、沙、秕糠灰等混合而成的扦插基质中，保持半阴、湿润，约 30d 即可生根。采用播种繁殖时，播种多在春、秋季进行。发芽适温为 21～24℃，播后 10～21d 发芽，发芽率高达 90% 以上。喜充足阳光，稍耐阴，种植或置放处应具有充足的阳光。光照不足时植株徒长，枝干变得细弱。盛夏时需适当遮阴。喜湿润的土壤环境，抗旱性较差。繁殖幼苗应进行摘心，以控制高度和发分枝，5～6 月进行一次修剪，以调整植株高度与花期。注意保持通风良好，及时疏剪去除病虫枝叶。

6. 应用： 薄荷株丛繁盛，花色鲜丽，花期长久，而且抗性强、管理粗放，特别是花开于夏秋之际，十分引人注目。常用作布置花境的材料，也可盆栽观赏。枝叶芳香，适宜栽植在天然花园中或栽种于林下、水边，也可以丛植或行植在水池、溪旁作背景材料。同时，也可用于鲜切花，美化、装饰环境。可作为观赏植物、诱鸟植物及蜜源植物。

六十一、八 角 金 盘

1. 学名： *Fatsia japonica*（*Thunb.*）*Decne. et Planch.*

2. 科属： 五加科，八角金盘属

3. 形态特征： 常绿灌木或小乔木。高达 5m，常成丛生状。幼嫩枝叶多易脱落的褐色毛。单叶互生，近圆形，宽 12～30cm，掌状 7～11 深裂，缘有齿，革质，表面深绿色而有光泽；叶柄长，基部膨大；无托叶。花小，乳白色；球状伞形花序聚生成顶生圆锥状复花序；夏秋开花（见彩图 299）。

4. 生态习性： 喜温暖湿润的气候，耐阴，不耐干旱，有一定的耐寒力。宜种植于排水良好和湿润的沙质壤土中。

5. 繁殖与栽培： 采用扦插、播种和分株法繁殖。通常多采用扦插繁殖，春插在 3～4 月，秋插在 8 月，选二年生硬枝，剪成 15cm 长的插穗，斜插入沙床 2/3，保湿，并用塑料拱棚封闭，遮阴。夏季 5～7 月用嫩枝扦插，保持温度及遮阴，并适当通风，生根后拆去拱棚，保留荫棚。采用播种法繁殖时，4 月采种，堆放后熟，洗净种子，阴干即可播种或拌沙层积，放于地窖内贮藏，翌春播种。播后盖草保湿，1 个月左右发芽出土，去草后喷水保湿，秋后防寒，留床 1 年便可移栽。采用分株法繁殖，春季发芽前，挖取成苗根部萌蘖苗，带土移栽。分株繁殖要随分随种，以提高成活率。幼苗移栽在 3～4 月进行，栽后搭设荫棚，并保湿，每年追施肥 4～5 次。地栽应设暖棚越冬。4～10 月为八角金盘的旺盛生长期，可每 2 周左右施 1 次薄液肥，10 月以后停止施肥。在夏秋高温季节，要勤浇水，并注意向叶面和周围空间喷水，以提高空气湿度。10 月份以后控制浇水。八角金盘性喜冷凉环境，生长适温在 10～25℃，属于半阴性植物，忌强日照。温室栽培，冬季要多照阳光，春、夏、秋三季应遮光 60% 以上，如夏季短时间阳光直射，也可能发生日烧病。

6. 应用： 八角金盘是优良的观叶植物。八角金盘四季常青，叶片硕大，叶形优美，浓绿光亮，开出的花也十分优雅，是深受欢迎的室内观叶植物。适应室内弱光环境，为宾馆、饭店、写字楼和家庭美化常用的植物材料。或作室内花坛的衬底，叶片又是插花的良好配材。适宜配植于庭院、门旁、窗边、墙隅及建筑物背阴处，也可点缀在溪流滴水之旁，还可成片群植于草坪边缘及林地。另外还可小盆栽供室内观赏。对二氧化硫抗性较强，适于厂矿区、街坊种植。能够吸收空气中的二氧化碳等有害气体，净化空气。而且现今城市空气质量

越来越差，如果在家中种植八角金盘，就能够吸走部分人体呼出的二氧化碳等有害气体，净化空气，使主人的生活更加舒适。

六十二、平枝栒子

1. 学名：*Cotoneaster horizontalis Dcne.*

2. 科属：蔷薇科，栒子属

3. 形态特征：落叶或半常绿匍匐灌木，高约半米；枝水平开张成整齐两列状；小枝黑褐色，幼时有糙伏毛，后脱落。叶片近圆形或宽椭圆形，少数倒卵形，先端急尖，基部楔形；叶柄有柔毛。花1～2朵，近无梗，粉红色；萼筒钟状，外面有疏短柔毛，裂片三角形；花瓣直立，倒卵形。梨果近球形，鲜红色（见彩图300）。

4. 生态习性：喜温暖湿润的半阴环境，耐干燥和瘠薄的土地，不耐湿热，有一定的耐寒性，怕积水。

5. 繁殖与栽培：平枝栒子常用扦插和种子繁殖。春、夏季都能扦插，夏季嫩枝扦插成活率高。采用播种繁殖时，种子秋播或湿沙存积春播。新鲜种子可采后即播，干藏种子宜在早春1～2月播种。移栽宜在早春进行，大苗需带土球。扦插繁殖，6月中旬至7月上旬，选取当年生半木质化、生长健壮、无病虫害、腋芽饱满的带叶嫩枝，剪成10～15cm的插穗。为了防止嫩枝萎蔫，最好在早晨或阴雨天采集插穗，并随采随插。喜欢湿润或半燥的气候环境，要求生长环境的空气相对湿度在50％～70％，空气相对湿度过低时下部叶片黄化、脱落，上部叶片无光泽。对光线适应能力较强，放在室内养护时，尽量放在有明亮光线的地方，在室内养护一段时间后（一个月左右），就要把它搬到室外有遮阴（冬季有保温条件）的地方养护一段时间（一个月左右），如此交替调换。在冬季植株进入休眠或半休眠期时，要把瘦弱、病虫、枯死、过密等枝条剪掉，也可结合扦插对枝条进行整理。

6. 应用：平枝栒子枝叶横展，叶小而稠密，花密集枝头，晚秋时叶色红色，红果累累，是布置岩石园、庭院、绿地和墙沿、角隅的优良材料。另外可作地被和制作盆景，果枝也可用于插花，是园林中布置岩石园、斜坡的优良材料。也可做基础种植或制作盆景。平枝栒子的主要观赏价值是深秋的红叶。在深秋时节，平枝栒子的叶子变红，分外绚丽。因平枝栒子较低矮，远远看去，好似一团，很是鲜艳。在每年的深秋，在植物园里经常有摄影家被它鲜艳的红叶所吸引住。平枝栒子的花和果实也有观赏价值。其花因开放在初夏，它的粉红花朵在群绿中默默开放，粉花和绿叶相衬，分外绚丽。平枝栒子的果实为小红球状，终冬不落，雪天观赏，别有情趣。平枝栒子是一种很好的园林植物，特别是在园林中，和假山叠石相伴，在草坪旁、溪水畔点缀，相互映衬，景观绮丽。平枝栒子的小枝是一层一层的，故树形也很美。

六十三、吉 祥 草

1. 学名：*Reineckia carnea（Andr.）Kunth*

2. 科属：百合科，吉祥草属

3. 形态特征：多年生常绿草本花卉。株高约20cm，地下根茎匍匐，节处生根，叶呈带状披针形，端渐尖，花葶抽于叶丛，花内白色外紫红色，稍有芳香，花期8～9月。叶绿，丛生，宽线形，中脉下凹，尾端渐尖；茎呈匍匐根状，节端生根；花期9～10月，花淡紫色，直立，顶生穗状花序；果鲜红色，球形（见彩图301）。

4. **生态习性**：性喜温暖、湿润的环境，较耐寒耐阴，对土壤的要求不高，适应性强，以排水良好的肥沃壤土为宜。多生于阴湿山坡、山谷或密林下，海拔170～3200m处。

5. **繁殖与栽培**：吉祥草繁殖多采用分株法。一般在三月萌发前进行，选取叶色浓绿、生长旺盛、无病虫害的植株，用铲子小心地从土里挖出，分栽即可。在挖的过程中要注意尽可能挖得深些，土尽可能多带些。光照过强时叶子不绿泛黄，太阴则生长细弱不易开花。土壤过干或空气干燥时，叶尖容易焦枯，所以平时要注意保持土壤湿润，空气干燥时注意喷水，夏季要避免强光直射。待新叶发出后每月施一次粪肥，可使其生长更加茂盛。

6. **应用**：吉祥草生长以半阴的湿润环境为佳，在长江以南地区是林下、林缘优良的荫地地被植物；吉祥草根系发达，生长速度快，有较好的保水固土性能，故它也适用于朝北的坡地绿化；吉祥草适用于自由式设计的园林绿地，吉祥草还可以作为庭院树木下、边角地、假山边的栽培植物；吉祥草植株造型优美，叶色翠绿，耐寒、耐阴，装入金鱼缸或其他玻璃器皿中进行水养栽培，或摆放于吧台、茶几上，不失为一种精致、高雅的艺术品，亦可陶冶情操，放松心情。

六十四、麦　冬

1. **学名**：*Ophiopogon japonicus*（*L. f.*）*Ker-Gawl.*
2. **科属**：百合科，沿阶草属
3. **形态特征**：多年生常绿草本。根状茎短粗，具细长匍匐茎，有膜质鳞片。须根端或中部膨大成纺锤形肉质块根。叶基生成密丛、线形，略坚挺外弯，长10～50cm，宽2～4mm，边缘粗糙有细齿，主脉不隆起。花被6片，基部短，披针形，浅紫或青蓝色，形小。花柄极短，花期7～8月。浆果球形碧蓝色，直径4～6mm，果熟期11月（见彩图302）。

4. **生态习性**：麦冬喜温暖、湿润环境，雨量充沛、无霜期长时，麦冬生长良好。较耐寒，在−10℃气温下不致冻死，北京以南地区均可栽培，要求在疏松肥沃、排水良好、土层深厚的沙壤土种植，过沙或过黏以及低洼积水的地方均不宜种植，忌连作，轮作期要求3～4年。麦冬生长期较长，休眠期较短，一年发根2次，第1次在7月以前，第2次在9～11月。

5. **繁殖与栽培**：多采用分株繁殖。于4～5月收获麦冬时，挖出叶色深绿、生长健壮、无病虫害的植株，抖掉泥土，剪下块根做商品。然后切去根茎下部的茎节，留0.5cm长的茎基，以断面呈白色、叶片不散开为好；根茎不宜留得太长，否则栽后多数产生两重茎节，俗称高脚苗。高脚苗块根结得少，产量低。敲松基部，分成单株，用稻草捆成小把，剪去叶尖，以减少水分蒸发，立即栽种。栽后约15d返青，发现死苗及时拔除，选阴天或傍晚补种。栽后15d须松土除草1次，以后选晴天每隔1个月或半个月除草1次，促进幼苗早分蘖，多发根。10月以后，宜浅松土，勿伤须根。麦冬生长期需水量较大，立夏后气温上升，蒸发量增大，应及时灌水。冬春若遇干旱天气，立春前灌水1～2次，以促进块根生长发育。

6. **应用**：麦冬草为常绿草本植物。在绿地和道路两侧可用于建造四季常绿，弥补北方地区没有常绿草坪的空白，提升"四季常绿，三季有花"的观景效果，用于林下景观、复层栽植及建筑物北侧绿化。由于麦冬喜疏阴环境，在有遮阴的地方生长茂盛，尤其适用于乔、灌、花、草多层配置的下层栽植，可有效覆盖树下裸露土壤，改善林下不良景观，提高单位面积的生态效益。经实际种植证明，麦冬草是建筑物北侧植被绿化的首选品种，经过2～3年的生长已极为茂盛，并可进行分栽。麦冬草根系发达，耐旱，适应性强，可在河坡、路边、树穴、花坛边缘等处正常生长，具有拓展绿化空间、美化景观、发挥更大生态功能的作用。

六十五、二 月 兰

1. 学名： *Orychophragmus violaceus（Linnaeus）O. E. Schulz*

2. 科属： 十字花科，诸葛菜属

3. 形态特征： 一年或二年生草本，高10～50cm，无毛，有粉霜。基生叶和下部叶具叶柄，大头羽状分裂，顶生裂片肾形或三角状卵形，基部心形，具钝齿，侧生裂片2～6对，歪卵形；中部叶具卵形顶生裂片，抱茎；上部叶矩圆形，不裂，基部两侧耳状，抱茎。总状花序顶生；花深紫色，直径约2cm。长角果条形；种子1行，卵状矩圆形，黑褐色（见彩图303）。

4. 生态习性： 耐寒性强。又比较耐阴，用作地被，覆盖效果良好，叶绿葱葱，一片碧绿，惹人喜爱。适生性强。从东北、华北，直至华东、华中都能生长。冬季如遇重霜及下雪，有些叶片虽然也会受冻，但早春照样能萌发新叶、开花和结实。对土壤要求不严。具有较强的自繁能力，一次播种年年能自成群落。

5. 繁殖与栽培： 二月兰的繁殖方法是种子繁殖法，它的繁殖形式包括全网撒播法和成组条播法两种。一般二月兰是在秋季开始播种，所以在播种后的冬季要做好保暖措施，虽然二月兰有一定的耐寒能力，但是还是要注意保暖保证幼苗成活。另外在繁殖前要将土壤进行整修，保证土壤疏松和土质肥沃，根据幼苗生长增加浇水。在幼芽生长为幼苗时要增加施肥给予它们生长需要的营养，并且相应增加一些光照，增加光合作用以促进植物生长。

6. 应用： 二月兰冬季绿叶葱翠，春花柔美悦目，早春花开成片，花期长，适用于大面积地面覆盖，或用作不需精细管理绿地的背景植物，为良好的园林阴处或林下地被植物。宜栽于林下、林缘、住宅小区、高架桥下、山坡下或草地边缘，既可独立成片种植，也可与各种灌木混栽，形成春景特色。可在公园、林缘、城市街道、高速公路或铁路两侧的绿化带大量应用，大面积花开成片，绿化、美化效果极佳。可用喷播方式进行高速公路边坡绿化，效果更好。自播繁衍的种子在6月中下旬能在上一代植株刚枯萎时就已长出新幼苗，所以，也就基本不会出现土地裸露，是一种极其良好的高速公路边坡绿化植物。由于二月兰的中高性状、适应性强和早春开花等特性，可用作早春花坛。

六十六、落 新 妇

1. 学名： *Astilbe chinensis（Maxim.）Franch. et Savat.*

2. 科属： 虎耳草科，落新妇属

3. 形态特征： 多年生宿根草本，株高30～100cm，茎直立。根茎肥厚。茎与叶柄上散生褐色长毛。托叶膜质，基生叶为2～3回出羽状复叶，小叶卵状长圆形，边缘有重锯齿圆锥花序，呈火焰状，花小而密集，萼片5裂，花瓣狭条形，近无柄。蓇葖果，初秋至晚秋成熟。园艺品种花色丰富，有紫色、紫红色、粉红色、白色等。花期5～7月（见彩图304）。

4. 生态习性： 喜半阴、潮湿而排水良好的环境。耐寒，喜疏松肥沃、富含腐殖质的酸性或中性土壤，轻碱地也能生长。酷暑时进入半休眠状态。适应性较强。

5. 繁殖与栽培： 以分株为主，也可播种繁殖。播种繁殖通常春、秋季进行。播种时因种子细小，整地要细，管理要及时，可盆播育苗，然后露地分栽。分株繁殖多于春天发芽前进行。分株时将母株挖起，从根茎处用利刀切开，另行栽种，株距35～50cm，或上盆栽培，

覆土深度与原土痕持平即可。春天萌芽后可施用复合肥料，生长期内可酌施液肥，孕蕾期施1～2次稀薄的饼肥水。落新妇不耐夏热和强光，生长适温为10～15℃，花期的长短又与气温密切相关，低温花期长，高温花期短。因此，生长季节要保证充足的水分供应，适度遮阴，以保持土壤和空气湿润及适宜的温度，夏季气温过高时，须加强通风和排水防涝，防止高温高湿下白粉病的发生。落新妇不耐干旱，但也不可过度潮湿，雨后要注意及时排水，防止积水和植株倒伏，并适时进行中耕除草。夏季花谢后及时将残花剪除，既可保持植株整洁，又可减少养分消耗，为来年开花打下基础。

6. 应用： 可做盆花或切花，落新妇花序紧密，呈火焰状，花色丰富、艳丽，有众多品种类型，现在大部分作盆花或切花销售，用于室内花卉装饰。在园林中可用于花坛、花境和干疏林下栽植。随着公众对绿化景观多样性的要求不断提高，在公共绿地中利用多年生宿根植物作园林地被成为时下新的流行趋势，北美和欧洲各国应用比较广泛。因其具耐阴、喜湿特性，可作湿生花卉种植于溪边、林缘或庭院、池塘边。

参 考 文 献

[1] 陈有民. 园林树木学 [M]. 北京：中国林业出版社，1990.

[2] 邓莉兰. 风景园林树木学 [M]. 北京：中国林业出版社，2010.

[3] 苏雪痕. 植物造景 [M]. 北京：中国林业出版社，1994.

[4] 卓丽环，陈龙清. 园林树木学 [M]. 北京：中国农业出版社，2004.

[5] 包满珠. 花卉学 [M]. 北京：中国农业出版社，2003.

[6] 田如男，祝遵凌. 园林树木栽培学 [M]. 南京：东南大学出版社，2001.

[7] 叶要妹，包满珠. 园林树木栽培养护学 [M]. 北京：中国林业出版社，2002.

[8] 周秀梅，李保印. 园林树木学 [M]. 北京：中国水利水电出版社，2013.

[9] 臧德奎. 攀缘植物造景艺术 [M]. 北京：中国林业出版社，2002.

[10] 赵和文. 园林树木选择·栽植·养护 [M]. 北京：化学工业出版社，2009.

[11] 张天麟. 园林树木1200种 [M]. 北京：中国建筑工业出版社，2005.

[12] 周维权. 中国古典园林史 [M]. 第2版. 北京：清华大学出版社，1999.

[13] 赵和文. 园林树木栽植养护学 [M]. 北京：气象出版社，2004.

[14] 李文敏. 园林植物与应用 [M]. 北京：中国建筑工业出版社，2006.

[15] 苏金乐. 园林苗圃学 [M]. 北京：中国农业出版社，2003.

[16] 罗镪. 园林植物栽培与养护 [M]. 重庆：重庆大学出版社，2006.

[17] 吴泽民，何小弟. 园林树木栽培学 [M]. 第2版. 北京：中国农业出版社，2009.

[18] 王美仙，刘燕. 园林树木学 [M]. 北京：中国林业出版社，2013.

[19] 董丽. 园林花卉应用设计 [M]. 北京：中国林业出版社，2003.

[20] 刘燕. 园林花卉学 [M]. 北京：中国林业出版社，2003.

[21] 吴涤新. 花卉应用与设计 [M]. 北京：中国农业出版社，1994.

[22] 吴涤新，何乃平. 园林植物景观 [M]. 北京：中国建筑工业出版社，2004.

[23] 苏付保. 园林苗木生产技术学 [M]. 北京：中国林业出版社，2004.

[24] 周武忠. 园林植物配置 [M]. 北京：中国农业出版社，2004.

[25] 朱钧珍. 中国园林植物景观艺术 [M]. 北京：中国建筑工业出版社，2004.

[26] 余树勋. 花园设计 [M]. 天津：天津大学出版社，1998.

[27] 楼炉焕. 观赏树木学 [M]. 北京：中国农业出版社，2000.

[28] 成海钟. 园林植物栽培与养护 [M]. 北京：高等教育出版社，2002.

[29] 张秀英. 园林树木栽培养护学 [M]. 北京：高等教育出版社，2005.

[30] 何平，彭重华. 城市绿地植物配置及其造景 [M]. 北京：中国林业出版社，2001.

[31] 施振周，刘祖祺. 园林花木栽培新技术 [M]. 北京：中国林业出版社，1999.

[32] 张涛. 城市树木栽培与修剪 [M]. 北京：中国农业出版社，2003.

[33] 申晓辉. 园林树木学 [M]. 重庆：重庆大学出版社，2013.

[34] 张秀英. 园林树木栽培养护学 [M]. 北京：北京高等教育出版社，2005.

[35] 魏岩. 园林植物栽培与养护 [M]. 北京：中国科学技术出版社，2003.

[36] 李月华. 观赏树木 [M]. 北京：气象出版社，2010.

[37] 王秀娟，张兴. 园林植物栽培技术 [M]. 北京：化学工业出版社，2007.